AF567708

Ließmann | Steinreicher Harz

Wilfried Ließmann

Steinreicher Harz

Eine Gesteinskunde für Einsteiger und Fortgeschrittene

Quelle & Meyer Verlag Wiebelsheim

Bibliografische Information der Deutschen Nationalbibliothek
Die Deutsche Nationalbibliothek verzeichnet diese Publikation in der Deutschen Nationalbibliografie; detaillierte bibliografische Daten sind im Internet über http://dnb.d-nb.de abrufbar.

Umschlagabbildungen: Wilfried Ließmann
Druck und Verarbeitung: Belvédère Print & Packaging b.v., Niederlande
Printed in Europe/Imprimé en Europe
ISBN 978-3-494-01734-1

Inhaltsverzeichnis

Vorwort

(Er)kennen Sie die Gesteine des Harzes?

> Der Harz ist *„ein Kleinod unter den Gebirgen der Erde, in ihm hat uns der Schöpfer das Buch der Natur in knapper modellklarer und meisterhaft vollendeter Form überreich an Inhalt aufgeschlagen."*

Diese schönen Worte des großen Harzgeologen Friedrich August Lossen (1841–1893) erklären, warum der Harz nicht nur wegen seiner gut bewahrten Naturschönheiten und seiner Stätten des UNESCO-Weltkulturerbes, sondern auch als internationaler Geopark, gewissermaßen gleich in dreierlei Hinsicht Beachtung verdient. Neben einem naturnahen Lebensraum für viele Tier- und Pflanzenarten und einer auf der Jahrtausende alten Bergbautradition fußenden Montankultur, bietet das kleine Gebirge dem interessierten Besucher auch eine spannende Geologie mit gut beschilderten Aufschlüssen und zahlreichen musealen Ausstellungen zum Bewundern prächtiger Mineral- und Erzstufen. Hier bestehen auf relativ engem Raum sehr gute Möglichkeiten zum Kennenlernen einer Vielzahl unterschiedlicher **Gesteinsarten**, die fast 500 Millionen Jahre Erdgeschichte widerspiegeln.

Der vorliegende Leitfaden möchte am Beispiel dieses auch landschaftlich außerordentlich reizvollen Mittelgebirges dem Einsteiger wie auch dem Fortgeschrittenen Hilfestellung bei der Beschäftigung mit dieser Materie bieten und die regionalen Gesteinsvorkommen an ausgewählten Beispielen erläutern. Verknüpft mit einer kurzen Einführung in die wissenschaftlich als **Petrografie** bezeichnete **Gesteinskunde** werden in diesem Rahmen die wichtigsten gesteinsbildenden Minerale vorgestellt, die allgemeine Gliederung der Gesteinswelt betrachtet und die Bildungsprozesse beleuchtet. Darüber hinaus leistet das Buch Hilfestellung bei der Gesteinsansprache und möchte zum Aufsuchen von Geländeaufschlüssen anregen, um die Zeugnisse der Erdgeschichte selbst in Augenschein zu nehmen. Ziel ist es, dem Leser zu vermitteln, dass auch „gemeine Steine" interessante Studienobjekte darstellen können, die es wert sind, eines aufmerksamen Blickes gewürdigt zu werden.

Innerhalb des vielfältigen geowissenschaftlichen Harzschriftums soll das vorliegende Buch ein Bindeglied zwischen einer rein geologischen und einer mineralogischen Betrachtung der Dinge bilden. Es fußt auf einer Broschüre, die 1994 als Begleitheft für einen vom Verfasser gemeinsam mit dem Sankt Andreasberger Verein für Geschichte e.V. eingerichteten „Gesteinskundlichen Lehrpfad" auf der Jordanshöhe bei Sankt Andreasberg erschienen ist. Zahlreiche, im Rahmen der dortigen Öffentlichkeitsarbeit durchgeführte, gesteinskundliche Seminare haben gezeigt, dass nicht nur die schöne bunte Mineralienwelt, sondern auch das eher unscheinbare Gesteinsreich reges Interesse zu wecken vermag. An dieser Stelle möchte der Verfasser dem Quelle & Meyer Verlag ganz herzlich für die Gelegenheit zur Neugestaltung und Erweiterung dieser Schrift danken.

Sankt Andreasberg im Sommer 2017

1 Einleitung

Steine oder, fachlich konkreter formuliert, Gesteine prägen das Antlitz unserer Erde. Sie sind als Bausteine der Erdkruste allgegenwärtig und bilden die Basis, auf die unsere Umwelt sich gründet. Während das „Anstehende", wie der Geowissenschaftler den gewachsenen Felsen nennt, im Flachland meist unter Böden und Vegetation verborgen liegt, tritt der steinerne Untergrund besonders im Gebirge hervor und prägt das Landschaftsbild. Im norddeutschen Raum trifft das ganz besonders für den Harz zu, der ganz aus Gesteinen des Erdaltertums besteht und somit weit und breit ein Exot ist. Wer diesen steinreichen Landstrich besucht und mit offenen Augen durch die Berge wandert, wird auf Schritt und Tritt Aufschlüsse von sehr unterschiedlichen Gesteinsarten antreffen, sodass es bei entsprechendem Interesse nahezu unvermeidlich ist, mit der Gesteinswelt in Berührung zu kommen. Nicht von ungefähr liegen im Harz verschiedene bedeutende Stätten der geologischen Forschung. Schon vor mehr als 150 Jahren erhielt der nördliche Teil des Harzes im Raum Goslar – Bad Harzburg – Brocken das Prädikat „klassische Quadratmeile der Geologie" – eine auch heute noch zutreffende Bezeichnung. So ist es nicht verwunderlich, dass wir in der geowissenschaftlichen Fachsprache verschiedene, zum Teil auch international gebräuchliche Begriffe finden, die hier ihren Ursprung haben, also „typisch Harz" sind, wie *herzynisches Streichen*, *Grauwacke*, *Harzburgit* oder *Bastitisierung*.

Während der Anblick einer hübsch kristallisierten Mineralstufe oder eines glänzenden Erzstücks auch von Laien als interessant und ästhetisch empfunden wird und Neugier weckt, bleiben die Gesteine, die zwar eindrucksvolle Felsformationen bilden, selbst aber wenig spektakulär erscheinen, von den meisten Menschen als nüchterne, leblose Materie unbeachtet.

Dem Fachmann oder geschulten Naturfreund offenbaren sie in verschlüsselter Form Episoden aus rund 500 Millionen Jahren Erdgeschichte hier im Harz. Sie vergegenwärtigen uns die Dynamik der Erdkruste, die gewaltige Gebirgsketten formte und wieder im Meer versinken ließ. In Gesteinsschichten eingeschlossene Fossilien geben Zeugnis von der Entwicklung des Lebens auf diesem Planeten und damit von unseren eigenen Wurzeln.

Der Brocken, von Sonnenberg aus gesehen

„(Ge)stein" ist ein gern gebrauchtes Sinnbild für das Beständige und Unvergängliche. Aus der Sicht von uns Menschen als „erdgeschichtliche Eintagsfliegen" mag es zutreffen, in geologischen Zeiten gedacht gibt es aber nichts Ewiges, auch ein Granit zerfällt irgendwann zu Sand!

Gesteine begegnen uns auch im alltäglichen Leben, ganz unspektakulär als Baumaterial, Straßenschotter und Pflastersteine oder recht dekorativ als polierter Fassadenschmuck sowie in Form von Grabsteinen, Denkmälern oder Steinskulpturen.

Grund genug also, am Beispiel des „steinreichen" Harzes, mit seinen zahlreichen Aufschlüssen, ein wenig in die petrografische Materie einzusteigen und etwas über Aufbau, Zusammensetzung und Entstehung der Gesteine zu erfahren. Allerdings lässt sich solches Wissen nur zum Teil aus Büchern erwerben, denn es erfordert stets auch die unmittelbare praktische Beschäftigung mit der Materie, am besten „vor Ort" im Gelände, wo sich auch der umgebende geologische Verband offenbart.

1.1 Der Geopark Harz – Braunschweiger Land – Ostfalen

2002 erlangten der Harz und sein Vorland aufgrund der Vielfalt an Gesteinsarten und geologischen Erscheinungen zunächst den Status eines nationalen Geoparks; dieser wurde 2015 zum *UNESCO Global Geopark* erhoben. Damit zählt das Mittelgebirge zu den ersten der weltweit 120 mit diesem Label ausgewiesenen Regionen.

Diese Auszeichnung erhalten nur klar abgegrenzte, einzigartige Gebiete, in denen sich Orte und Landschaften von geologisch internationalem Rang befinden. Sie haben einen Träger, der sich für den Schutz des geologischen Erbes, für Umweltbildung und für nachhaltige Regionalentwicklung unter Einbeziehung der Bevölkerung einsetzt. Hier ist es der Regionalverband Harz e.V. mit Sitz in Quedlinburg.

Ausgehend von markanten Punkten umfasst der Geopark zurzeit 21 Landmarken, zu denen es ansprechend gestaltete Faltblätter gibt, die über interessante Aufschlüsse und andere Sehenswürdigkeiten informieren. Diese liegen kostenlos bei einigen Touristinformationen und verschiedenen anderen Geopark-Infostellen aus. Als Einstiegslektüre helfen sie bei der Planung individueller geotouristischer Ausflüge. Zur Vertiefung stehen dem Harzbesucher zahlreiche geologische Exkursionsführer und ein breites Spektrum an geowissenschaftlicher Fachliteratur zur Verfügung.

An zahlreichen Geotopen weisen ansprechend mit Texten, Bildern, Karten und Profildarstellungen gestaltete Infotafeln auf die Besonderheiten der jeweiligen geologischen Sehenswürdigkeit hin.

Die Landmarken des Geoparks

1 Hübichenstein
2 Ottiliae-Schacht
3 Rammelsberg
4 Brocken
5 Schloss Herzberg
6 Poppenbergturm
7 Kohnstein
8 Schloss Wernigerode
9 Roßtrappe
10 Auerberg
11 Alte Burg Osterode
12 Hohe Linde
13 Baumannshöhle
14 Kloster Huysburg
15 Schloss Ballenstedt
16 Sachsenstein
17 Schloss Mansfeld
18 Schloss Liebenburg
19 Bösenburg
20 Museum Schloss Salder
21 Burg Lohra

1.2 Gesteine in Kultur und Technik

Infotafel des Geoparks, hier am Grünschieferaufschluss „Pferdeköpfe" bei Wippra

Gesteine sind natürlich nicht allein als geologische Objekte zu betrachten, sondern prägen als Werksteine und Baustoffe auch die historischen Orts- und Stadtbilder. So ist es auch ein Anliegen der vorliegenden Schrift, den Blick für die baugeschichtliche Verwendung der Harzgesteine in der Region zu schärfen. Früher, als der Transport von Massengütern recht problematisch und teuer war, nutzte man in erster Linie

Grauwackensteinbruch zur Herstellung von Pflastersteinen im Innerstetal bei Wildemann um 1900.

das lokal vorhandene Material. Gute Beispiele für die große Vielfalt der früher verwendeten Gesteinsarten bieten insbesondere die Altstädte von Goslar und Wernigerode. Hierzu liegen einschlägige bauhistorische Untersuchungen vor (FRANK 1985, KUHLKE 1999, EHLING et al. 2009).

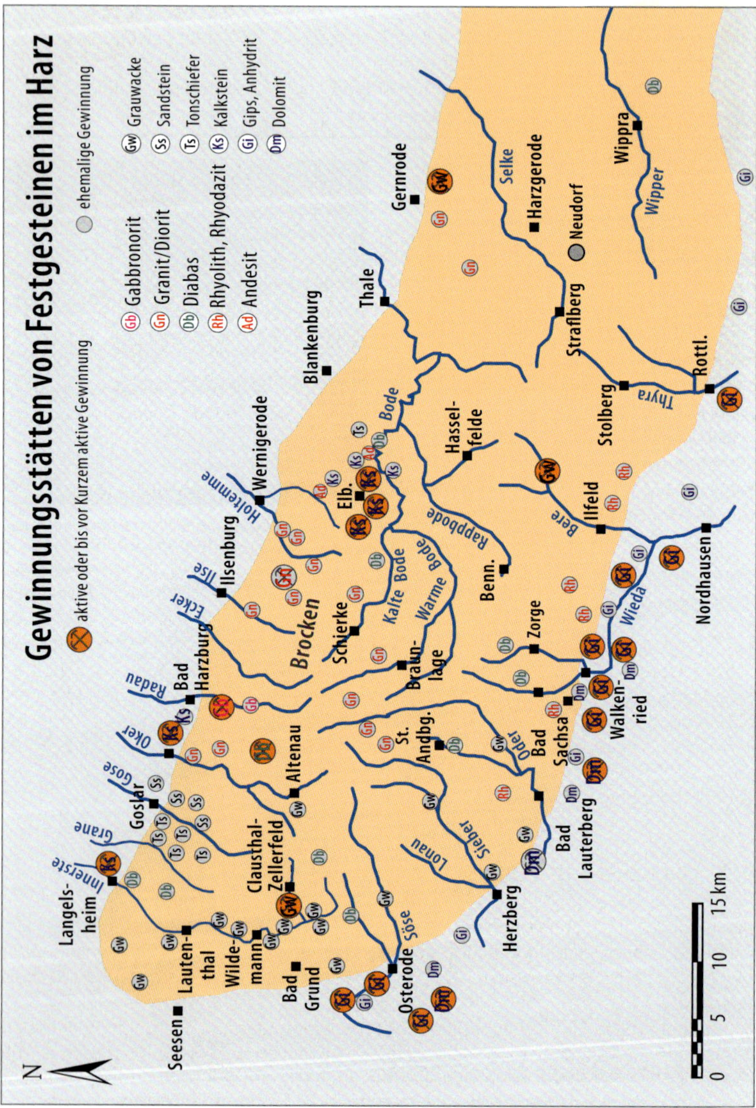

Übersicht der Gewinnungsstätten von Festgesteinen im Harz.

Moderne Hartsteingewinnung bei Bad Harzburg – Blick von Süden über den Gabbrosteinbruch im Radautal ins nördliche Harzvorland.

Die als „Marmore" gehandelten „bunten" Kalksteine aus dem Raum Elbingerode bildeten einen kulturgeschichtlich bedeutsamen Dekorstein.

Während die früher wirtschaftlich recht wichtige Harzer Werksteingewinnung längst zum Erliegen gekommen ist, spielt der großtechnische Abbau von Hartgesteinen, hauptsächlich zur Produktion von Splitt und Schotter, weiterhin eine nicht unbedeutende Rolle. Zu diesem Zweck werden im Radautal bei Bad Harzburg Gabbro, am Huneberg bei Torfhaus Diabas und bei Clausthal, Ilfeld und Gernrode Grauwacke in modernen Steinbruchbetrieben gewonnen. Einen ausgesprochen hochwertigen, vor allem industriell genutzten Rohstoff stellt hochreiner Kalkstein dar, der am Iberg-Winterberg bei Bad Grund und im Raum Rübeland-Elbingerode großtechnisch abgebaut wird. Im Hinblick auf diesen unentbehrlichen Rohstoff verfügt der Harz über ein beträchtliches Potenzial. Entlang des südlichen Harzrandes gibt es zahlreiche Gewinnungsstätten von Gips, Anhydrit und Dolomit.

1.3 Was bislang vorliegt...

Im außerordentlich umfangreichen, geowissenschaftlichen Harzschrifttum werden die Gesteine selbst meist nur beiläufig betrachtet. Eine Auswahl von Titeln, die in erster Linie petrografische Untersuchungen zum Inhalt haben, kann dem Literaturverzeichnis entnommen werden.

Zur generellen Einführung in diese Materie wird außerdem auf einige Bücher verwiesen, die sich allgemein verständlich mit der Gesteinskunde und der Bestimmung von Gesteinen befassen, wie beispielsweise die Publikationen von Vinx (2005), Maresch et al. (2014), Sebastian (2014), Becker (2016) und Hann (2016).

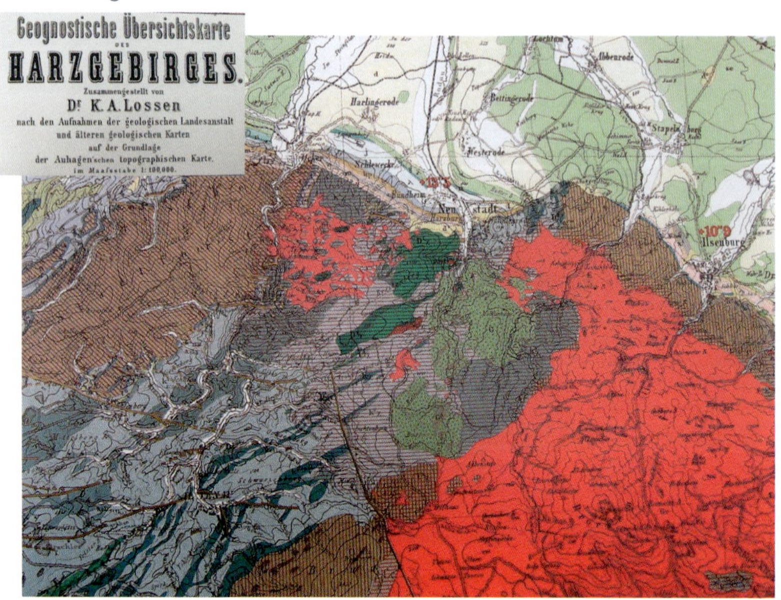

Ausschnitt aus der ersten Geologischen Harzkarte von Lossen (1882), hier das Nordrandgebiet bei Goslar – die berühmte „klassische geologische Quadratmeile"

An dieser Stelle mag zusätzlich ein Hinweis auf einige als grundlegend erachtete Führer und Leitfäden für die Harzregion nicht fehlen, die bei der Planung und Durchführung von geologisch-gesteinskundlichen Exkursionen hilfreich sein dürften.

Zu den Klassikern der geologischen Harzliteratur zählen verschiedene Publikationen von Prof. Dr. Kurt Mohr, der an der TU Clausthal lehrte und sich schwerpunktmäßig mit der Harzgeologie befasste. Neben der umfassenden Monographie *Geologie- und Minerallagerstätten des Harzes* (1993) und zwei Bänden in der Reihe Sammlung geologischer Führer: *Harz – westlicher Teil* (1998) und *Harzvorland Westlicher Teil* (1982) ist das kleine Bändchen *400 Millionen Jahren Harzgeschichte* zu nennen, das eine kompakte Darstellung der Westharzgeologie beinhaltet. Mit dem von Dr. Hans Joachim Franzke und Prof. Dr. Max Schwab verfassten, ebenfalls in der oben genannten Reihe erschienenen Führer *Harz, östlicher Teil mit Kyffhäuser Kristallin* (2011), liegt auch für diesen Teil des Gebirges eine zusammenfassende aktuelle Darstellung vor.

In der Reihe *Streifzüge durch die Erdgeschichte* gibt es inzwischen einige gute Exkursionsführer, die in kompakter Form ausgewählte Teilgebiete behandeln, wie Oberharz (Müller & Franzke 2014), Nördlicher Mittelharz (Meyenburg 2017) und Nordwestliches Harzvorland (Knolle, Mohr & Seitz 2017).

Zur „klassischen Quadratmeile der Geologie" und zum Geopark Harz ist von der niedersächsischen Akademie der Geowissenschaften 1989 ein Kurzführer erschienen.

Zahlreiche interessante Nuancen der erdgeschichtlichen Entwicklung erläutert Knappe (2011 und 2017).

Die Mineralogie des Gebirges wird schwerpunktmäßig im Buch „Harz – Bergbaugeschichte, Mineralienschätze, Fundorte" (Stedingk et al. 2016) thematisiert.

Ergänzend hierzu sind für Geländebegehungen geologische Karten unverzichtbar. Seit der zweiten Hälfte des 19. Jahrhunderts liegen für den Harz oft mehrfach überarbeitete, mit Erläuterungen versehene, geologische Karten als Messtischblätter im Maßstab 1:25.000 vor. Diese können heute über die geologischen Landesämter auch online eingesehen werden.

Eine aktuelle geologische Übersichtskarte im Maßstab 1:100.000, auf der Rückseite versehen mit Erläuterungen und Aufschlussbeschreibungen, wurde 1998 vom Landesamt für Geologie und Bergwesen Sachsen-Anhalt in Halle herausgegeben. Von dieser Institution liegen außerdem weitere, den Harzraum betreffende, geotouristische Karten vor, so eine geologisch-montanhistorische Harzkarte 1:100.000 (2006) und ebensolche Karten zur Kupferschieferregion Mansfeld-Sangerhausen 1:50.000 (2007) und zum Elbingeröder Komplex 1:20.000 (2014). Diese gut illustrierten Themenkarten bieten angesichts des komplizierten geologischen Aufbaus des Harzes eine erste Übersicht und erleichtern die Routenplanung.

Zur Petrografie des Harzes liegen zwar zahlreiche Fachaufsätze vor, doch gibt es nur wenige zusammenfassende Darstellungen. Hierzu zählen die von Müller (1978 und 1980) verfassten Abhandlungen zu den Magmatischen Gesteinen und den Sedimentgesteinen des Harzes sowie der von Müller & Strauss (1987) vorgelegte Band *Die Gesteine des Harzes*.

Der Harz ist reich an über- und untertägigen Aufschlüssen. Hier die „Bärenhöhle", ein alter Dachschieferabbau unweit von Goslar.

2 Grundlagen der Gesteinskunde

2.1 Kreislauf der Gesteine

Die Erde, auf der wir leben, ist das Produkt einer mehr als 4 Milliarden Jahre langen Entwicklungsgeschichte, in deren Verlauf Gebirge entstanden und wieder verschwanden, Kontinente kollidierten und wieder zerbrachen. Die Prozesse, welche die Erdoberfläche formen, unterliegen seit Anbeginn der Zeit einem dynamischen Gleichgewicht – die Entstehung wie auch die Zerstörung von Gesteinen erfolgen zyklisch, was modellhaft im sogenannten **Kreislauf der Gesteine** anschaulich zum Ausdruck kommt.

Um uns herum findet ständig ein gigantisches, wenn auch sehr langsames und für den Menschen kaum wahrnehmbares Kräftespiel statt. Als Kurzzeitgästen auf diesem Planeten mag uns die „geologische Umwelt", abgesehen von Erdbeben oder Vulkanausbrüchen, recht statisch erscheinen, in Wirklichkeit ist sie aber einem ständigen Wandel unterlegen. Selbst ein mächtiger Granitfelsen weilt in erdgeschichtlichem Maßstab betrachtet nur für einen kurzen Augenblick an diesem Platz, bereits nach wenigen 10.000 Jahren wird er zu Sand zerfallen und wieder abgetragen!

Diejenigen Vorgänge, die durch Kräfte aus dem Inneren der Erde hervorgerufen werden, fassen wir unter dem Begriff endogene Dynamik zusammen. Der Motor hierfür ist Wärmeenergie, die beim Zerfall radioaktiver Elemente tief im Inneren der Erde freigesetzt wird. Die **endogenen Kräfte** bewirken das Driften der Krustenplatten (Plattentektonik!) und damit verknüpft Gebirgsbildungen, Vulkanismus, Erdbeben, Grabenbrüche sowie Hebungen und Senkungen der Festländer.

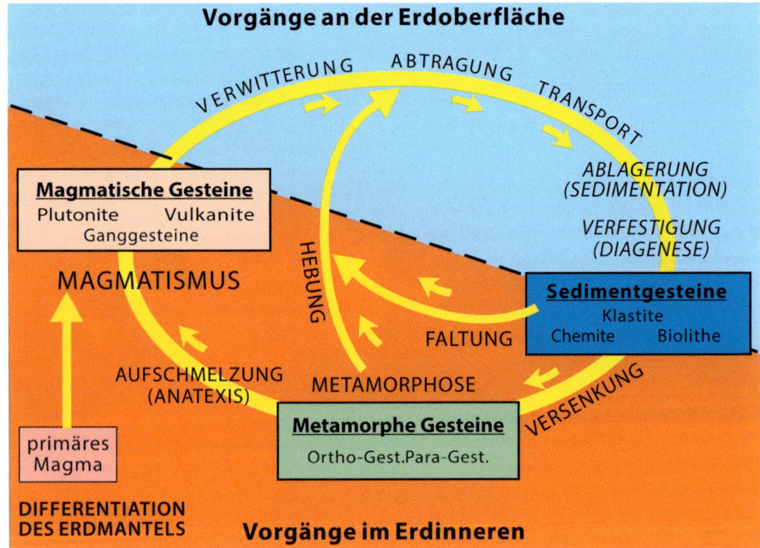

Schema des Kreislaufs der Gesteine

Unerbittliche Widersacher sind die **exogenen Kräfte**, die von außen auf die Erdoberfläche einwirken und gepaart mit der Schwerkraft dafür sorgen, dass die Gebirge nicht in den Himmel wachsen, sondern allmählich wieder eingeebnet werden. Die Sonne ist der wesentliche Motor der exogenen Dynamik. Sie sorgt dafür, dass in der Biosphäre der Erde Wasser zirkuliert, Winde wehen und letztendlich auch Organismen existieren. Einen Beitrag leistet auch die Kälte aus dem Weltall; Wasser in Form von Eis bewirkt Verwitterung durch Frostsprengung. Gletschereis und Schmelzwasser sorgen für Abtragung und Transport, wie die in ganz Norddeutschland verbreiteten „Geschiebe" der letzten „Eiszeiten" eindrucksvoll belegen. Ablagerung (Sedimentation) und Verfestigung (Diagenese) sind weitere wichtige Prozesse in diesem Kreislauf, die sich weitgehend in den Meeren abspielen.

Der globale Kreisprozess begann vermutlich bereits am Anfang des geologischen Zeitalters unserer Erde vor knapp 3,5 Milliarden Jahren und dauert bis zur Gegenwart an. Genauer betrachtet handelt es sich aber vielmehr um eine spiralförmige Entwicklung, denn im Verlauf der Erdgeschichte änderten sich die Bedingungen gravierend. Während ursprünglich magmatische Gesteine die Erdoberfläche dominierten und dort der Verwitterung anheimfielen, sank deren Anteil allmählich, während sich die Verbreitung von Neubildungen aus Abtragungsmaterial (Sedimentgesteine) ständig erhöhte. Aufschmelzungsprozesse in der Tiefe führten zu einem Recycling von Krustenmaterial, dessen Rate im Verlauf der Erdgeschichte immer weiter anstieg. In Verbindung mit den großen Gebirgsbildungsepochen gelangten auch verstärkt Umwandlungsgesteine (Metamorphite) an die Erdoberfläche.

Magmatische Schmelzen, die bei der Abkühlung zu magmatischen Gesteinen erstarren, bilden sich im Bereich des oberen Erdmantels (Manteldifferenziation), vorwiegend aber im ozeanischen Bereich, dort wo Platten auseinanderdriften. Dabei entstehen große Mengen von Basalt, die fast überall die ozeanische Kruste aufbauen. Andererseits können Magmen auch aus Sedimentgesteinen entstehen, wenn diese an sogenannten aktiven Kontinentalrändern, also dort, wo Platten zusammenstoßen und die eine sich unter die andere schiebt (Subduktionszonen), aufgeschmolzen werden. Das dabei in größere Tiefen mit entsprechend hohen Temperaturen und Drucken verfrachtete Material erfährt zunächst eine Veränderung des Mineralbestands, die als Regionalmetamorphose bezeichnet wird. Schließlich kommt es, begünstigt durch den Wassergehalt, zur teilweisen Aufschmelzung, wobei vornehmlich Magmen granitischer Zusammensetzung entstehen. Diese steigen dann, unterstützt durch tektonische Vorgänge, auf, um beispielsweise als Pluton weiter oben in der Erdkruste Platz zu nehmen und zu erstarren. Irgendwann wird dieser Granit durch die Abtragung freigelegt und fällt schließlich selbst der einsetzenden Verwitterung zum Opfer. Daraus entstehen neue Sedimente, die zur Ablagerung kommen, womit sich der Kreislauf schließt. So ein Zyklus kann allerdings 100 bis 200 Millionen Jahre dauern!

Dies bedeutet, vereinfacht auf den Punkt gebracht: das Streben der endogenen Kräfte ist die Schaffung hoher Gebirge, woran sie von den exogenen Kräften, die möglichst die Erdoberfläche einebnen möchten, gehindert werden. Bei unserer Betrachtung der Harzer Gesteinswelt und ihrer Entstehung ist es zum besseren Verständnis der Zusammenhänge hilfreich, sich dieses einfache Modell als roten Faden vor Augen zu halten.

2.2 Grundbegriffe und allgemeine Gliederung der Gesteinswelt

Unsere Erdkruste besteht aus zahlreichen, recht unterschiedlich zusammengesetzten Gesteinsarten. Jedes **Gestein** ist ein charakteristisches, weitgehend gleichförmiges Gemenge von einem oder mehreren **Mineralen.** Diese können in ganz unterschiedlicher Art und Weise im Raum angeordnet sein, was einem Gestein sein typisches **Gefüge** verleiht. Dieses ist bei einem Granit meist „richtungslos körnig“, bei einem Sandstein hingegen „lagig geschichtet“. Gesteine treten in der Regel als definierte geologische Körper auf, die eine einheitliche Ausbildungsform aufweisen.

Nach ihrem Bildungsmilieu lassen sich die Gesteine drei großen Hauptgruppen zuordnen:

Magmatische Gesteine (Eruptivgesteine)

Hierbei handelt es sich um Kristallisationsprodukte silikatischer Schmelzen, die je nach Zusammensetzung bei Temperaturen zwischen 1200 und 650° C kristallisieren. Nach dem Milieu, in dem die magmatischen Schmelzen Platz nehmen und erstarren, unterscheiden wir drei charakteristische Ausbildungsformen:

» **Tiefengesteine** oder **Plutonite** erstarren langsam in der Tiefe und sind gleichmäßig grobkörnig kristallin; zum Beispiel Granit und Gabbro
» **Ergussgesteine** oder **Vulkanite** erstarren schnell an der Erdoberfläche und sind ungleichkörnig, meist mit einer feinkörnigen oder glasigen Grundmasse und darin eingebetteten Kristallen (Einsprenglinge); zum Beispiel Rhyolith und Basalt
» **Ganggesteine** nehmen eine Zwischenstellung ein, sie bilden oft nur geringmächtige Spaltenfüllungen und erstarren meist relativ schnell; zum Beispiel Granitaplite, Granitpegmatite und Lamprophyre

Die Namensgebung erfolgt heute international einheitlich und verbindlich gemäß der IUGS-Klassifikation, der die sogenannte STRECKEISEN-Systematik zugrunde liegt, die in Kapitel 5 erläutert wird.

Sedimentgesteine (Sedimentite)

Der Begriff **Sediment** steht für nach dem Transport abgelagerte Erzeugnisse der mechanischen und chemischen Verwitterung von Gesteinen. Transportmittel sind dabei Wasser, Wind, Eis oder auch Organismen. Aus einem Lockersediment wie zum Beispiel Sand entsteht durch Verfestigung (**Diagenese**) ein **Sedimentgestein**. Die einzelnen Körner werden dabei durch ein Bindemittel (Zement), das von kieseliger, kalkiger oder toniger Art sein kann, fest verbacken. Es werden unterschieden:

» **Verwitterungsreste (Residuate)**
» **Verwitterungsneubildungen (Präzipitate)**

Ein wichtiges Merkmal ist die sedimentäre Schichtung. Viele Gesteine dieser Gruppe führen versteinerte Reste von pflanzlichen oder tierischen Lebensformen (Fossilien). Gemäß der Entstehungsart gliedern sich die Sedimentgesteine in drei Untergruppen:

» **Klastische Sedimentgesteine (Klastite)**
Hier handelt es sich vornehmlich um die Produkte der mechanischen Verwitterung. Die weitere Unterteilung erfolgt nach der Korngröße und der Kornform:

» **Psephite** (>2 mm)	Brekzien, Konglomerate, Grauwacken
» **Psammite** (2–0,002 mm)	Sandsteine, Arkosen
» **Pelite** (<0,002 mm)	Schluffsteine, Tonsteine, Tonschiefer

Im Zuge der **Diagenese** verwandelt sich ein abgelagertes Lockerprodukt in ein Festgestein.

» **Chemische Sedimentgesteine**
Diese entstehen ohne wesentliche Beteiligung von Organismen allein durch chemische und physikalische Vorgänge. Nach den Bildungsumständen unterscheiden sich:
- » **Ausfällungsgesteine** bilden sich hauptsächlich in warmen Flachmeeren; Beispiele sind anorganische marine Kalk- und Dolomitgesteine, Süßwasserkalke („Travertin"), Phosphorite oder limonitische Eisensteine („oolithische Eisenerze" vom Salzgittertyp).
- » **Eindampfungsgesteine** (**Evaporite)** entstehen durch Ausfällung von im Meerwasser gelösten Salzen; zum Beispiel Sulfate (Gips- und Anhydritstein) oder Chloride (Stein-, Kali- und Magnesiumsalze).

» **Organogene (biogene) Sedimentgesteine**
An diesen Bildungen haben pflanzliche oder tierische Organismen einen wesentlichen Anteil. Oft handelt es sich um massenhafte Reste früherer Lebensformen (Schalen, Skelette). Zu den Hauptvertretern zählen:

Fossilkalke	Muschel-, Korallen-, Bryozoen- oder Algenkalke
Kieselgesteine	Radiolarite, „Kieselschiefer", Feuerstein, Diatomeenerde („Kieselgur"), silifiziertes Holz
Sapropelite	„Kupferschiefer" (ehem. Faulschlamm), „Alaunschiefer"
Kohlengesteine	Braun- und Steinkohlen, „Brandschiefer"

Metamorphe Gesteine (Umwandlungsgesteine)
Diese entstehen aus bereits vorhandenen Gesteinen, wenn diese durch Versenkung oder Kontakt zu magmatischen Körpern unter erhöhte Temperaturen und/oder Drücke geraten und zum Teil unter Bildung ganz neuer Minerale umkristallisieren. Man spricht von einer **Gesteinsmetamorphose**.

Bekanntestes Produkt der durch Versenkung großräumig wirkenden **Regionalmetamorphose** sind die sogenannten *„kristallinen Schiefer"* (Glimmerschiefer, Gneise), die eine markante Gefügeregelung zeigen und mehr oder wenig plattig spalten.

Bei der räumlich eng begrenzten **Kontaktmetamorphose** wird das Nebengestein von magmatischen Intrusionen „getempert" und verwandelt sich dabei vornehmlich in dichte ungeregelte Hornfelse. Die aus magmatischen Gesteinen hervorgegangenen Metamorphite nennt man **Orthogesteine**. Aus Sedimentiten entstehen **Paragesteine**.

Findet ein Stoffaustausch statt, was nicht selten bei reaktionsfähigen Gesteinen wie Kalk- oder Dolomitsteinen der Fall ist, so spricht man von einer **Metasomatose**.

2.3 Die Bausteine – gesteinsbildende Minerale

Die Komponenten, aus denen sich die Gesteine zusammensetzen, werden als **„gesteinsbildende Minerale“** bezeichnet. Es handelt sich ganz überwiegend um silikatische Verbindungen, einige Oxide und Karbonate. Während auf der Erde mehr als 4.000 Mineralarten bekannt sind, bleibt die Mineralogie der Hauptgesteinsarten mit rund 40 Vertretern vergleichsweise überschaubar. Voraussetzung für die Identifizierung eines Gesteins ist das Erkennen der Mineralkomponenten. An dieser Stelle sollen daher die charakteristischen Eigenschaften der wichtigsten Gesteinsbildner kurz vorgestellt werden. Für tiefer greifende Studien sei auf die Standardwerke der Mineralogie und Gesteinskunde verwiesen.

Minerale sind definiert durch ihre chemische Zusammensetzung (Formel) und ihre kristallographische Struktur (Atomgitter, Kristallsymmetrie). Die Bestimmung mit dem bloßen Auge oder der Lupe erfolgt nach den „äußeren Kennzeichen“ wie: ***Korn- oder Kristallform, Farbe, Strichfarbe, Spaltbarkeit, Härte, Glanz, Dichte und andere Eigenschaften.***

Helle gesteinsbildende Minerale

Mineralname (Abkürzung) Formel / Zusammensetzung	Vorkommen	Erkennungsmerkmale
Quarz (Q) SiO_2	saure Magmatite (Granit, Rhyolith) und Metamorphite, (Quarzite, Gneise), Sandsteine, Kieselgesteine, hydrothermale Gänge	farblos grau, transparent, fettiger Glanz, keine ebenen Spaltflächen, Mohshärte: 7
Kalifeldspat = Orthoklas (Or) $KAlSi_3O_8$ bildet Mischkristallreihe mit Natronfeldspat = Albit (Ab) $NaAlSi_3O_8$; Strukturvarianten: **Sanidin** = Hochtemperaturform zum Beispiel in Vulkaniten **Mikroklin** = Tieftemperaturform zum Beispiel in Pegmatiten	saure Gesteine, Alkalimagmatite, groß in Granitpegmatiten	hellgrau, rötlich, bräunlich, gute Spaltbarkeit nach zwei rechtwinklig aufeinander stehenden Richtungen, prismatische Körner mit eckigen Umrissen, oft „Karlsbader Zwillinge", die auf Spaltflächen zwei unterschiedlich spiegelnde Hälften bewirken, 6
Kalk-Natron-Feldspäte = Plagioklase (P) fast lückenlose Mischkristallreihe von **Albit** (Ab) $NaAlSi_3O_8$ bis **Anorthit** (An) $CaAl_2Si_2O_8$ zwischen beiden liegen: **Oligoklas**: An_{10}-An_{30}, **Andesin**: An_{30}-An_{50}, **Labradorit**: An_{50}-An_{70}, **Bytownit**: An_{70}-An_{90},	natriumreicher Plagioklas in sauren Magmatiten und niedriggradigen Metamorphiten, calciumreicher Plg. in intermediären und basischen Magmatiten und höher gradigen Metamorphiten	farblos weiß, grünlich grau, graubraun, gute, leicht schiefwinklige Spaltbarkeit nach zwei Richtungen, feine parallele Streifung der Spaltflächen durch eine lamellare, „polysynthetische" Verzwilligung, manchmal Schillereffekte („Labradorisieren") Mohshärte: 6
Feldspatvertreter (= Foide) (F) **Nephelin** (Ne) $NaAlSiO_4$ **Leucit** (Le) $KAlSi_2O_6$	nur in quarzfreien Alkalimagmatiten bei Natriumvormacht Nephelin und/oder Sodalith; bei Kaliumvormacht Leucit	Nephelin: farblos, rötlich grau, fettiger Glanz, keine Spaltbarkeit, Leucit: farblos, oft allseits gut ausgebildete Kristalle, „Deltoid-24-Flächner"
Kalkspat (**Calcit**) $CaCO_3$	ganz selten magmatisch, meist sedimentär (Kalksteine) oder metamorph (Marmor) häufig hydrothermal auf Gängen und Klüften	farblos, weiß, vollkommene Spaltbarkeit nach dem Rhomboeder, Mohshärte: 3, schäumt mit verdünnter Salzsäure

Übersicht der wichtigsten silikatischen Minerale in magmatischen und metamorphen Gesteinen.

Dunkle gesteinsbildende Minerale

Mineralname (Abkürzung) Formel / Zusammensetzung	Vorkommen	Erkennungsmerkmale
Muskovit (Hellglimmer) wasserhaltiges K-Al-Schichtsilikat	Granite, Granitpegmatite, Glimmerschiefer und Gneise	silbrig grau, transparent, blättchenförmige Körner, glänzende Spaltflächen, Mohshärte: 2–3
Biotit (Dunkelglimmer) (Bt) Mg-Fe-Al-Schichtsilikat	Granite, Granitpegmatite, Glimmerschiefer und Gneise	schwarz, angewittert braun-goldgelb, blättchenförmige Körner, glatte glänzende Spaltflächen, Mohshärte 2–3
Hornblende (Hbl) häufigster Vertreter der **Amphibol-Gruppe** wasserhaltiges Ca-Fe-Mg-Al-silikat	Diorite, Andesite, Amphibolite	schwarz, säulig-prismatische Kristalle, ebene, glänzende Spaltflächen nach zwei Richtungen unter 120°Winkel, sechsseitige Kopfschnitte, Mohshärte: 5,5–6
Orthopyroxen (Opx) orthorhombische Mischkristalle $(Mg, Fe)_2Si_2O_3$ mit zunehmendem Eisengehalt unterscheiden sich Enstatit (En), (Bronzit), Hypersten, Ferrosilit (Fs)	Norite, Pyroxenite, Peridotite,	grünlich schwarz, zum Teil metallisch bronzefarben, schimmernd, durch Umwandlung in Serpentin, kurzsäulig-prismatische Kristalle, tafelige Spaltstücke, matte Spaltflächen nach zwei Richtungen unter 90°Winkel, achtseitige Kopfschnitte, Mohshärte: 5,5–6
Klinopyroxen (Kpx) (monokline Pyroxene) Mg-Fe-Ca-Al-silikate a) Augit b) Diopsid-Hedenbergit-Mischkristallreihe	a) Gabbros, Pyroxenite, Basalte, b) metamorphe Kalksilikatgesteine, Skarne	schwarz bis grünlich schwarz, kurzprismatische Kristalle, matte, oft raue Spaltflächen nach zwei Richtungen unter 90°Winkel, achtseitige Kopfschnitte, Mohshärte: 5,5–6
Olivin (Ol) $(Mg, Fe)_2SiO_4$ Mischkristallreihe von Forsterit (Fo) (Mg_2SiO_4) bis Fayalit (Fa) (Fe_2SiO_4)	Dunite, Peridotite, Basalte hochgradige Metamorphite	frisch grün, umgewandelt auch schwarz, Glasglanz, keine Spaltbarkeit, körnig, durch Wasseraufnahme Umwandlung in Serpentin, Mohshärte: 6,5–7

Fortsetzung

Vorwiegend metamorph gebildete Minerale:

Mineralname (Abkürzung) Formel / Zusammensetzung	Vorkommen	Erkennungsmerkmale
Granate bilden komplexe Mischkristalle aus: **Grossular** $Ca_3Al_2(SiO_4)_3$ **Andradit** $Ca_3Fe_2(SiO_4)_3$ **Almandin** $Fe_3Al_2(SiO_4)_3$ **Pyrop** $Mg_3Al_2(SiO_4)_3$ **Spessartin** $Mn_3Al_2(SiO_4)_3$	calciumreiche „Kalkgranate" in Kalksilikatgesteinen, Skarnen und Marmoren, aluminiumreiche „Tongranate" in kristallinen Schiefern, Amphiboliten und Eklogiten	Grossular = gelblich grün, sonst rotbraun, rundliche, kubische Kristalle mit Tendenz zur Eigengestaltigkeit (typische 12-Flächner = Rhombendodekaeder), Mohshärte 6,5–7,5
Vesuvian Ca-Mg-Fe-Al-silikat, tetragonal	Kontaktmarmore, Kalksilikatgesteine, Skarne,	braun bis rötlich braun, auch grünlich kurzprismatische Kristalle, undeutliche Spaltbarkeit, Fettglanz, Mohshärte: 6–7
Wollastonit $CaSiO_3$ triklin	Kontaktmarmore, Kalksilikatgesteine,	weiß-grauweiß, Seidenglanz, vollkommene Spaltbarkeit, stängelige Kristalle, faserige Aggregate, Mohshärte: 4,5–5
Alumosilikate $Al_2(O/SiO_4)$ „trimorph", drei Minerale mit sehr unterschiedlichen Eigenschaften	aluminiumreiche Metamorphite (Metapelite), Bildung durch Entwässerung von Tonmineralen	
1) Andalusit, rhombisch	typisches Mineral der Kontaktmetamorphose, auch Glimmerschiefer, niedriggradige Gneise	prismatische, lang gestreckte Kristalle, oft mit dunklem Kreuz im Querschnitt („Chiastolith"), Mohshärte: 7,5
2) Disthen (Cyanit), triklin	typisches Mineral der Regionalmetamorphose bei hohen Drücken (> 3.8 kbar)	oft hellblaue, leistenförmig gestreckte Kristalle, Mohshärte stark richtungsabhängig 4,5–6,5!
3) Sillimanit, rhombisch	typisches Mineral der Kontakt- und höher gradigen Regionalmetamorphose bei hohen Temperaturen (> 500 °C)	weißgrau, nadelig-faserig in Büscheln, verfilzte Aggregate, Mohshärte: 6,5
Cordierit Mg-Fe-Al-silikat, rhombisch	typisch für Hornfelse und Knotenschiefer, zum Teil auch granitische Gneise	grau, manchmal graublau, fettiger Glasglanz, ähnlich Quarz, Mohshärte: 7

Mineralname (Abkürzung) Formel / Zusammensetzung	Vorkommen	Erkennungsmerkmale
Epidot wasserhaltiges Ca-Fe-Al-silikat, monoklin	kontaktmetamorphe Bildung, und hydrothermales Umwandlungsprodukt von Feldspäten	pistaziengrün, stängelige, in Längsrichtung gestreifte Kristalle, Mohshärte: 6–7
Chlorit wasserhaltiges Mg-Fe-Al-Schichtsilikat, monoklin	niedriggradige regionalmetamorphe Bildung, Grünschiefer, häufiges Umwandlungsprodukt von Eisen-Magnesium-Silikaten	hell-dunkelgrün, schuppig-blättrig, elastisch biegsam, Mohshärte: 1,5–2
Serpentin Mg-Hydrosilikat, monoklin	niedriggradige regionalmetamorphe Bildung aus magnesiumreichen Edukten, Umwandlungsprodukt von Olivin	grün bis schwarz, fettiger Glanz, faserige Aggregate = „Chrysotilasbest", Mohshärte: 3–4

Fortsetzung

2.4 Gesteinsbestimmung

Die Ansprache von Gesteinen ist erfahrungsgemäß wesentlich anspruchsvoller als die Bestimmung von „frei" gewachsenen Mineralen. Voraussetzung dafür bildet die Diagnose der **gesteinsbildenden Minerale**. Im Gegensatz zu „sammelwürdigen" Mineralien, die meist eigengestaltig auskristallisiert in Erscheinung treten, bestehen die Gesteine meist aus innig verwachsenen Mineralkörnern, die auch mit der Lupe nicht immer leicht zu identifizieren sind. Bei feinkörnigen Gesteinen, wie beispielsweise manchen Vulkaniten, stößt man schnell an die Grenze des Möglichen. Hilfreich ist in vielen Fällen eine Betrachtung des **Gesteinsgefüges**, worunter man die Anordnung und Verwachsung der einzelnen Komponenten versteht. Übung macht auch hier den sprichwörtlichen Meister. Unerlässlich ist das einprägsame Anschauen von Handstücken in Sammlungen oder zumindest in gut bebilderten Büchern, um „ein Auge" dafür zu bekommen. Bestimmung durch Wiedererkennung ist ein sehr wichtiger Faktor.

Zu einer wirklich eindeutigen Bestimmung bedarf es in vielen Fällen allerdings technischer Hilfsmittel, wie eines Polarisationsmikroskops. Bei dieser klassischen petrografischen Mikroskopie werden circa 0,03 mm dicke Gesteinsdünnschliffe im polarisierten Durchlicht untersucht. Die Mineraldiagnose erfolgt durch die Bestimmung von Lichtbrechung, Doppelbrechung und anderen optischen Effekten (Müller & Raith 1976). Mithilfe von Auszählverfahren (Point Counter, etwa 3.000 Punkte pro Präparat) lässt sich bei hinreichender Korngröße die quantitative Zusammensetzung eines Gesteins in Form des sogenannten **Modalbestandes** (Volumenprozente) ermitteln. Die Benennung von Magmatitischen Gesteinen erfolgt auf dieser Grundlage gemäß der in Kapitel 5 beschriebenen STRECKEISEN – Systematik. Die hier zugrunde liegenden Diagramme können auch angewendet werden, wenn der Mineralbestand nur grob abgeschätzt wurde. Nicht möglich ist dieses Bestimmungsverfahren bei sehr feinkörnigen Gesteinen oder glasführenden Vulkaniten. Einem Gesteinsglas ist nicht anzusehen, welche chemischen Bestandteile sich darin verbergen. Bekanntestes Beispiel ist der pechschwarze Obsidian – ein vollkommen aus Glas bestehendes, kieselsäurereiches Vulkangestein.

Einzige Alternative ist eine chemische Gesteinsanalyse, die heute in der Regel mittels der Röntgenfluoreszenzmethode erfolgt. Zusätzlich müssen die Gehalte von Wasser- und Kohlendioxid ermittelt werden. Mithilfe erprobter Rechenverfahren (zum Beispiel der sogenannten CIPW-Norm) lässt sich aus den in Oxidgewichtsprozenten angegebenen Hauptkomponenten ein sogenannter **normativer Mineralbestand** kalkulieren. Dieser stellt stets eine Vereinfachung dar und muss nicht unbedingt der tatsächlichen mineralischen Zusammensetzung voll entsprechen. Zumindest zur Ermittlung des korrekten Gesteinsnamens ist dieses Verfahren hinreichend. Eine zusammenfassende Darstellung dieser Methoden liegt von MÜLLER & BRAUN (1977) vor.

Auf strenges Ordnen, raschen Fleiß,
erfolgt der allerschönste Preiß
Goethe, Faust 2

2.5 Gesteine sammeln

Verglichen mit dem Sammeln von bunten und schön kristallisierten Mineralien mag das Anlegen einer Gesteinskollektion zunächst ziemlich unattraktiv erscheinen, doch kommt es auch hier, wie bei vielen anderen Dingen im Leben, ganz auf die individuelle Einstellung zur Sache an. Der Reiz besteht darin, auf einem gewissen Fachwissen basierend, etwas zusammenzutragen, das keinerlei materiellen Wert besitzt und erst durch die eigene Zusammenstellung und Ordnung an Wert gewinnt und beliebig ausbaufähig ist.

Anders als beim Sammeln von Mineralien, wo es darauf ankommt, möglichst seltene Exemplare in guter Ausbildung zu finden, ist bei Gesteinen in den meisten Fällen von Natur aus genügend Material vorhanden. Hier kommt es vielmehr darauf an, eine möglichst frische Probe, frei von Verwitterungskrusten, zu gewinnen. Einerseits sollte diese für den geologischen Körper möglichst typisch sein, andererseits besteht ein Reiz auch darin, innerhalb des Gesteinsverbands nach Stücken mit ausgefallener Zusammensetzung oder besonderen Gefügemerkmalen Ausschau zu halten.

Wichtig ist von Anfang an, dass der Sammeltätigkeit ein Konzept zugrunde gelegt wird. Ein solches kann regional (zum Beispiel „Gesteine des Harzes") oder stratigrafisch („Sedimentgesteine der mitteldeutschen Trias") ausgerichtet sein (PAPE 1978).

Jeder, der dieses Hobby mit einiger Ernsthaftigkeit betreiben möchte, wird Gesteine in Form von **Handstücken** sammeln. Bei der Probenbearbeitung mit dem Hammer ist darauf zu achten, dass man möglichst ebene und planparallele Flächen erzielt, die frei von hässlichen Schlagspuren sein sollten und das Gefüge optimal widerspiegeln. Legt man Wert auf gleichmäßig formatierte Proben (rechteckige, tafelige Stücke), was den optischen Reiz einer Sammlung erhöht und auch für eine platzsparende Unterbringung in Kartons oder flachen Schubfächern von Vorteil ist, erfordert das etwas handwerkliche Übung. „Klassiker" der wissenschaftlichen Sammlungen sind scheibenförmige

Handstücke von circa 9 x 12 cm Fläche und 1,5–2,5 cm Dicke, auch „*Trögerformat*" genannt, nach dem zuletzt in Darmstadt lehrenden Petrografieprofessor W. E. Tröger (siehe Kapitel 4). Diese werden in genormten flachen Papp- oder Kunststoffschachteln mit eingelegten Beschriftungszetteln aufbewahrt.

Im Gegensatz zu Briefmarkensammlungen ergeben sich bei Kollektionen von Gesteinsproben dieser Größe ziemlich bald Platz- und Gewichtsprobleme. Eine Alternative wären halb so große Handstücke (6 x 9 cm), für die es auch entsprechende Schachteln gibt. Von noch kleineren Formaten ist allerdings abzuraten, da sie bei grobkörnigen und heterogenen Gesteinsarten oft das Gefüge nicht mehr widerspiegeln. Um besondere Gefügearten, wie zum Beispiel Schichtung, Faltenbau oder Brekzientextur hervorzuheben, kann es sehr zweckmäßig sein, bestimmte (auch größere) Stücke in geeigneter Weise durchzusägen und anzupolieren.

Um in den Sammlungen Vertauschungen vorzubeugen, ist es wichtig, Handstück und Zettel mit einer Kennzeichnung (Nummerierung) zu versehen, die in einem Katalog (Excel-Tabellen) geordnet nach Gesteinsgruppen (Plutonite, Vulkanite, Sedimentite, Metamorphite) aufgelistet wird.

Nicht ohne ästhetischen Reiz ist beispielsweise eine Handstückkollektion von Graniten, die verdeutlicht, wie unterschiedlich ein annähernd gleich zusammengesetztes Gestein bezüglich Farbe und Textur sein kann.

Beispiel von vier geschlagenen „Tröger"-Handstücken: Gabbro von Bad Harzburg (o.l.), Granit vom Wurmberg (o.r.), Harzburgit aus dem Radautal (u.l.), Diabas von Wolfshagen (u.r.).

Kollektion von Gesteinshandstücken der „Tröger-Sammlung" / Geosammlung der TU Clausthal.

3 Geologische Entwicklung des Harzes

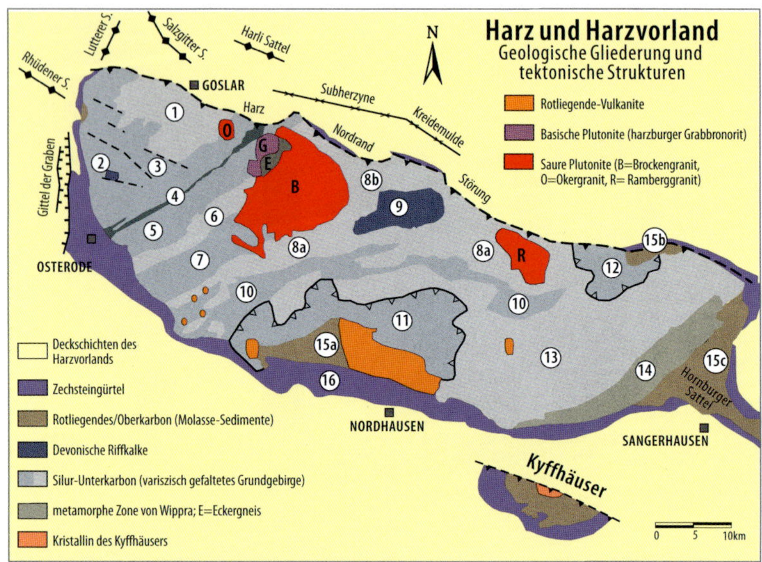

Im Laufe der geologischen Erforschung des Harzes hat sich eine Gliederung des Gebirges in folgende geologische Einheiten als sinnvoll erwiesen (MOHR 1993):
Oberharz: 1 Oberharzer Devonsattel, 2 Iberg-Winter-Riffkalkkomplex, 3 Clausthaler Kulmfaltenzone, 4 Oberharzer Diabaszug, 5 Sösemulde, 6 Acker-Bruchberg-Zug; Mittelharz: 7 Lonauer Sattel und Siebermulde, 8a/8b Blankenburger Zone, 9 Elbingeröder Komplex, 10 Tanner (Grauwacken) Zone; Unterharz: 11 Südharz-Mulde, 12 Selke-Mulde, 13 Harzgeröder Zone, 14 metamorphe Zone von Wippra; jünger als die Harzfaltung: 15a Ilfelder Becken, 15b Meisdorfer Becken, 15c Hornburger Sattel, 16 Zechsteingürtel.
Harzer Intrusivgesteine: Harzburger Gabbronorit (G), Okergranit (O), Brockengranit (B), Ramberggranit (R)
Eine Sonderstellung nimmt der Eckergneis (E) ein.

Die kontinentale Kruste unserer Erde besteht, bei einer Betrachtung der obersten 15 Kilometer, zu etwa 95 % aus magmatischen Gesteinen, zu 4 % aus kristallinen Schiefern (metamorphen Umwandlungsgesteinen) und nur zu 1 % aus Sedimentgesteinen. Die Erdoberfläche hingegen ist zu mehr als ¾ von Sedimentgesteinen bedeckt!

Ein Blick auf die geologische Karte des Harzes, die bei unbedarfter Betrachtung als buntes Mosaik erscheint, bestätigt, dass auch hier die Sedimentgesteine klar dominieren. Rund 20 % der oberflächlich anstehenden Gesteine zählen zur Familie der Magmatiten (Diabase, Granite und gabbroide Gesteine) während die metamorphen Schiefer nur 1–2 % ausmachen. Diese Verteilung beruht darauf, dass der Harz als Teil eines großen Faltengebirges nie allzu tief versenkt war. Dieser nördliche Abschnitt des Variszischen Gebirges (kurz auch Variszikum genannt) wird als die rhenoherzynische Zone bezeichnet. Der Name leitet sich vom Rheinischen Schiefergebirge und vom Harz ab, wo wir sehr ähnliche Gesteinsarten antreffen. Wir befinden uns gewissermaßen im obersten Stockwerk dieses mehr als 30 Kilometer mächtigen, intensiv verfalteten Gebirgsstranges, der gewissermaßen das Fundament Mitteleuropa bildet. Nach Süden hin schließt sich die Zone des Saxothuringikums mit dem Thüringer Wald und dem Erzgebirge an. Dieser Teil des Variszikums war wesentlich tiefer versenkt und weist daher eine insgesamt stärkere metamorphe Überprägung auf. Auch gibt es hier größere, das heißt stärker durch die Abtragung freigelegte magmatische Gesteinskomplexe. Noch weiter südlich folgt das Moldanubikum mit überwiegend kristallinen Gesteinen, wie wir sie im Schwarzwald, im Bayerischen Wald und Böhmischen Wald antreffen.

Der Harz erhebt sich als eine etwa 100 km lange und 30 km breite, Nordwest-Südost streichende Scholle von altem Grundgebirge, markant aus dem hügeligen Harzvorland, das von jüngeren Deckschichten gebildet wird. Neben dem Flechtinger Höhenzug bei Magdeburg handelt es sich um den nördlichsten Aufbruch des variszischen Gebirgszuges, der rund 500 Millionen Jahre höchst komplexer Erdgeschichte widerspiegelt.

Wie die Abbildung auf Seite 28 zeigt, hat der Harz eine *herzynische Kontur* und eine ältere *erzgebirgische (variszische) Struktur*, zwei markante, tektonisch vorgegebene Richtungen, auf die wir im Gelände immer wieder stoßen.

Die ausführlicher geschilderte erdgeschichtliche Entwicklung des Gebirges im Lichte der modernen Plattentektonik kann an dieser Stelle nur kurz angerissen werden.

Die eigentliche Harzgeschichte begann im Silur, als das Gebiet des heutigen Mitteleuropas weit südlich des Äquators lag. Zwischen einer **Laurussia** genannten großen Landmasse im Norden und dem Südkontinent **Gondwana** öffnete sich ein in Südwest-Nordost Richtung gestrecktes schmales Meeresbecken. Durch das anhaltende Auseinanderdriften der Kontinentalplatten entwickelte sich dieses zu dem **Rheischen**

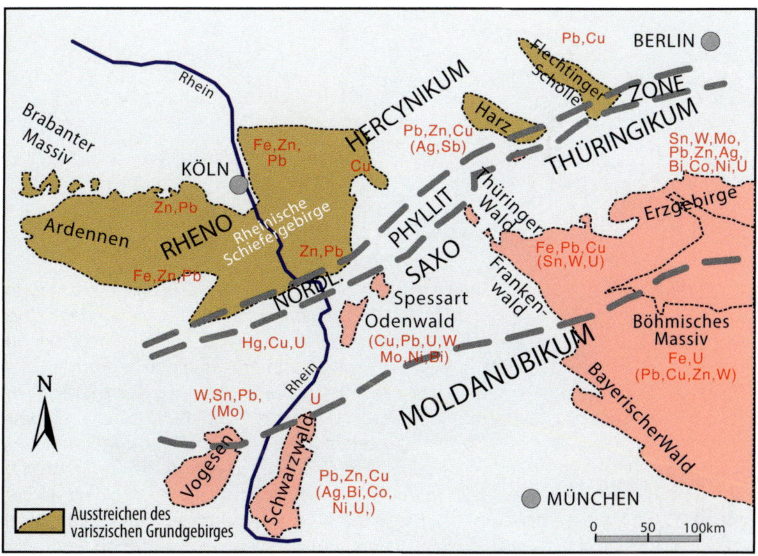

Strukturkarte der mitteleuropäischen „Varisziden“ mit charakteristischen Metallerzvorkommen

Ozean (siehe Seite 29). Der große Nordkontinent hatte sich zuvor gebildet, als die Urkontinente **Laurentia** im Westen (heute Kanada) und **Baltica** im Osten (Teile Skandinaviens und Russlands) kollidierten und die dazwischenliegenden Ablagerungen des „Uratlantiks“ zusammenschoben. Die sogenannte kaledonische Gebirgsbildung verschweißte beide alten Schilde miteinander. Die daraus hervorgegangenen metamorphen und magmatischen Gesteine können wir heute in West- und Nordnorwegen sowie in Schottland in Augenschein nehmen.

Der auch als variszische Geosynklinale bezeichnete neue Ozean formte während einer mehr als 100 Millionen Jahre umfassenden Zeitspanne sehr unterschiedlich strukturierte Ablagerungsräume, in die von angrenzenden Festländern aus Material eingetragen wurde. Der spätere Harz lag am Südrand eines **Ost-Avalonia** genannten Teilkontinents. Die heute angetroffenen Sedimentfolgen lassen erkennen, dass es sowohl bezüglich der Zusammensetzung und Mächtigkeit als auch ihrer zeitlichen und räumlichen Verteilung erhebliche Unterschiede gab. Zunächst lag das Harzgebiet in einem Schelfbereich mit geringer Meerestiefe.

Die ältesten variszischen Ablagerungen (Tone, Sande und vulkanische Aschen), die ins Ordovizium datiert werden, bilden ganz im Südosten des Harzes die Wippra-Zone. Diese Entwicklung setzte sich im nachfolgenden Silur fort. Kennzeichnend sind dunkle kohlenstoffreiche Tonschiefer, welche als die ältesten Harzer Fossilien Graptolithen führen, eine heute ausgestorbene Art von polypenähnlichen kolonienbildenden Meeresbewohnern.

Im westlichen Teil des Gebirges stammen die ältesten heute aufgeschlossenen Schichten aus dem Unterdevon. Damals senkte sich der Meeresboden weiter ab und es kamen vorherrschend Sande zur Ablagerung, die im Raum Goslar eine wohl etwa 1.000 Meter mächtige Gesteinsfolge („Kahlebergsandstein“) bilden. Insgesamt sind hier we-

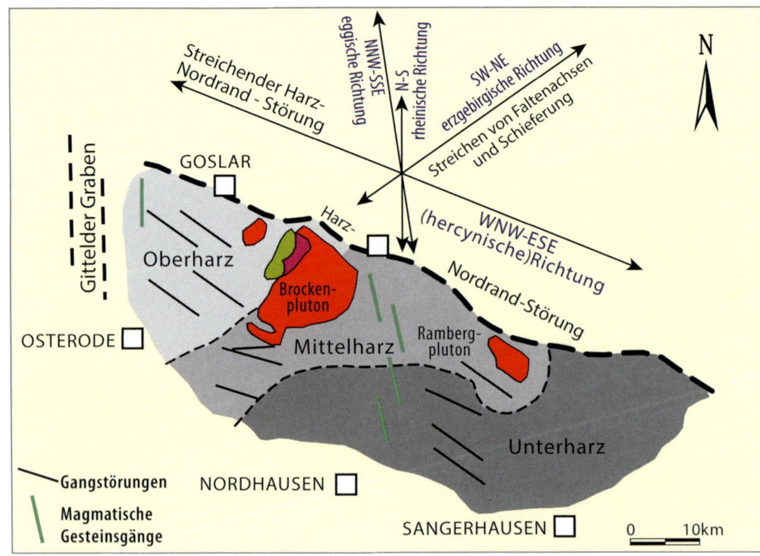

Die räumliche Gliederung des Harzes mit den wichtigsten Strukturmerkmalen.

sentlich größere Ablagerungsmächtigkeiten anzutreffen als im Ostharz. Während des Mitteldevons setzte sich die Sedimentation vorherrschend unter festlandsfernen Tiefseebedingungen fort. Am Meeresboden sammelten sich über einen langen Zeitraum Schluff, feine Tonteilchen sowie die Reste mariner Organismen (zum Beispiel Kieselalgen). Kennzeichnend war eine markante Gliederung des Meeresbodens in Becken- und Schwellenbereiche. Im Westen füllte sich ein tiefer Trog mit gewaltigen Mengen von lockeren Sedimenten, die durch das eigene Gewicht schließlich entwässerten und zu Festgesteinen verbackten. Charakteristisches Produkt sind die etwa 800 Meter mächtigen „Wissenbacher Tonschiefer", bekannt als Träger der Rammelsberger Buntmetallerzlagerstätte. Besonders im östlichen Teil des Gebirges gerieten an Abhängen, ausgelöst durch Bewegungen des Meeresbodens, gewaltige Stapel nur wenig verfestigter Sedimente ins Rutschen und ergossen sich als gewaltige untermeerische Lawinen über große Areale. Die durch eine chaotische Mixtur verschiedener, unterschiedlich alter Gesteine gekennzeichneten Bildungen heißen **Olisthostrome**.

Infolge einer anhaltenden Dehnung der Erdkruste öffneten sich während des Mitteldevons (Eifelstufe) bis in den oberen Erdmantel reichende Bruchspalten, auf denen basaltische Schmelzen aufstiegen und sich auf dem Meeresboden teils als Lavaströme ergossen und teils infolge explosiver Förderung als vulkanisches Lockermaterial (Bomben-, Aschen- und Lapillituffe) sedimentierten. Durch den innigen Kontakt mit erhitztem Meerwasser wandelte sich der ursprünglich schwarze Basalt in einen graugrünen Diabas um. Solche heute Spilite genannten Vulkanite treten an verschiedenen Stellen des Harzes in ausgedehnten Zügen auf. Im Umfeld der untermeerischen Explosionszentren entstanden im Anschluss an die Eruptionen aus zirkulierenden eisenreichen Thermalwässern lagerförmige Roteisenerze. Im Westharz („Oberharzer Diabaszug")

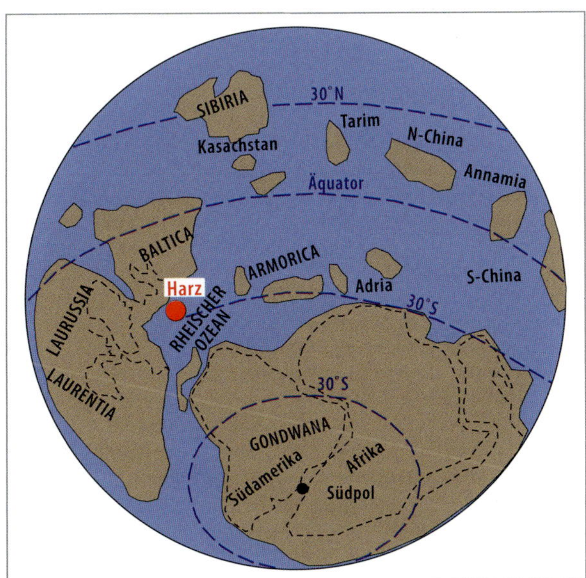

Die Situation der Kontinente im frühen Devon vor etwa 420 Millionen Jahren und die ungefähre Position des „Rheischen Ozeans".

Blick auf den Rammelsberg bei Goslar. Oberhalb der Bergwerksanlagen befindet sich der alte „Communion-Steinbruch" mit seinen ausgedehnten Abraumhalden.

und im Mittelharz („Elbingeröder Komplex") bildeten solche vulkanosedimentären Eisenerzvorkommen jahrhundertelang die Basis für eine einst bedeutende Eisenindustrie. Der mehrere Zyklen umfassende Vulkanismus innerhalb der variszischen Geosynklinale setzte sich bis in das frühe Unterkarbon fort.

In Schwellenregionen mit geringer Wasserbedeckung oder auf vulkanisch bedingten Untiefen, gediehen im tropisch-warmen Meer riffbildende Korallen, die in Millionen von Jahren mächtige Atolle entstehen ließen. Zeugnisse dieser artenreichen Lebensgemeinschaften sind sehr reine Kalksteinvorkommen, wie der mehr als 500 m mächtige Iberg-Winterberg-Komplex bei Bad Grund und die ausgedehnten Massenkalkvorkommen bei Elbingerode im Mittelharz. Im frühen Oberdevon endete diese üppige marine Faunenentwicklung ziemlich rasch infolge eines der bedeutendsten Massensterben der Erdgeschichte. Dieses setzte vor 373,5 Millionen Jahren (Übergang vom Frasnium zum Famennium, vormals Adorf) ein und wird heute international nach seiner Typlokalität im Kellwassertal bei Altenau als **Kellwasser-Event** bezeichnet (Gereke et al. 2014). Dieses global nachweisbare Ereignis führte zum Aussterben von 50 % der marinen Lebensformen im Flachwasser der Schelfe. Hiervon zeugt eine markante, durch bituminöse Substanzen schwarz gefärbte, nur wenige Dezimeter mächtige Kalksteinlage – der Kellwasserkalk – die reichlich mikroskopisch feine Reste von Meeresorganismen enthält.

Mit dem Übergang vom Devon zum Karbon vor etwa 360 Millionen Jahren änderte sich die Situation des Ablagerungsraums grundlegend. Statt der bislang anhaltenden Dehnung der Erdkruste wanderten die kontinentalen Platten nun aufeinander zu, wodurch sich die langgestreckten Sedimentationströge allmählich einengten (Konvergenz).

Das Unterkarbon begann mit der Ablagerung eines schwarzen Eisensulfid-führenden Tonschiefers (Liegende Alaunschiefer), gefolgt von einer mehrere Dutzend Meter mächtigen Abfolge von kieseligen Sedimenten (Radiolarite, Kieselschiefer), bestehend

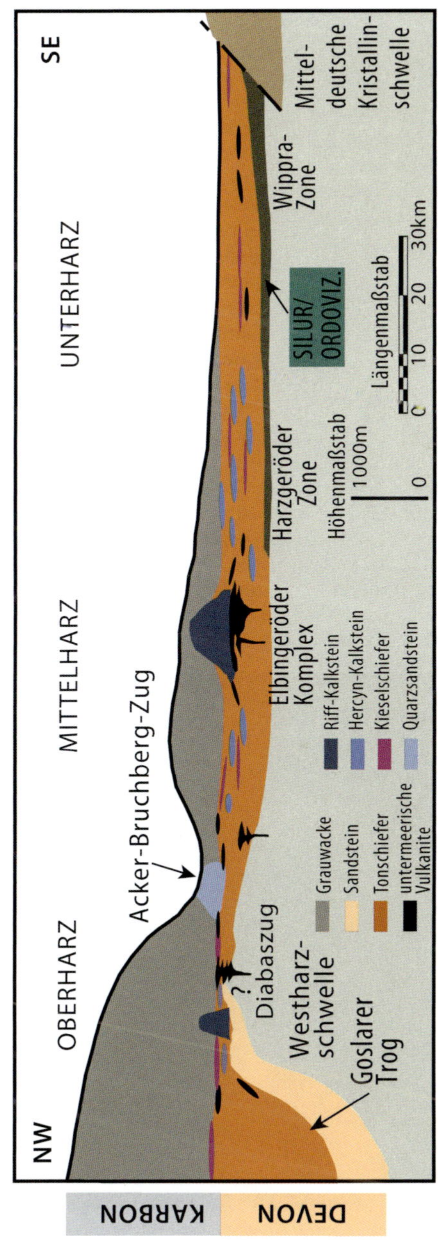

Rekonstruktion der variszischen Ablagerungen im Harzraum (Längsprofil) nach MÖLLER & LÜDERS *(1993).*

aus den Resten winziger Kieselalgen (Radiolarien), die ihren Lebensraum in einem küstenfernen ruhigen Meeresbecken hatten.

Wenig später setzten von Osten nach Westen fortschreitend grobe Schüttungen von Sanden, Kiesen und zeitweilig auch groben Geröllen ein. Der Materialtransport erfolgte durch Flüsse von nicht weit entfernten Festländern im Süden und Südosten. Ausgedehnte Flussdeltas, vergleichbar mit der Mündung des Mississippi in den Golf von Mexiko, schoben sich immer weiter in das Meeresbecken hinein. So weisen die unterkarbonischen Ablagerungen im nordwestlichen Harz Mächtigkeiten von mehr als 1.000 m auf, was aus einer gleichzeitigen Absenkung des Meeresbodens resultierte. Charakteristisch für dieses als **Flysch** bezeichnete Stadium der Ablagerung sind die den Oberharz prägenden Grauwacken, die oft rhythmisch wechselnd mit dünnen Zwischenlagen von dunkelgrauem Tonschiefer auftreten. Gut aufgeschlossen finden wir diese Gesteine in der Oberharzer Kulmfaltenzone rund um Clausthal-Zellerfeld. Die besonderen Vorgänge, die solche Ablagerungen entstehen lassen, werden in Kapitel 7.1 betrachtet. Auch weiter im Osten lagerten sich vom Oberdevon bis Unterkarbon vorwiegend grobklastische Grauwacken (zum Beispiel Sieber-, Tanner-, Südharz- beziehungsweise Selkegrauwacke), lokal aber auch gut gleichkörnig feine Sande („Acker-Bruchberg-Quarzit“) ab, allerdings in geringeren Mächtigkeiten als im Nordwesten.

Ausgelöst durch die Kollision des zum Gondwana-Kontinent zählenden armorikanischen Plattensegment im Südosten und dem an den Laurussia-Kontinent angehängten Ost-Avalonia im Nordwesten, setzte mit Beginn des Oberkarbons die variszische Faltung ein. Die dazwischenliegenden marinen Ablagerungsräume wurden zusammengepresst und in die Tiefe versenkt, wobei die Gesteinsschichten eine Faltung und mehr oder weniger ausgeprägte Schieferung erfuhren. Die von Südosten nach Nordwesten vorrückende Faltungsfront ließ den Rheischen Ozean schließlich verschwinden.

Aufschluss einer Sattelstruktur in gefalteter Grauwacke im Tal der Innerste bei Wildemann (A4126/13).

Gefaltete, ausgesprochen „bankige“ Kieselschiefer am Bielstein bei Lautenthal.

Während im Nordwesten große Faltenwellen mit ziemlich gleichmäßigen Sätteln und Mulden vorherrschen, finden wir weiter im Osten intensive zerscherte Faltenbildungen (Schuppenbau) und ausgedehnte Deckenüberschiebungen. Nähere Informationen zum tektonischen Bau des Harzes geben WACHENDORF (1986), MOHR (1993), FRANZKE & SCHWAB (2011) sowie MÜLLER & FRANZKE (2014).

Während an der nordwestlichen Ecke des Harzes bei Hahausen noch abgelagertes Oberkarbon (Namur) von der Faltung erfasst wurde, zeigen die etwa gleichaltrigen Ablagerungen rund 80 km weiter südöstlich im Mansfelder Land keine Anzeichen von Deformation oder Schieferung. Im Oberkarbon war die von Südosten aus wie eine Wellenfront fortschreitende variszische Faltung schon durchgezogen. Die im Anschluss an das Faltungsereignis abgelagerten klastischen Sedimente werden als **Molasse** bezeichnet.

Teile der bis in große Tiefen versenkten variszischen Ablagerungen erfuhren eine Aufschmelzung. An tektonische Schwächezonen gebunden, stiegen lokal anfangs gabbroide, später vorwiegend granitische Schmelzen bis in die oberen Stockwerke des jungen Faltengebirges auf, wo sie als pilzförmige Plutone erstarrten. Hiervon zeugen die kurz nacheinander entstandenen Intrusionen des Harzburger Basitkomplexes (Gabbro-Norit) und der drei heute aufgeschlossenen Granitmassive (Brocken-, Oker- und Ramberg-Pluton). Während der allmählichen Erstarrung der Tiefengesteine erfuhr das überdeckende Nebengestein eine kontaktmetamorphe Überprägung mit charakteristischer Bildung von Hornfelsen.

Nach dem Ausklingen der Faltung ließ die in der Erdkruste herrschende Spannung allmählich nach. Hatten die versenkten Sedimentmassen zuvor eine Störung der Dichteverhältnisse innerhalb der Erdkruste bewirkt, so setzte nun eine isostatische Ausgleichsbewegung ein und das Gebiet begann, sich zu heben. Es erwuchs ein Gebirgszug, der aber vermutlich nie die Höhe der heutigen Alpen erreichte.

Schon während des älteren Perms (Rotliegendes) unterlag das junge Gebirge einer intensiven Abtragung, die von einem damals herrschenden wüstenhaften Klima geprägt war. Hierfür spricht die markante Rotfärbung der Gesteine, die sich im Namen „Rotliegendes" widerspiegelt. Färbendes Pigment ist feinverteiltes Eisen in Form des dreiwertigen Oxids (Hämatit, Fe_2O_3), das sich bei der Verwitterung unter „trockenen" oxidierenden Bedingungen bildet. Der Abtragungsschutt (vorherrschend Konglomerate, Brekzien, Sand- und Tonsteine) sammelte sich in ausgedehnten, Südwest-Nordost streichenden Senken (sogenannte intramontane Becken). Reste dieser Ablagerungen finden sich im Süden (Ilfelder Becken), im Nordosten (Meisdorfer Becken) sowie ganz im Osten des Harzes (Mansfelder Land). Zu den Besonderheiten zählt die lokale Entwicklung von aschereichen Kohlenflözen, hervorgegangen aus Moorseen oder -lagunen im unteren Rotliegenden. Im Raum Ilfeld-Neustadt sowie bei Meisdorf wurde diese Steinkohle früher abgebaut.

Auch nach Abschluss der Granitbildung kam die Erdkruste nicht zur Ruhe. Anhaltende tektonische Dehnungsbewegungen führten zum Aufreißen von Bruchspalten. Im Bereich des Süd- und Mittelharzes lebte im mittleren Rotliegenden ein intensiver Vulkanismus auf, dessen Förderprodukte (Latitandesite bis Rhyolithe) als Decken sowie als Schlot- und Gangfüllungen im Südharz anzutreffen sind. Große Teile sowohl der Molasseablagerungen als auch der Vulkanite fielen später der Abtragung zum Opfer. Lediglich im Ilfelder Becken blieben die mehr als 300 m mächtigen vulkanischen Folgen nahezu vollständig erhalten.

Während des jüngeren Perms (Zechstein) senkte sich der bereits weitgehend eingeebnete Rumpf des variszischen Gebirges gänzlich ab und wurde vom rasch vorrückenden Zechsteinmeer überflutet. Man spricht von einer Transgression, für die ein

Berühmtes Geotop am Südharzrand: Zechsteinablagerungen (mit Kupferschiefer) auf verwittertem roten Rhyodazit an der „Langen Wand" bei Ilfeld.

„Harzer Dolomiten" – Felsen aus Zechstein-Dolomit am Steinberg bei Scharzfeld.

sogenanntes Basiskonglomerat gekennzeichnet ist, das aus den von der Brandung aufgearbeiteten Gesteinen des versinkenden Festlandes besteht. Unmittelbar darüber folgt der für die mitteleuropäische Zechsteinformation sehr charakteristische **Kupferschiefer** (Abbildung Seite 34). Ein nur wenige Dezimeter mächtiges, durch organische Bestandteile schwarz gefärbtes, feinschichtiges, tonig-mergeliges Sedimentgestein, das insbesondere am Südostrand des Harzes (Raum Mansfeld – Sangerhausen) bedeutende Bunt- und Edelmetallmengen beinhaltet und als wertvoller Rohstoff bis 1990 abgebaut wurde. Infolge anhaltender Verdunstung des vom Ozean abgeschnittenen Zechstein-Meeresbeckens bildeten sich in mehreren Zyklen mächtige karbonatische (Kalke und Dolomite), sulfatische (Gips Anhydrit) und chloridische (Stein- und Kalisalze) Ablagerungen. Diese zusammenfassend als **Evaporite** (siehe Kapitel 7.5) bezeichneten Gesteine bilden einen markanten Gürtel entlang des südlichen Harzrandes. Auf Untiefen entwickelten sich Riffe, die ganz wesentlich von Bryozoen (Moostierchen) und Stromarien (vermutlich Kalkalgen) aufgebaut wurden und heute aus Dolomit bestehen. Schöne Beispiele sind der Römerstein bei Tettenborn, die Westersteine bei Barbis und der Butterberg bei Bartolfelde (Abbildung Seite 212).

Während des Erdmittelalters lag die Harzregion größtenteils unter dem Meeresspiegel. Trias, Jura und Kreide hinterließen mehr als 1.000 m mächtige Sand-, Ton-, Mergel- und Kalkstein-Ablagerungen, die heute das Harzvorland mit seiner charakteristischen Schichtstufenlandschaft prägen.

Erst im Unteren Jura begann sich die Harzregion als isolierte Scholle allmählich zu heben und bildete zeitweilig ein Festland. Infolge komplizierter tektonischer Beanspruchung öffneten sich bereits variszisch angelegte Westnordwest – Ostsüdost („herzynisch") streichende Störungen. Eine markante Richtung, der auch der nördliche Gebirgsrand (Harzrandstörung) folgt. Die sich zeitweilig öffnenden Bruchspalten bildeten Wege für zirkulierende heiße Wässer (Hydrothermen), die unter bestimmten physikochemischen Bedingungen ihre mitgeführte metallreiche Lösungsfracht

Schematische Schichtenfolge im Harz und seinem Vorland

Zeitalter	Geologisches System/ Alter in Millionen Jahren	Unterteilung	Geologische Entwicklung / Tektonik	Sedimentation	Magmatismus
	Quartär	Holozän	Moorbildung	Talschotter	
Erdneuzeit (Känozoikum	2,6	Pleistozän	Hebung, Nordische Eisvorstöße bis an den Nordharzrand, Talgletscher	Eiszeitliche Schotter und Moränen	
	Tertiär	Jungtertiär	Abtragung Granitvergrusung, Verkarstung von Karbonat- und Gipsgestein	Ton, Sand, Braunkohle	Basaltvulkanismus im Leinetalgraben
	65	Alttertiär	Saxonische Bewegungen		
Erdmittelalter (Mesozoikum)	Kreide	Oberkreide	Starke Hebung und Überschiebung an der Harznord-rand-Störung	Sandstein (Teufelsmauer), Kalksandstein, Plänerkalkstein, Trümmereisenerz	Jüngere Gangmineralisation (zum Beispiel Schwerspat)
	142	Unterkreide	Meeres-Bedeckung	Glaukonitsandstein, Tonstein, Mergelstein	
	Jura	Malm		Korallenoolith, Mergelstein	Ältere Gangmineralisation (Blei-Zink-Erze)
		Dogger		Ton- und Schluffsteine	
	200	Lias		Tonstein, oolithische Eisenerze	
	Trias	Keuper		Sandstein, Dolomitmergelstein	
		Muschelkalk		Kalkstein, Mergelstein	
	251	Buntsandstein		Roter Sandstein, Tonstein, „Rogenstein"	

Zeitalter	Geologisches System/ Alter in Millionen Jahren	Unterteilung	Geologische Entwicklung / Tektonik	Sedimentation	Magmatismus
Erdaltertum (Paläozoikum)	Perm	Zechstein	Transgression des Meeres	Evaporitserien (Steinsalz, Gips, Dolomit- und Kalkstein), Kupferschiefer	
	296	Rotliegendes	Abtragung des Gebirges, Ablagerung von „Molasse" auf dem Festland	Rotsedimente (Konglomerate, Arkosen und Sandsteine), Steinkohle	Festland-Vulkanismus, Spalteneruptionen , (Latite-Rhyolithe), Igmimbrite, Tuffe, Eruptivgesteins-Gänge,
	Karbon	Oberkarbon Silesium	Variszische Faltung und Schieferung, Deckenüberschiebung, Hebung		Quarzgänge, Gabbronorit- und Granitintrusionen mit Kontaktmetamorphose,
	358	Unterkarbon („Kulm")	Ablagerung von „Flysch" Turbidite	Grauwacken, Tonschiefer, Kieselschiefer	„kulmischer Deckdiabas"
	Devon	Oberdevon	Meeres-Bedeckung	Tonschiefer, Kalksteine	Untermeerischer Vulkanismus (Diabase und Keratophyre) Schalsteinzüge mit Eisenerzlagern und lokal Pyritvererzungen
		Mitteldevon	Meeresbedeckung, Entwicklung von Becken und Schwellen	Tonschiefer, Sulfiderze des Rammelsbergs, Riffbildung (Iberg, Raum Elbingerode)	
	417	Unterdevon		Sandstein, Kalkgrauwacke	
	Silur 444			Schwarzschiefer	
	Ordovizium 488			Phyllite, Quarzite	Grünschiefer
	Kambrium 542		Schichtlücke		
Präkambrium			Kyffhäuser Kristallin (?)		

in Form von sulfidischen Blei-, Zink-, Silber- und Kupfererzen gemeinsam mit Quarz und Kalkspat ausschieden. Die Produkte dieser Gangmineralisation bezeichnet man zusammenfassend auch als **Hydrothermalite** (siehe Kapitel 6). Die bis 1992 abgebauten Blei-Zink-Erzgänge des nordwestlichen Oberharzes (Bad Grund, Clausthal-Zellerfeld) zählen zu den reichsten ihrer Art in Europa. Auch im Mittelharz (St. Andreasberg und Bad Lauterberg) und im östlich anschließenden Unterharz (Straßberg, Neudorf, Harzgerode) gibt es früher abgebaute Erzgänge. Im südlichen Teil des Gebirges führen diese bereichsweise auch reichlich Schwerspat und Flussspat (STEDINGK 2012).

Kräftige Hebungsbewegungen setzten vor rund 100 Millionen Jahren während der Oberkreide ein. Als isolierter Block aus variszisch gefaltetem Grundgebirge erhob sich der Harz in seinen heutigen Umrissen über den umgebenden Schichtenverband. Besonders stark wurde der Nordteil aufgerichtet und zusätzlich nach Norden überschoben. Als Resultat entstand eine flach nach Süden eintauchende Pultscholle, an deren Nordflanke die mitgeschleppten mesozoischen Deckschichten steil gestellt und teilweise sogar überkippt wurden, wie zum Beispiel im Bereich Goslar – Oker – Bad Harzburg (Abbildung siehe unten).

An dieser als Bruchlinie auch überregional bedeutenden Nordrandstörung vollzogen sich bis ins Tertiär hinein Hebungen mit einem Gesamtbetrag von mindestens 5.000 m. Im Süden hingegen taucht das gefaltete Grundgebirge ohne größere Verwerfungen unter die flach darüber liegenden Deckschichten des Zechsteins und des Buntsandsteins ab (Abbildung Seite 39).

Einhergehend mit dem Aufstieg der Harzscholle fielen die darüber lagernden mesozoischen Sedimentgesteine komplett der Abtragung zum Opfer, sodass der variszische Kern spätestens im Tertiär wieder ans Tageslicht kam. Begünstigt durch ein zeitweise feuchtwarmes Klima entwickelte sich langsam der, weitgehend das heutige Landschaftsbild prägende, Gebirgsrumpf mit seinen markanten Hochflächen. Auch die Täler in ihrem heutigen Verlauf entstanden. Allerdings hieß es im Verlauf des Tertiärs zumindest für den östlichen Harz nochmals „Land unter“, denn im Oligozän vor circa 30 Mio. Jahren versank dieser Teil des Gebirges nochmals im Meer, wie in Karstspalten angetroffene Meeresablagerungen belegen.

Für letzte größere morphologische Veränderungen der Harzlandschaft sorgten die Kaltzeiten der letzten 400.000 Jahre. Zwar blieb der Harz auch bei den stärksten Vorstößen der nordischen Eismassen von einer Überdeckung verschont, doch bildeten sich im Hochharz eigene Gletscher, deren Zungen in einige Harztäler (zum Beispiel oberes Odertal östlich von St. Andreasberg) reichten, was sich aus dort beobachteten Moränen und Tonablagerungen in kleinen Eisstauseen folgern lässt. Frostsprengung, Eis- und Schmelzwassererosion prägten ganz wesentlich die Form der heutigen Harztäler.

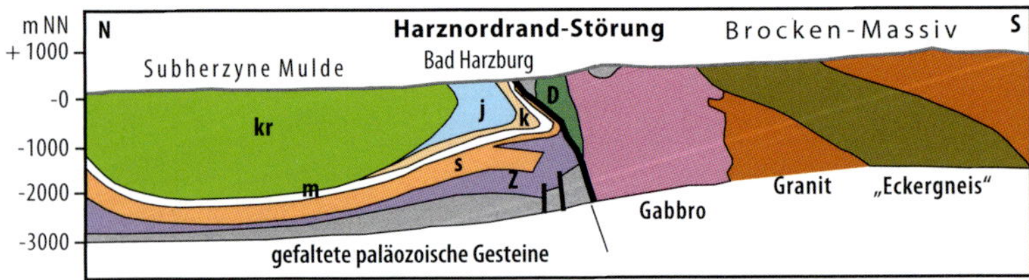

Profil durch den Nordharzrand bei Bad Harzburg mit der „Überkippungszone“ – hier fanden Hebungen mit Beträgen von mindestens 5.000 m statt (nach geologischer Karte 1:100.000).

Ein junges landschaftsformendes Phänomen ist die Verkarstung wasserlöslicher Gesteine wie Kalk, Dolomit und Gips. Neben Höhlenbildungen in den devonischen Massenkalken (Iberg, Rübeland) sind die ausgeprägten Gipskarstgebiete am südlichen Harzrand (zum Beispiel Hainholz bei Düna, Alter Stolberg bei Rottleberode) mit ihrem geomorphologischen Formenreichtum und ihrer besonderen Flora und Fauna bemerkenswert (siehe Kapitel 7.5).

Erläuterungen zur erdgeschichtlichen Entwicklung der Region und eine breite Palette von Harzer Gesteinen bietet eine Dauerausstellung zur *„klassischen Quadratmeile der Geologie"* im städtischen Museum von Goslar (A4128/06). Auch die Geosammlung der Technischen Universität Clausthal thematisiert unter anderem die Geologie des Harzes.

Einen kompakten Blick auf die wesentlichen Harzgesteine ermöglicht der 1994 konzipierte *Gesteinskundliche Lehrpfad Jordanshöhe* bei St. Andreasberg. Diese Präsentation mag nicht uninteressant sein, da hier einige seltenere Gesteinsarten zu sehen sind, deren Vorkommen in heutigen Nationalparks liegen und nicht mehr zugänglich sind (Liessmann 1994).

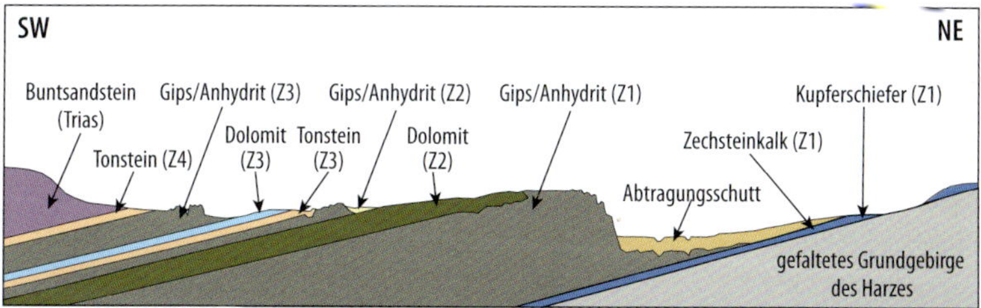

Profil durch den Zechsteingürtel am Südharzrand bei Osterode (nach Hermann 1957).

Aufschluss der Überkippungszone am Nordharzrand im Steinbruch am Langenberg bei Oker.

Die „Dreibrodesteine“ bei St. Andreasberg: „Wollsäcke“ aus Granit.

Tiefblick vom Ahrendsberg nach Norden ins tief eingeschnittene Okertal.

4 Kurzer historischer Abriss der gesteinskundlichen Harzforschung

Während Erze und andere mineralische Rohstoffe, die einen wirtschaftlichen Wert besaßen, frühzeitig auch schon wissenschaftliches Interesse weckten, wurden „ordinäre Wackersteine" bis Mitte des 18. Jahrhunderts nur von wenigen Gelehrten näher untersucht. Die Betrachtung der Gesteinswelt selbst begann ausgehend von der Freiberger Bergakademie durch den hier lehrenden Gottlob Abraham Werner (1749–1817) und seine Schüler, wie zum Beispiel Leopold von Buch (1774–1853), Johann Karl Wilhelm Voigt (1752–1821) oder Alexander von Humboldt (1769–1859). Während der Lehrer ein Verfechter der Theorie des *Neptunismus* war, in der alle Gesteinsarten auf Meeresablagerungen zurückgeführt wurden, revidierten seine Schüler später diese Lehrmeinung und rückten den *Plutonismus* ins rechte Licht. Sie erkannten die Wirkung der endogenen Kräfte, die sich zum Beispiel in Form von vulkanischer Tätigkeit bemerkbar machen.

Neben dem Erzgebirge weckte auch der Harz mit seinen vielfältigen Gesteinsformationen frühzeitig „geognostische" Interessen. Friedrich Wilhelm Heinrich von Trebra (1740–1819), der zeitweilig als hoher Bergbeamter im Oberharz tätig war, war ebenfalls ein Verehrer Werners und leistete hier Pionierarbeit. Einem breiten Publikum wurde er bekannt durch die gemeinsam mit seinem Freund Johann Wolfgang von Goethe 1785 und 1786 unternommenen geologischen Geländestudien, wobei beide in ihrer Interpretation der Aufschlüsse als Anhänger der Neptunistenlehre leider falsch lagen.

ERFAHRVNGEN
VOM
INNERN DER GEBIRGE,
nach
Beobachtungen geſammlet
und
herausgegeben
von
Friedrich Wilhelm Heinrich von Trebra,
Königl. Großbritt. und Churfürstl. Braunschweig-Lüneburgischen Vice-Berghauptmanne, ordentlichem Mitgliede der Deutschen Geſellschaft zu Jena, Ehrenmitgliede der Oekonomiſchen Geſellſchaft zu Leipzig, und Ehrenmitgliede der Geſellſchaft Naturforſchender Freunde zu Berlin.

Deſſau und Leipzig,
auf Koſten der Verlagskaſſe für Gelehrte und Künſtler.
1785.

Titelblatt von von Trebra's 1785 erschienenem Buch „Erfahrungen vom Innern der Gebürge", das zahlreiche Kupferstiche mit Gesteinsansichten enthält.

Denkmal für Adolph Roemer auf dem Marktplatz von Clausthal.

Von Trebras 1785 erschienenes Buch *„Erfahrungen vom Innern der Gebürge"* (Abbildung Seite 41) zählt zu den frühen Meilensteinen der geowissenschaftlichen Harzforschung. Wenig später folgte das von dem Hannoverschen Ingenieur Georg Sigmund Otto Lasius (1752–1833) publizierte Werk *„Beobachtungen über die Harzgebirge"* (1789) mit einer ersten *„petrographischen Carte des Harz Gebirges"*.

Ausgehend von den Universitäten in Halle und Göttingen, sowie der seit 1775 bestehenden Bergschule in Clausthal, erfuhr die Untersuchung der Harzer Gesteinswelt wertvolle Impulse. Erinnert sei beispielsweise an den Göttinger Professor Johann Friedrich Ludwig Hausmann (1782–1859), der auch im Harz Studien durchführte oder an Christian Zimmermann (1786–1853), der nicht nur hochrangiger Bedienter am Clausthaler Bergamt war, sondern auch ein begnadeter Naturforscher und 1834 unter dem Titel *„Das Harzgebirge"* ein bemerkenswertes Werk verfasste.

Wertvolle Beiträge zur Erforschung des Harzes bezüglich der Stratigraphie und der Paläontologie verdanken wir Friedrich Adolph Roemer (1809–1869), dessen Engagement die Umwandlung der rein auf das Montanwesen ausgerichteten Bergschule zur Bergakademie als Vorgänger der heutigen Technischen Universität zu verdanken ist (Abbildung Seite 45).

In der zweiten Hälfte des 19. Jahrhunderts erfolgte eine systematische geologische Kartierung des Harzes, zum Beispiel im Rahmen der preußischen geologischen Landesaufnahme. In diesem Zusammenhang darf der königliche Landesgeologe Karl August Lossen (1841–1893) nicht unerwähnt bleiben, dessen Lebenswerk sich in der 1882 vorgelegten geologischen Harzkarte 1:100.000 widerspiegelt (Abbildung Seite 12). Bei Hasserode erinnert ein 1896 eingeweihtes Denkmal in Form eines Granitobelisken umrahmt von Proben zahlreicher Harzgesteine an diesen verdienten Forscher (Abbildung Seite 43).

Inzwischen war die Gesteinskunde neben Geologie und Lagerstättenkunde zu einem eigenständigen Fachgebiet, der Petrografie, gereift. Nun begann man, die Gesteine nicht nur in ihrem geologischen Rahmen, sondern auch im Detail mit Hilfe des Mikroskops anhand von Dünnschliffen zu untersuchen und zunehmend auch chemisch zu analysieren (Fehler 2017).

Als Pioniere der modernen Petrografie sind insbesondere Ferdinand Zirkel (1838–1912) von der Universität Leipzig und Harry Rosenbusch (1836–1914) (siehe Seite 45) von

Denkmal für Karl-August Lossen im Drängetal südwestlich von Wernigerode. Die 1896 aufgestellte Granitstele ist umrahmt mit einer Kollektion von typischen Harzgesteinen.

Romantische Ansicht der Granitfelsen im Okertal, hier die heute sogenannte Marienwand am Kahberg von Ripe Mitte des 19. Jahrhunderts. Stich nach einer Zeichnung.

der Heidelberger Hochschule zu nennen. Der in Einbeck geborene Forscher Rosenbusch hatte Harzer Wurzeln, sowohl Vater als auch Mutter entstammten alten St. Andreasberger Bergmannsfamilien. Weitere Zentren der Forschung waren damals auch Freiburg und Straßburg. Bis zum 1. Weltkrieg war Deutschland das führende Land auf diesem Forschungsgebiet. Zahlreiche, auch angloamerikanische Wissenschaftler studierten oder promovierten hier. Die historische Entwicklung ist sehr anschaulich dem in den 1930er Jahren erschienenen vier Bände umfassenden Werk „*Descriptive Petrology*" des verdienten amerikanischen Petrografen Albert Johannsen (1871–1962) zu entnehmen, das auch heute noch lesenswert ist und alle bedeutenden Forscher porträtiert. Erinnert sei hier auch an die Belesenheit und den Humor des großen amerikanischen Forschers Johannsen, was durch verschiedene, den einzelnen Kapiteln vorangestellte Zitate und Sinnsprüche zum Ausdruck kommt, darunter sogar welche in plattdeutscher Mundart! Das Kapitel zu den Gesteinsnormen im 1. Band wird lediglich durch eine Zeile mit Musiknoten eingeleitet. Es handelt sich, wie wohl nur der Musikverständige erkennen wird, um das deutsche Volkslied „Ich weiß nicht, was soll es bedeuten..."

Zahlreiche Erkenntnisse verdanken wir Hermann Ernst Louis Beushausen (1863–1904), der in Göttingen und an der Bergakademie Berlin lehrte und sich um die Erforschung der devonischen Sedimentgesteine verdient machte, sowie Otto Heinrich Erdmannsdörfer (1876–1955), dessen besonderes Interesse den magmatischen Gesteinen des Harzes galt.

Die Nomenklatur, insbesondere die der magmatischen Gesteine, wurde lange Zeit sehr uneinheitlich und regional unterschiedlich gehandhabt. Häufig hatten sich von den kartierenden Geologen verwendete Bezeichnungen, die für bestimmte Einheiten standen, auch als Gesteinsnamen eingebürgert, wie im Harz der „Brockengranit".

Es resultierte eine kaum noch überschaubare Namensflut, deren Definitionen und Gebrauch oft widersprüchlich waren. Ein von Wilhelm Ehrenreich Tröger (1901–1963), der in Dresden, Clausthal und später in Heidelberg lehrte, 1938 zusammengestelltes Kompendium (TRÖGER 1969) enthält annähernd 1.000 Gesteinsnamen.

Mit dem Namen Tröger, der sich mit seinem Standardwerk zur optischen Bestimmung der gesteinsbildenden Minerale ein Denkmal gesetzt hat, verbindet sich auch eine bemerkenswerte Sammlung von Gesteinsproben in exakt formatierten Handstücken der Abmessung 9 x 12 cm. Ein großer Teil davon befindet sich in der Geosammlung der TU Clausthal (Abbildung Seite 25).

Erst Mitte der 1960er Jahre begann man, sich bezüglich der magmatischen Gesteine auf eine international verbindliche Nomenklatur zu verständigen. Initiator dieser heute überall gebräuchlichen Benennung, die unter anderem auf den Vorstellungen Johannsens und anderer Kollegen fußte, war der Schweizer Petrograph Albert Streckeisen (1901–1998) und später R.W. Le Maitre (LE MAITRE 2004).

Berühmte „Gesteinsforscher": Adolph Roemer (o.l.), Karl August Lossen (o.r.), Harry Rosenbusch (u.l.), Wilhelm E. Tröger (u.r.)

5 Magmatische Gesteine

Diese Gruppe umfasst alle Gesteine, die aus erstarrten magmatischen Schmelzen hervorgegangen sind. Früher sprach man auch von Eruptivgesteinen. Solche Schmelzen entstehen in den tieferen Teilen der Erdkruste oder im oberen Bereich des Erdmantels, beispielsweise dort, wo Erdplatten gegeneinanderstoßen stoßen oder sich voneinander wegbewegen und sich tiefreichende Bruchrisse öffnen. Sie bestehen vorwiegend aus silikatischen Mineralen (siehe Kapitel 2.3) und schmelzen, je nach Zusammensetzung und Mischungsverhältnis, bei Temperaturen zwischen 1.200 und 650 °C. Die Bildungsbedingungen ähneln denen in einem Hochofen, allerdings mit dem entscheidenden Unterschied, dass in der Tiefe der Erde unvorstellbar hohe Drücke (in 10 Kilometern Tiefe fast 3.000 bar) herrschen. Dieser Auflastdruck erhöht den Schmelzpunkt der Minerale, sodass die Materie trotz hoher Temperaturen im festen Zustand vorliegt. Erst wenn ruckartige Plattenbewegungen zum Aufreißen von Bruchspalten führen, kann sich infolge von Druckentlastung flüssiges Magma bilden. Erfolgt die Schmelzbildung ohne zusätzliche Wärmezufuhr spricht man von einem **retrograden Schmelzen**. Aufgrund seiner im Vergleich zur Umgebung niedrigeren Dichte hat ein Magma die Tendenz aufzusteigen. Erreicht der glutflüssige Kristallbrei, tektonischen Schwächezonen folgend, die Erdoberfläche oder den Meeresgrund und erstarrt, so resultiert ein **Ergussgestein** oder **Vulkanit**. Kennzeichnendes Erscheinungsbild sind einzelne größere Kristalle (Einsprenglinge), die in einer feinkörnigen, zum Teil auch glasigen Grundmasse mehr oder weniger ungeregelt „schwimmen". In der Gesteinskunde wird dieses Erscheinungsbild als porphyrisches Gefüge bezeichnet. Häufigstes vulkanisches Gestein weltweit ist **Basalt**, aus dem vor allem die Ozeanböden und Ozeaninseln bestehen, aber auch auf den Kontinenten entlang von Tiefenstörungen oder Grabenbrüchen tritt das im frischen Zustand schwarze Gestein verbreitet auf. Mit einer Dichte von etwa 3,0 g/cm³ ist Basalt deutlich schwerer als die meisten anderen Gesteine. Die Vertreter der Basaltfamilie zeichnen sich durch ein gleichmäßig feinkörniges bis dichtes Gefüge aus, sodass sich die Mineralkörner kaum mit dem bloßen Auge unterscheiden lassen.

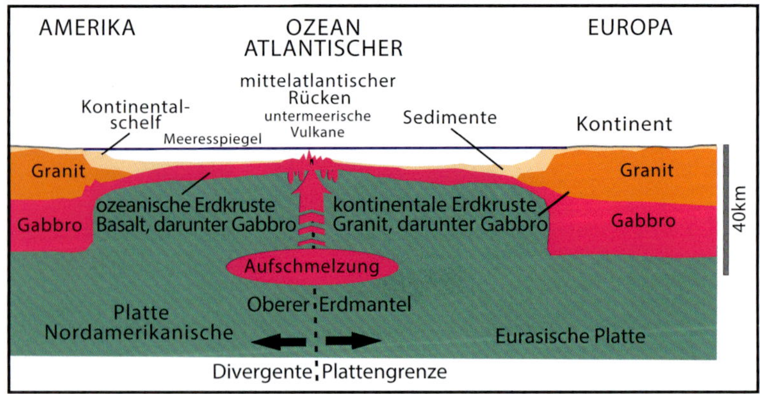

Aufbau der Erdkruste am Beispiel eines schematischen Schnittes durch den Nordatlantik.

Typische Gefüge von einem Vulkanit (links) und einem Plutonit (rechts)

Bleibt das Magma während des Aufstiegs innerhalb der oberen Erdkruste stecken und kühlt ganz allmählich ab, so entsteht ein **Tiefengestein** oder **Plutonit**. Da die bei der Kristallisation frei gesetzte Wärme nur sehr langsam abfließt, beansprucht die Erstarrung enorm viel Zeit. Silikatische Gesteine sind recht schlechte Wärmeleiter und vermögen viel Wärmeenergie zu speichern. Ein Effekt, den jeder glückliche Besitzer eines Kachelofens im Winter zu schätzen weiß. Das Resultat der gleichmäßigen Kristallisation ist ein richtungsloses, grobkörniges (holokristallines) Gesteinsgefüge, wobei die Hauptminerale Größen von mehreren Millimetern bis einigen Zentimetern aufweisen, sodass sich diese bequem mit dem bloßen Auge oder unter Zuhilfenahme einer Lupe unterscheiden lassen.

Magmen können sehr unterschiedlich geformte Körper von oft beträchtlicher Größe bilden, die **Plutone** genannt werden. Den Vorgang der Platznahme bezeichnet man als **Intrusion**. Für solche Körper sind je nach Form und Lage Bezeichnungen wie **Batholith**, **Lakkolith** oder **Lopolith** gebräuchlich. Weltweit verbreitetster Vertreter dieser Gruppe ist **Granit**, dessen Name sich vom griech. *granum* (= Korn) ableitet. Mit einer Dichte von etwa 2,5 g/cm^3 ist dieser deutlich leichter als Basalt. Die kontinentale Erdkruste besteht vornehmlich aus Granit, was vor allem in den aus „uralten“ (präkambrischen) Gesteinen geformten „alten Schilden“ (in Nordeuropa: Baltischer Schild) zum Ausdruck kommt. Aber auch in jüngeren Faltengebirgen, wie in unserem Harz, sind Granite zu finden.

Eine Zwischenstellung bezüglich der Platznahme nehmen die **Ganggesteine** ein; sie entstehen, wenn Magma in schmale Spalten oder in Schichtfugen eindringt und dort verhältnismäßig schnell erstarrt. Die Mächtigkeiten solcher magmatischer Körper bewegen sich im Meter- bis mehrere Dutzend Meter-Bereich. Je nach der Bildungstiefe können die Gangfüllungen sowohl Merkmale von Tiefengesteinen als auch von Ergussgesteinen aufweisen.

Groß- bis riesenkörnig entwickelte Quarz-Feldspat-Gesteine, die im Umfeld von Granitintrusionen auftreten, heißen **Pegmatite**. „Helle“ Gesteine von ähnlicher Zusammensetzung aber feinkörniger Ausbildung werden **Aplite** genannt. Für „dunkle“ fein- bis mittelkörnige Ganggesteine, die reichlich mafische Minerale enthalten, ist der Sammelname **Lamprophyr** gebräuchlich. Magmatische Gesteinsgänge von recht unterschiedlicher Zusammensetzung und Ausbildung treten verbreitet im Mittelharz auf (siehe Kapitel 5.5).

Kleiner Exkurs in die Gesteinschemie

Ganz ohne etwas Chemie dürfte es schwerfallen, die große Vielfalt der Gesteinswelt zu begreifen. Unabhängig von den unterschiedlichen Ausbildungsformen lassen sich die magmatischen Gesteine durch ihre chemische Zusammensetzung gut charakterisieren.

Von der trivialen Bezeichnung *Kieselstein* (lat. *silex*) leiten sich das nichtmetallische Element Silizium und die Silikate als „Salze" der Kieselsäure ab. Silizium ist von der Gewichtsmenge her nach Sauerstoff der zweithäufigste Grundstoff auf der Erde. Fast alle **gesteinsbildenden Minerale** (siehe Kapitel 2.3) zählen zu den **Silikaten**, sind also Verbindungen von Metallen mit Silizium und Sauerstoff. Die Sache bleibt überschaubar, wenn wir unsere Betrachtung allein auf die Hauptkomponenten beschränken, die im Normalfall mehr als 95 % der Gesteine aufbauen. Es handelt sich im Wesentlichen um sechs metallische Elemente, nämlich **Magnesium, Eisen, Aluminium, Calcium, Natrium** und **Kalium,** welche in dieser Bindungsform unseren Untergrund aufbauen. Zum erweiterten Grundprogramm werden außerdem noch **Mangan, Titan, Phosphor, Kohlenstoff** und, sehr wichtig, **Wasserstoff** in Form von **Wasser** gerechnet.

Wegen der überragenden Vormacht von Silizium dient der Gehalt an Siliziumdioxid (SiO_2) zur chemischen Kennzeichnung der unterschiedlichen „Gesteinsfamilien". Eigentlich nicht ganz korrekt hat sich dafür in der geowissenschaftlichen Umgangssprache die Bezeichnung „Kieselsäure" eingebürgert. Zu beachten ist aber, dass dabei stets der gesamte Siliziumdioxidanteil eines Gesteins gemeint ist. Keinesfalls darf dieser Wert mit dem Anteil an freiem Quarz, chemisch ebenfalls SiO_2, gleichgesetzt werden, was den Anfänger nicht selten verwirrt.

Grund dafür ist eine in der Gesteinskunde schon seit mehr als hundert Jahren bestehende Regelung, dass die Ergebnisse chemischer Analysen von Silikatgesteinen nicht in Elementgewichtsprozenten, sondern, verrechnet mit Sauerstoff, in Oxidgewichtsprozenten angegeben werden. Eine Vereinbarung, die einige Vorteile für vergleichende Betrachtungen hat.

Ganz allgemein lassen sich sehr kieselsäurereiche **„saure"** Gesteine (>63 % SiO_2) von kieselsäureärmeren **„basischen"** (oder **mafischen**) Gesteinen (45–52 % SiO_2) unterscheiden. Granit zählt zur ersten Gruppe, während Gabbro ein Vertreter der Zweiten wäre. Im Mittelfeld dazwischen liegen die sogenannten **intermediären** Gesteine mit moderaten Gehalten von 52–63 % SiO_2. Ein Beispiel hierfür ist das Tiefengestein Diorit.

Silikatische Gesteine, deren Kieselsäuregehalt weniger als 45 % SiO_2 beträgt, werden als **ultramafisch** bezeichnet (siehe Tab. 5-1). Gesteinsschmelzen mit so niedrigen SiO_2-Gehalten sind „unterkieselt"; naturgemäß weisen sie hohe Magnesium- und/oder Eisenanteile auf und zeigen ein dunkles Erscheinungsbild. Vorherrschend sind mafische Minerale wie Olivin, Pyroxene oder Amphibole.

Kieselsäurereiche Gesteine hingegen sind in der Regel arm an dunklen Silikaten und wirken aufgrund der Vormacht von Feldspat und Quarz relativ hell. Diese zeichnen sich durch höhere Gehalte von Natrium und Kalium sowie von Calcium und Aluminium aus. Welche Minerale in einem Gestein vorkommen, hängt von seinem Chemismus ab.

Das Diagramm in der Abbildung auf Seite 50 visualisiert in anschaulicher Weise die idealisierte mineralische (modale) Zusammensetzung wichtiger magmatischer Gesteinsarten.

Dabei lassen sich einige bemerkenswerte Gesetzmäßigkeiten ableiten, die wichtige Faustregeln für die Gesteinsansprache begründen. So kann in einem magmatischen Gestein, welches das Eisen-Magnesium-Silikat Olivin enthält, gleichzeitig kein freier Quarz auftreten. Olivin kristallisiert nur aus Schmelzen, die ein starkes SiO_2 -Defizit

Intrusivgesteine	Granit	Grano-diorit	Quarz-diorit	Syenit	Monzonit	Diorit	Gabbro (Norit)	Foyait = Foid-Syenit	Theralith = Foidgabbro	Peridotit	Dunit
Extrusivgesteine*)	Rhyolith	Dacit	Quarz-Andesit	Trachyt	Latit	Andesit	Basalt	Phonolith	Tephrit	Pikrit	––
Quarz	10–40	10–35	10–35	+	+	+	+	–	–	–	
Kali-Feldspat	30–60	20–40	+	30–80	45–20	+	–	35–80	+	–	–
Albit-Oligoklas	0–35	25–45	+	5–25	+	+	–	25–45	+	–	–
Oligoklas-Andesin	+	+	50–80	+	50–30	55–70	+	+		+	–
Labradorit-Bytownit	–	–	–	–	+	+	45–70	–	15–35	0–5	–
Feldspatvertreter (Nephelin, Leucit)	–	–	–	+	+	+	+	15–45	5–20	–	–
Biotit (Chlorit)	10– 35	10–30	10–35	10–30	15–30	0–10	+	5–20	+	–	–
Amphibol	+	5–30	5–30	0–20	10–30	10–40	+	+	10–20		
Pyroxen	–	–	–	–	–	+	25–50	–	40–70	40–80	0–10
Olivin**	–	–	–	–	–	–	0–20	–	0–30	40–80	90–100
SiO_2-Gehalt bezogen auf Feldspat	über-sättigt	über-sättigt	über-sättigt	über-sättigt	ge-sättigt	ge-sättigt	ge-sättigt	unter-sättigt	unter-sättigt	unter-sättigt	unter-sättigt

*) bei Extrusiva kann ein wesentlicher Teil des Mineralbestandes normativ im „Glas" verborgen sein.

**) einschließlich oxidischer und sulfidischer Erzminerale

+ bedeutet, dieses Mineral kann untergeordnet auftreten; – bedeutet, dieses Mineral fehlt in diesen Gesteinen

Übersicht zur mineralischen Zusammensetzung der wichtigsten Magmatite.

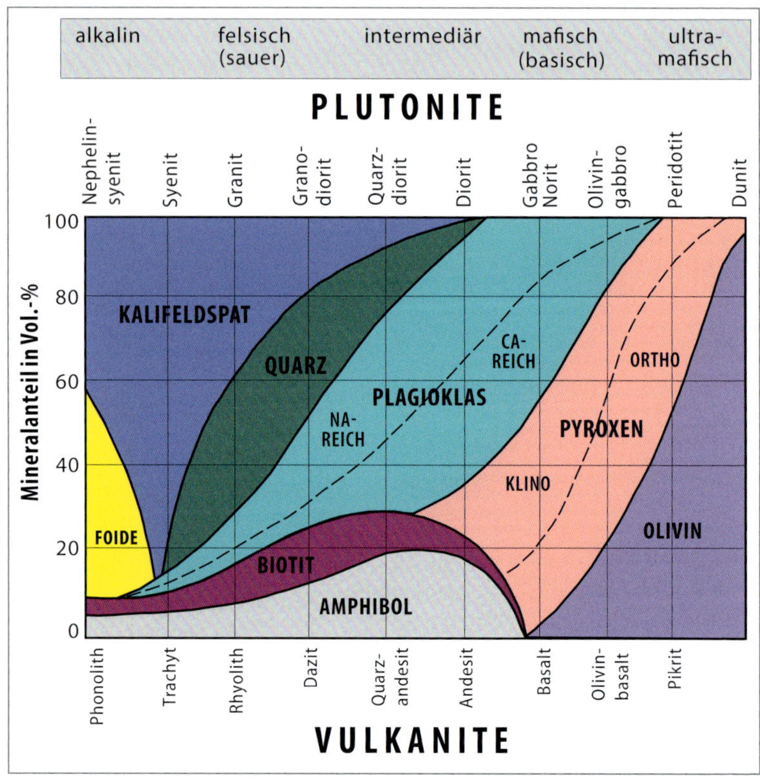

Die idealisierte mineralische Zusammensetzung der magmatischen Gesteine

aufweisen, sodass am Ende der Kristallisation sämtliche Kieselsäure für die Bildung anderer dunkler Minerale und Feldspat „aufgebraucht" ist.

Eine außergewöhnliche Zusammensetzung zeigen auch die in diesem Diagramm ganz links stehenden sogenannten **Alkaligesteine**. Bezogen auf den SiO_2-Gehalt sind sie ausgesprochen reich an den „Alkalien" Natrium und/oder Kalium. Charakteristisch für diese Gesteinsgruppe sind Minerale aus der Familie der **Feldspatvertreter** (auch **Foide** genannt), die darin zusätzlich zu den meist vorherrschenden Feldspäten auftreten. Wichtige Feldspatvertreter sind **Nephelin** (bei Natrium-Vormacht), **Leucit** (bei Kalium-Vormacht) sowie **Sodalith, Nosean, Hauyn** oder **Melilith.** Beispiele dieser interessanten Gesteinsfamilie sind im Harz leider nicht zu finden. In Mitteleuropa beschränken sich ihre Vorkommen auf die jüngeren vulkanisch geprägten Gebiete, wie zum Beispiel die Eifel oder den Kaiserstuhl, die zur Provinz des Rheintalgrabens gehören.

Die chemische Zusammensetzung einiger Harzer Magmatite ist der nachfolgenden Tabelle zu entnehmen.

Element	Granit	Gabbro	Harzburgit	Diabas	Rhyolith
SiO_2	74,3	50,2	37,7	44,3	75,2
TiO_2	0,2	1,2	0,1	2,5	0,1
Al_2O_3	13,0	15,6	4,3	15,3	12,8
Fe_2O_3	–	0,4	5,8	2,8	1.1
FeO	1,7	9,2	5,1	7,9	0,2
MgO	0,2	8,8	33,6	4,6	0,5
CaO	0,7	9,6	1,3	8,3	0,3
Na_2O	3,0	1,6	0,1	3,3	0,8
K_2O	5,4	0,7	0,1	2,4	7,5
H_2O	–	1,9	11,0	3,7	1,6
CO_2	–	–	–	4,2	–

Durchschnittlicher Chemismus einiger Harzgesteine (Durchschnittswerte in Oxidgewichtsprozenten)

Erdmantelgesteine
Unter den Kontinenten liegt der Erdmantel in circa 35–40 km Tiefe, unter der wesentlich dünneren ozeanischen Erdkruste beträgt die Tiefe kaum mehr als 5 km. Typisch für diesen Teil der Lithosphäre sind schwere, dunkle Gesteine von ultramafischer Zusammensetzung mit sehr geringen oder ganz fehlenden Feldspatanteilen. Wegen des hohen Schmelzpunktes (<1.400 °C) gelangt solches Material, wenn überhaupt, meist durch plattentektonische Vorgänge in festem Zustand nach oben. Im Verlauf von Gebirgsbildungsprozessen können dies relativ kleine „Späne" oder auch recht große blockförmige Körper, sogenannte Ophiolithe, sein. Solche Komplexe, die oft Teile von ozeanischer Kruste mit Übergängen zum oberen Erdmantel umfassen, finden sich lehrbuchhaft im Troodos Gebirge auf der Insel Zypern aufgeschlossen.

Die Mantelgesteine zählen zur Familie der Peridotite, die überwiegend aus Olivin, Pyroxenen und Spinellen bestehen. In Gegenwart von Wasser, das im Erdmantel fehlt, in der oberen Erdkruste aber reichlich verfügbar ist, wandeln sich die magnesiumreichen Hauptminerale relativ schnell in schwarzgrünen Serpentin um (Serpentinisierung).

Sehr frische, fast unveränderte Erdmantelgesteine bilden bis zu faustgroße Fremdeinschlüsse (Xenolithe) in jungen Vulkaniten. Bekanntes Beispiel sind die flaschengrünen Olivinknollen, die verbreitet in den tertiären Basalten der hessischen Senke (Habichtswald bei Kassel, Hoher Hagen bei Dransfeld) auftreten.

Gesteine ultramafischer Zusammensetzung können auch auf andere Weise entstehen, zum Beispiel als sogenannte Kummulate. Hierunter versteht man magmatische Frühausscheidungen, hauptsächlich bestehend aus Olivin und Pyroxen, die nach ihrer Kristallisation, der Schwerkraft folgend, niedersinken und sich an der Intrusionsbasis als schlieriger Bodensatz sammeln. Dieser enthält oft merkliche Anreicherungen von Chrom, Eisen oder Titan in Form von oxidischen Mineralen (Chromit, Magnetit, Ilmenit). Als Kummulate werden die bei Bad Harzburg im Nordharz auftretenden Gesteine der Peridotitfamilie gedeutet, wozu der bekannte Harzburgit zählt (siehe Kapitel 5.4.1).

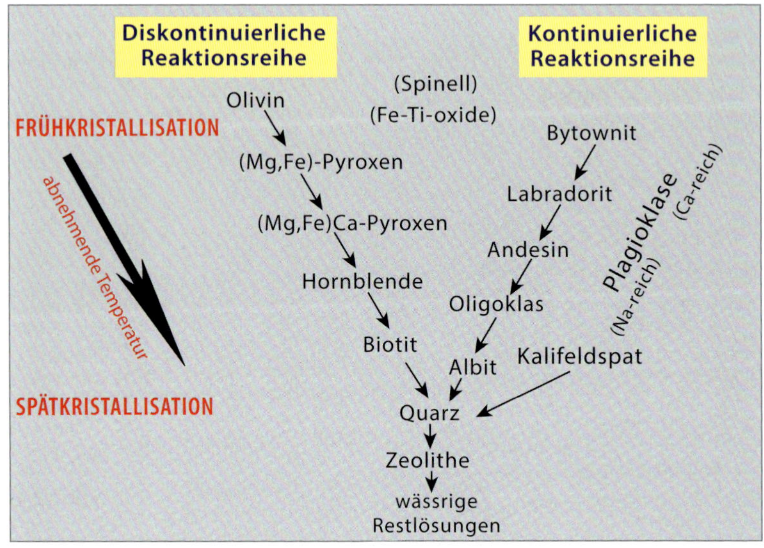

Prinzip der Kristallisation von magmatischen Schmelzen nach Bowen.

Die Benennung der magmatischen Gesteine nach dem Streckeisen-System
Grundlage für die Bestimmung von vollständig auskristallisierten Gesteinen ist der visuell ermittelte **Modalbestand**. Darunter versteht man die in Volumenprozenten angegebenen Anteile der Hauptminerale, die am Handstück abgeschätzt oder, wesentlich sicherer, im Dünnschliff mikroskopisch ermittelt werden. Zur Benennung der bei weitem überwiegenden Quarz-Feldspat-Gesteine werden zuerst die „hellen" Mineralkomponenten Quarz (Q), Alkalifeldspat (A) und Plagioklas (P) sowie die Feldspatvertreter (F) betrachtet. Die heute international gebräuchliche Streckeisen-Nomenklatur beruht sowohl für die Plutonite als auch für die Vulkanite auf zwei zu einer Raute zusammengefügten Konzentrationsdreiecke (QAPF-Diagramme, Abbildung Seite 53), deren Eckpunkte für die oben genannten vier Hauptkomponenten stehen. Jeder Punkt in diesem Diagramm entspricht einer bestimmten Gesteinszusammensetzung, die sich an den Seiten ablesen lässt. Die Fläche der Raute ist in 15 Felder unterteilt, wobei jedes in der Regel für eine Gesteinsart oder eine Gruppe von Gesteinen steht.

Jeweils drei Komponenten ergeben auf 100 normiert die Lage des Punktes, der im Diagramm die Zusammensetzung widerspiegelt. Quarzhaltige Gesteine fallen in das obere, von den Eckpunkten Q, A und P aufgespannte Dreieck. Weist das Gestein keinen Quarz, sondern Feldspatvertreter auf, so fällt es in das untere von A, P und F gebildete Dreieck. Alle hier liegenden Gesteine sind an Kieselsäure „untersättigt" und werden wegen der relativ hohen Gehalte an Natrium und/oder Kalium als Alkaligesteine bezeichnet. Gesteine, die in puncto Kieselsäure exakt gesättigt sind, also weder freien Quarz noch Feldspatvertreter führen, fallen genau auf die A-P-Verbindungslinie.

Erst im zweiten Schritt, zur näheren Charakterisierung, werden auch die Anteile der „dunklen" gesteinsbildenden Minerale (M), wie Dunkelglimmer, Amphibole, Pyroxene oder Olivin herangezogen.

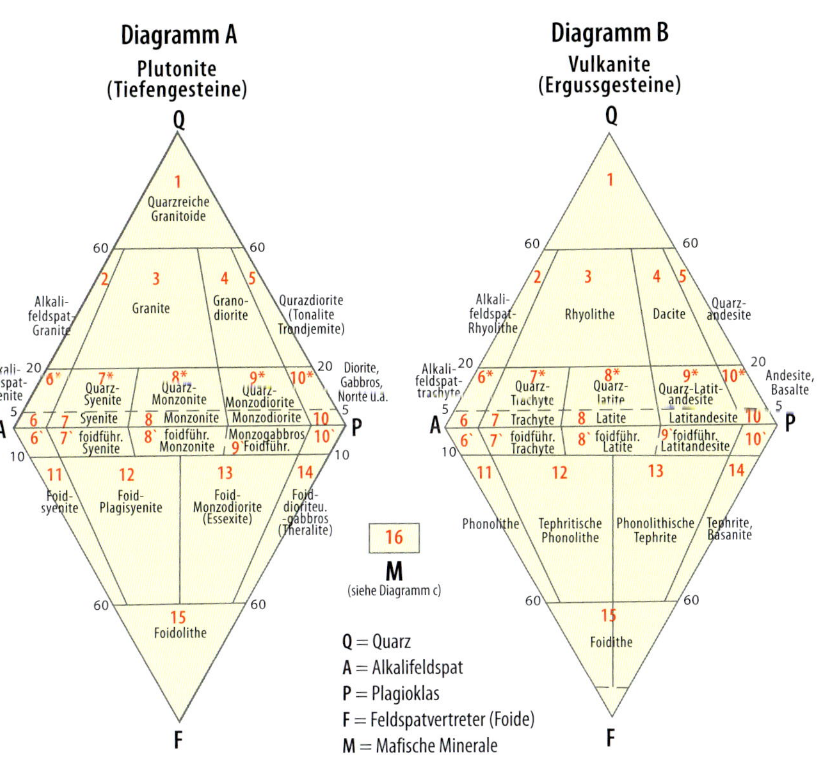

Die QAPF-Diagramme für Plutonite und Vulkanite nach Streckeisen 1976.

Weist beispielsweise ein Tiefengestein die „hellen“ Minerale Quarz, Kalifeldspat (Orthoklas) und Plagioklas in gleichen Mengen auf, so entspricht dieser Zusammensetzung ein Punkt, der genau in der Mitte des QAP-Dreiecks in das Feld 3 (Granit) fällt. Tritt als einzige „mafische“ Komponente dunkler Glimmer auf, so heißt das Gestein Biotitgranit. Würde das Gestein weniger Alkalifeldspat und stattdessen mehr Plagioklas enthalten, so fiele der Punkt in das Feld 4 (Granodiorit).

Um nach diesem Prinzip auch basische und ultramafische Gesteine zu bestimmen, die wenn überhaupt nur Plagioklas als „helle“ Komponente enthalten, sonst aber überwiegend dunkle Bestandteile führen, werden zwei besondere Diagramme (Abbildungen Seite 54) herangezogen.

Jedem Tiefengestein lässt sich im Prinzip ein identisch zusammengesetztes, jedoch unterschiedlich texturiertes Ergussgestein zuordnen. Dem Plutonit Granit entspricht der Vulkanit Rhyolith (vormals Quarzporphyr). Das vulkanische Gegenstück des Gabbros ist der Basalt.

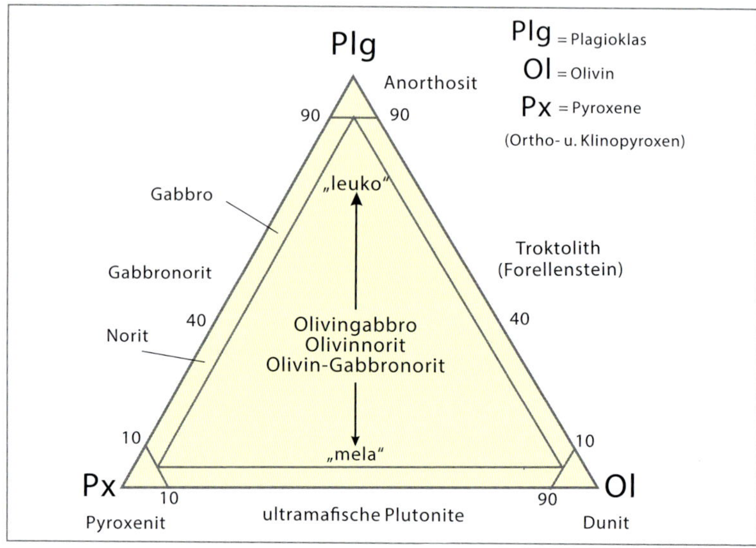

Plg
Anorthosit
90
90
Plg = Plagioklas
Ol = Olivin
Px = Pyroxene
(Ortho- u. Klinopyroxen)
„leuko“
Gabbro
Troktolith
(Forellenstein)
Gabbronorit
40
40
Norit
Olivingabbro
Olivinnorit
Olivin-Gabbronorit
10
10
„mela“
Px
Ol
10
90
Pyroxenit
ultramafische Plutonite
Dunit

Sonderdiagramm für mafische und ultramafische Plutonite

Diagramm c)
Ol = Olivin
Opx = Orthopyroxen
Kpx = Klinopyroxen
Ol
Dunite
90
90
Harzburgite
Wehrlite
Lherzolithe
40
16
40
Olivin-
Orthopyroxenite
Olivin-
Klinopyroxenite
Olivinwebsterite
10
10
Opx
Websterite
Kpx
10
90
Ortho-
pyroxenite
Klino-
pyroxenite

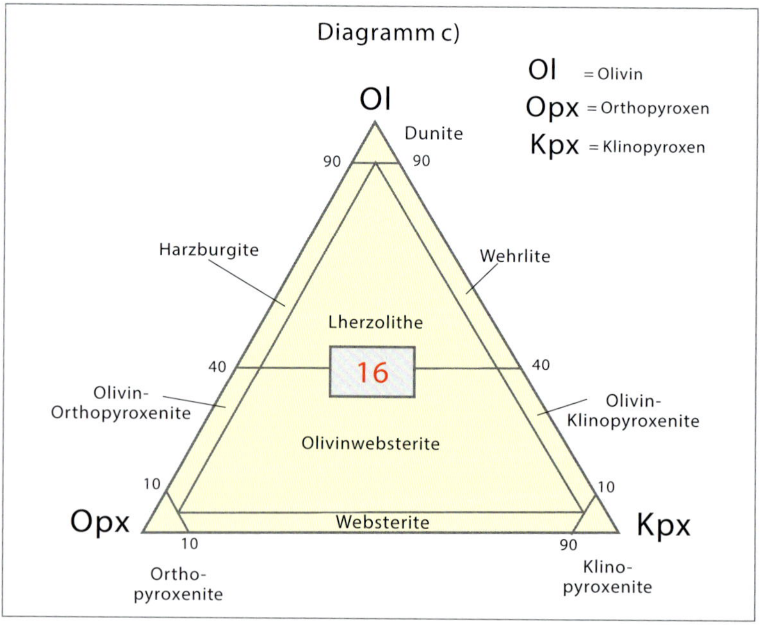

Sonderdiagramm für ultramafische Plutonite

5.1 Magmatismus am Beispiel des Harzes

Der Harz hat ein breites Spektrum von magmatischen Gesteinen zu bieten, dieses beinhaltet sowohl Vulkanite und Plutoniten als auch verschiedene Arten von Ganggesteinen (Abbildungen Seite 56 und 57). Der Magmatismus weist eine enge Verknüpfung mit der variszischen Gebirgsbildung auf und spielte sich ausschließlich während des Paläozoikums (Erdaltertum) ab. Die ältesten magmatischen Gesteine stammen aus dem oberen Ordovizium und dem Silur (vor 450 Millionen Jahren), die jüngsten aus dem unteren Perm (vor 280 Millionen Jahren). Diese lange Zeitspanne lässt sich in drei große magmatische Epochen untergliedern, die das Resultat ganz bestimmter plattentektonischer Prozesse darstellen, die sich in der Erdkruste und im oberen Erdmantel abspielten.

Jüngere magmatische Bildungen fehlen im Harz, solche treten aber in Form von tertiären Basalten etwa 40 km weiter westlich und südwestlich auf. Ihre Förderung steht im Zusammenhang mit dem Einbruch des Leinetal-Grabens, einer Nord-Süd verlaufenden Struktur, in der heute Göttingen und Northeim liegen. Dieses vor 7–11 Millionen Jahren aktive Vulkangebiet, das sich nach Süden in die hessische Senke fortsetzt, gehört zu einem gewaltigen Grabenbruchsystem, welches das Rhônetal in Südfrankreich über das Oberrheintal mit dem Oslofjord in Norwegen verbindet. Der damit assoziierte Gittelder Graben, unmittelbar am westlichen Harzrand, blieb von vulkanischen Eruptionen verschont (Abbildung Seite 58). Die vom Harz aus nächstgelegene Lokalität zum Studium jungtertiärer Vulkanite wäre die Bramburg bei Adelebsen, wo ein Alkali-Olivinbasalt als Stock in sedimentären Gesteinen der Trias stecken blieb (Wedepohl 1978).

Epoche I

Die ältesten Harzer Magmatite sind Vulkanite und Pyroklastite die vom variszischen Geosynklinalstadium zeugen, das sich vom Silur bis ins Unterkarbon über eine Zeitspanne von rund 80 Millionen Jahren erstreckte. Damals öffnete sich zwischen kontinentalen Platten im Norden und Süden der heute sogenannte Rheische Ozean.

Ursächlich für diesen besonders im Mitteldevon sehr aktiven Magmatismus, der neue ozeanische Kruste entstehen ließ, war eine anhaltende Dehnung der Erdkruste, verbunden mit dem Aufreißen von tiefen Bruchspalten, die im oberen Erdmantel durch eine Druckentlastung zur Bildung basaltischer Magmen führten. Die geförderten Schmelzen flossen größtenteils auf dem Meeresboden als Laven aus oder wurden infolge explosiver Vulkanausbrüche in Form von vulkanischen Lockerprodukten (Tuff) abgelagert. Hiervon zeugen heute die im Harz weit verbreiteten Vertreter der Diabasfamilie (siehe 5.2.1). Zum Teil wurden die Schmelzen nicht direkt gefördert, sondern verharrten in flüssigem Zustand längere Zeit in Magmenkammern, wobei sich aus der basischen Ausgangsschmelze durch den Vorgang der Kristallisationsdifferenziation teils intermediäre und teils saure Förderprodukte entwickelten. Das Ergebnis sind die vor allem im Mittelharz reichlich im Gefolge mit den Diabasen auftretenden feldspatreichen und manchmal Quarz führenden Vertreter der Trachytfamilie, die als Keratophyre bezeichnet werden.

Epoche II

Eine ganz andere Art von Magmatismus folgte im Oberkarbon auf dem Höhepunkt der variszischen Faltungsära. Mit einsetzender Norddrift des Südkontinents begann der Rheische Ozean sich wieder zu schließen. Es entwickelte sich eine lang gestreckte Sub-

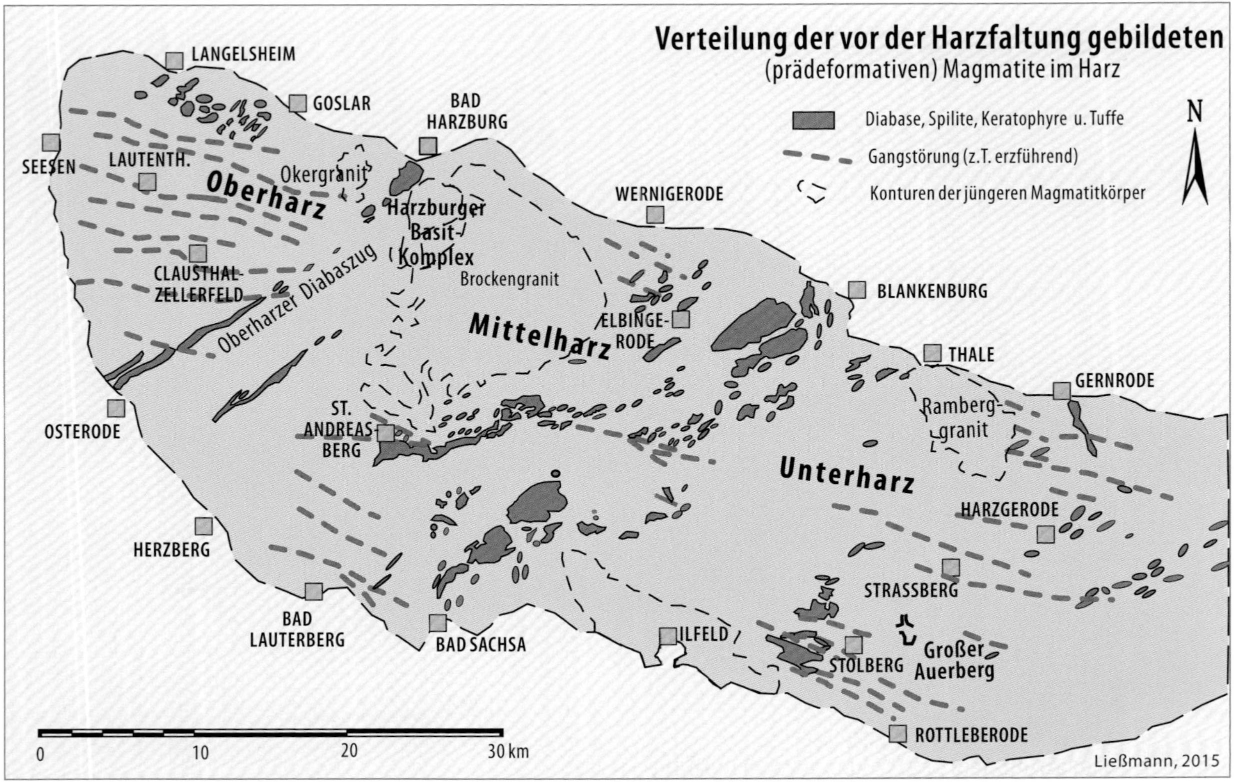

Verteilung der vor der Harzfaltung (prädeformativ) gebildeten magmatischen Gesteine im Harz

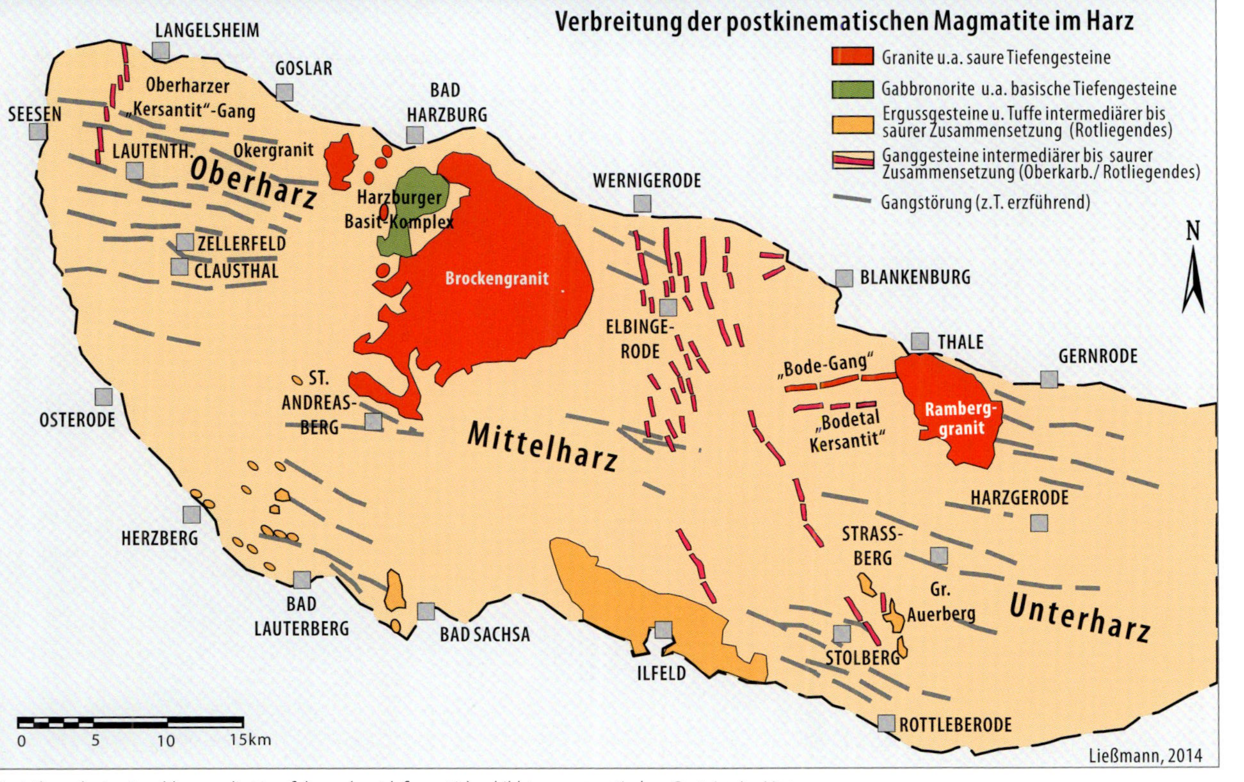

Verteilung der im Anschluss an die Harzfaltung (postdeformativ) gebildeten magmatischen Gesteine im Harz.

duktionszone, an welcher die neu gebildeten Ozeanbodenvulkanite und Sedimente unter den starren Nordkontinent geschoben wurden. Die zusammengepressten, mehrere Dutzend Kilometer mächtigen Ablagerungen führten zu einer erheblichen Verdickung der Erdkruste. Durch einen erhöhten Wärmefluss bildeten sich insbesondere aus den in der Tiefe versenkten Meeresablagerungen bereits bei Temperaturen von 700–750 °C neue Schmelzen. Eine solche teilweise Aufschmelzung, auch Anatexis genannt, lässt in der Regel granitische Magmen entstehen. Entscheidend sind dabei die an Schichtsilikate gebundenen Wassergehalte, die den Schmelzpunkt der Silikate erniedrigen. Bevorzugt schmelzen Gemenge aus Feldspat und Quarz in einem Verhältnis von etwa 3:1, da diese ein sogenanntes Eutektikum bilden.

Nach dem Ende der Pressung entspannte sich die Erdkruste und die sich in der Tiefe sammelnden granitischen Schmelzen stiegen, dem isostatischen Ausgleich folgend, an Schwächezonen auf. Ihre Platznahme in Plutonen erfolgte im Harz in einem relativ

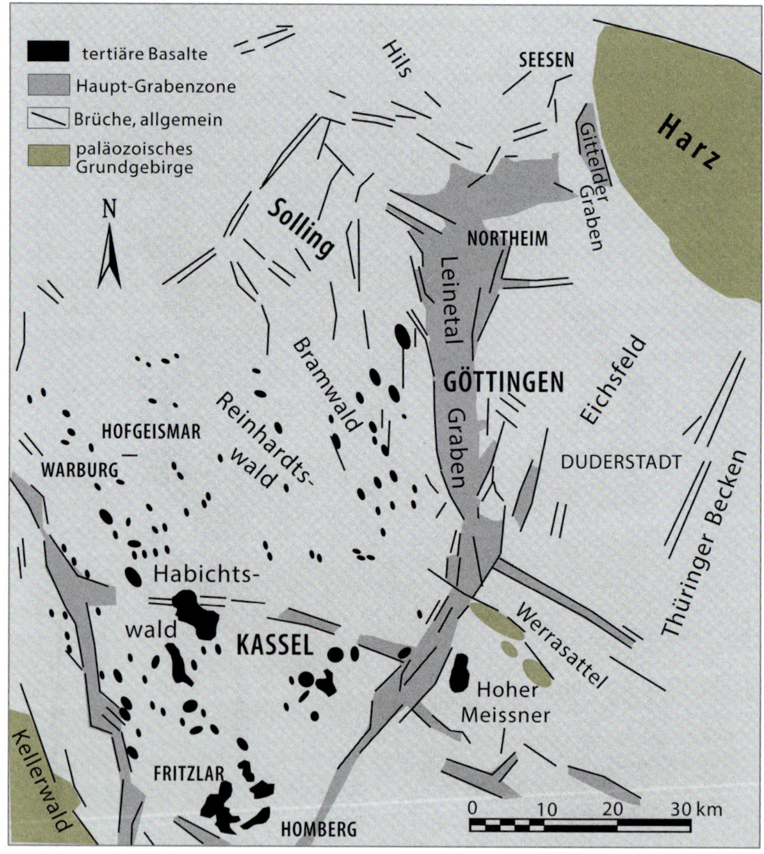

Der Harz mit den Bruchstrukturen der hessischen Senke und des Leinetal-Grabens.

hohen Stockwerk, nur 4–5 km unter der damaligen Erdoberfläche, wofür die anhaltende Dehnungstektonik den nötigen Raum schuf. Von den in mehreren Teilschüben stattgefundenen Intrusionen zeugen heute von Westen nach Osten Oker-, Brocken- und Rambergpluton, die alle unweit des nördlichen Gebirgsrandes, wo die Hebungsbeträge der Harzscholle besonders hoch waren, aufgeschlossen sind.

Eingeleitet wurde die zweite magmatische Epoche durch die Intrusion mafischer bis ultramafischer Tiefengesteine, die heute den Harzburger Basitkomplex bilden. Die Herkunft dieser Schmelzen bleibt unklar, möglicherweise könnte es sich um teilweise aufgeschmolzenes Mantelmaterial handeln. Die hohe thermische Energie dieser Schmelze führte im Kontaktbereich lokal zur Aufschmelzungen und zur Assimilation von Nebengesteinsbruchstücken, wodurch sich eigentümliche, intermediäre bis saure, feldspatreiche Ganggesteine entwickelten.

Epoche III

Die dritte und letzte Epoche, die nach dem Ausklang der Harzfaltung einsetzte und vorwiegend vulkanisch geprägt war, schloss sich im Rotliegenden fließend an die Epoche II an. Mit der Hebung des neuen Gebirges entwickelten sich zwei dominierende Richtungen von Bruchstrukturen. An NW-SE streichenden herzynischen und NNW-SSE streichenden eggischen Spalten wurden vorwiegend intermediäre bis saure Schmelzen gefördert, die einen regional sehr intensiven terrestrischen Vulkanismus speisten. Hiervon zeugen vor allem im Raum Ilfeld vulkanische Decken aus Laven, Ignimbriten und Pyroklastiten, die örtlich Mächtigkeiten von mehr als 300 m Mächtigkeit aufweisen. Während an der Basis intermediäre Gesteine (Andesite bis Latite) auftreten, zeigt der Hauptteil der Abfolge eine zunehmend saure Zusammensetzung (Rhyodazite bis Rhyolithe). Im Westen und Norden wurde diese Abfolge größtenteils wieder abgetragen. Bei Bad Lauterberg (Großer und Kleiner Knollen), Steina (Staufenbühl) und Bad Sachsa (Ravensberg) blieben geringe Reste davon erhalten. Eine Sonderstellung nimmt die als „Auerberg-Porphyr“ bekannte Rhyolithdecke bei Stolberg im Unterharz ein.

Zu dieser Abfolge zählen auch die Mittelharzer Gesteinsgänge, die ebenfalls einen intermediären bis sauren Chemismus aufweisen und als Füllungen von ehemaligen Förderspalten der einst wesentlich ausgedehnteren vulkanischen Decke interpretiert werden.

5.2 Ergussgesteine (Vulkanite) und Pyroklastite

Als Produkte eines regen untermeerischen Vulkanismus (Epoche I) finden wir unregelmäßig über den gesamten Harz verteilt kleinere und größere Vorkommen von Diabasen, früher wegen des auffälligen Farbeindrucks einfach Grünstein genannt. In der modernen Petrologie sind beide Bezeichnungen nicht mehr gebräuchlich, stattdessen spricht man von **Spiliten** (siehe Kasten Spilitisierung). Trotzdem soll hier der auch in der geologischen Literatur verbreitete, umgangssprachlich vertraute Name **Diabas** weiterhin verwendet werden.

Während im südöstlichen Teil des Gebirges (Wippra-Zone) solche Vulkanite bereits im späten Ordovizium und Silur auftreten, konzentrieren sich die größten Vorkommen dieser Gesteinsarten im Mittelharz (Elbingeröder Komplex) und Westharz (Zorge-Wieda, St. Andreasberg-Braunlage, Oberharzer Diabaszug, Langelsheim-Wolfshagen). Es gab mehrere Förderzyklen mit der größten Intensität im Mitteldevon (Eifel- und

Typische Diabas-Kissenlava bei Bad Harzburg

Givetstufe vor 390–381 Millionen Jahren), die sich bis ins Unterkarbon erstreckten, als zuletzt der „Kulmische Deckdiabas" gefördert wurde.

Die mehr als 1.000 °C heiße, dünnflüssige Basaltschmelze floss größtenteils in Form ausgedehnter Lavaströme „ruhig" auf dem Meeresboden aus. Im Gelände sind diese mit etwas Übung leicht an der Ausbildung gerundeter kissen- oder schlauchförmiger Absonderungen (Pillowlava) zu erkennen. Ursache für diesen Effekt ist die Kontraktion der Schmelze bei der raschen Abkühlung unter Wasser. An Hanglagen zerfielen die Gebilde während der Erstarrung häufig zu Agglomerat-Brekzien. In den oberen Bereichen der Lavenergüsse enthält der Diabas häufig mit Calcit, Chlorit, Chalcedon oder Epidot ausgekleidete oder gefüllte Blasenhohlräume. Diese Ausbildungsform wird als **Mandelsteine** bezeichnet.

Hochexplosiv gestaltete sich die Förderung hingegen, wenn die Schmelze reichlich vulkanisches Gas enthielt, das infolge einer Druckentlastung plötzlich freigesetzt wurde. Hiervon zeugt ein breites Spektrum von Pyroklastiten (Tuffe, Schlacken, Explosionsbrekzien), die das gesamte Korngrößenspektrum von feinen Aschepartikeln über nussgroße Lapilli bis zu viele Kilogramm schweren vulkanischen Bomben widerspiegeln. Die Bergleute, die früher den an die Diabaszüge gebundenen Roteisenstein gewannen, prägten hierfür den Namen **Schalstein**.

Diabase im Nordwestharz

Das zur Einheit des Oberharzer Devonsattels zählende Gebiet des „Goslar-Wolfshagener-Trogs" weist zahlreiche kleinere und größere Diabasvorkommen auf, die während des Mitteldevons meist als subvulkanisch gebildete Lagergänge oder Stöcke in den vorwiegend tonigen Ablagerungen (Wissenbacher Schiefer) Platz nahmen. Für diese, bedingt durch die langsamere Abkühlung, meist etwas grobkörnigeren Gesteine ge-

Aufschluss vom „Bombenschalstein" in der Eisensteingrube Weintraube bei Lerbach.

Blick von einem Aussichtspunkt in den renaturierten Diabassteinbruch Am Heimberg bei Wolfshagen.

brauchte man früher den Namen Intrusivdiabas. Petrografische und geochemische Daten zu diesen stark spilitisierten Gesteinen liegen von PETERS (1955), DAUBE (1960) und v. RIESEN (1991) vor. Neben verschiedenen kleineren Abbaustätten gab es bei Wolfshagen und Langelsheim zwei früher bedeutende Steinbrüche.

Intrusivdiabas vom Heimberg bei Wolfshagen (A4126/02)
Bis vor rund 30 Jahren wurde unmittelbar östlich von Wolfshagen das graugrüne, oberflächig auffällig fleckige Gestein eines bis zu 120 m mächtigen Lagergangs abgebaut. Obwohl augenscheinlich „frisch“ wirkend, hat sich hier der primäre Mineralbestand durch die Spilitisierung zu fast 80 Volumenprozent in ein feinkörniges Gemenge von Chlorit, Albit und karbonatischen Mineralen verwandelt. Der durchschnittliche Modalbestand umfasst 36 % Chlorit, 42 % Feldspäte (meist Albit), 9 % Karbonate, 10 % Opake und 3 % Akzessorien wie Apatit, Prehnit und Pumpellyit. Als Verdränger von Pyroxen tritt neben Chlorit vorwiegend Dolomit auf, während Feldspat meist von Calcit verdrängt wird. Calcit bildet auch Nester oder durchzieht das klüftige Gestein in dicken Adern. Primär wichtigstes Erzmineral war Magnetit mit mikroskopisch feinen Entmischungen des Eisen-Titan-Oxids Ilmenit (Titanomagnetit), der sich im Zuge der Spilitisierung in feinkörnigen Rutil (Leukoxen), Titanit und Limonit verwandelt hat. Die von MÜLLER & STRAUSS (1985) in den Diabasen gefundene Mineralparagenese Pumpellyit + Prehnit + Epidot + Aktinolith belegt eine niedriggradige Versenkungsmetamorphose mit Temperaturen von knapp 400 °C und Drücken von <3 kbar.

Spur der Steine…

heißt ein 2016 eingeweihter Rundwanderweg, der um den 1986 stillgelegten Diabas-Steinbruch am Heimberg führt. Heute befindet sich hier ein rund 17 Hektar großes Biotop, in das verschiedene Aussichtspunkte Einblick gewähren. Zahlreiche Tafeln informieren über Geologie, Betriebsgeschichte und das vorbildliche Renaturierungskonzept. Initiatoren des Projekts sind die Niedersächsischen Landesforsten und die Norddeutsche Naturstein GmbH. Es zeigt, dass solche Gewinnungsstätten zunächst zwar starke Eingriffe in die Umwelt darstellen, aber die Natur – hier mit, anderswo auch ohne menschliches Dazutun – die Wunden wieder schließt und sich das Gebiet zurückerobert. Es entstehen neue Lebensräume mit wertvollen Nischen für bedrohte Tier- und Pflanzenarten. Hier sind es neben dem umgebenden Wald-Busch-Gürtel die Wasserflächen in den Tiefen des hufeisenförmigen Bruchgeländes und ein 47 m hoher turmartiger Brutfelsen. Leider sind die ehemaligen Abbaubereiche nicht zugänglich (nur Biotop statt auch Geotop!), doch bieten die von den Wegen angeschnittenen Abraumhalden Gelegenheit zum Sammeln von Proben.

Diabas von Wolfshagen

Steine brechen – früher mühevoller Broterwerb

Die Bruchsteingewinnung bei Wolfshagen begann 1885 als handwerklicher Betrieb und lieferte Material für den damals florierenden Chausseebau. Dieser erforderte 12–20 cm große, etwa pyramidenförmige Stücke für die Packlage und 4–6 cm großen Schotter („Steinschlag“) für die darüber aufgebrachte Decklage. Mit einer Dichte von circa 3 t/m³ und einer hohen Druckfestigkeit war Diabas hierfür bestens geeignet. Als Kopfsteinpflaster hingegen war der unregelmäßig geklüftete Vulkanit ziemlich ungeeignet. Hierfür nahm man lieber Granit oder die im nahen Innerstetal reichlich gewonnene Grauwacke.

Fleckiger Diabas aus dem Steinbruch am Heimberg.

War das Steinebrechen von Hand anfangs noch mühevolle „Knochenarbeit“, so begann Mitte der 1920er Jahre die Mechanisierung. Der Einsatz von Kipploren und einer Backenbrecheranlage ließ die Produktionszahlen steigen. Eine Feldbahn führte zur Bahnverladung nach Langelsheim. Ein wichtiges Erzeugnis war Schotter für die Gleisverlegung beim Eisenbahnbau in Norddeutschland. Der Wiederaufbau nach dem 2. Weltkrieg und das Wirtschaftswunder in den 1950er Jahren ließen den Bedarf an Baumaterialien steigen und leiteten zum industriellen Hartgesteinsabbau über. An die modernisierte Brech-, Sieb- und Waschanlage schloss sich nun eine Asphaltmischanlage an, in der Diabassplitte mit heißem Bitumen vermengt wurden, um damit Schwarzdecken für Straßen und Autobahnen herzustellen. Auf dem Höhepunkt des konjunkturellen Aufschwungs bot der Wolfshäger Bruch mehr als 100 Arbeitsplätze. Später ermöglichte der Einsatz moderner Hydraulikbagger und 40-Tonnen-Muldenkipper eine beträchtliche Produktionssteigerung. Der nördliche Hartgesteinsbetrieb Westdeutschlands profitierte von verschiedenen Infrastrukturprojekten, beispielsweise 1968–1976 vom Bau des Elbe-Seitenkanals, wofür jährlich 900.000 Tonnen Wasserbausteine geliefert wurden.

Mitte der 1980er Jahre zeichnete sich die Erschöpfung der Lagerstätte ab. In rund 100 Betriebsjahren hatte der 700 x 500 m große Tagebau rund 25 Millionen Tonnen Diabasprodukte geliefert.

Auch mineralogisch machte der Heimberg von sich reden, denn immer wieder (zuletzt 1981) fanden sich als Gang- und Kluftmineralisation derbe arsenidische Nickelerze (Niccolit und Gersdorffit).

Intrusivdiabas vom Großen Sülteberg (A4126/01)
Von ziemlich ähnlicher Ausbildung und Zusammensetzung ist der Diabas des Großen Sülteberges bei Langelsheim. Der nahe am Harzrand, östlich der Innerste liegende große Bruch wurde bereits in den 1970er Jahren aufgelassen und hat sich inzwischen ohne größeres Eingreifen des Menschen in eine Wildnis verwandelt, was den noch vorhandenen Aufschlüssen der Steinbruchwände einen besonderen Reiz verleiht. Ein Besuch ist daher nur während der „vegetationsfreien" Jahreszeit zu empfehlen.

Diabas am Ufer des Granestausees (A4128/02)
An der Granetalsperre bei Herzog Juliushütte (westlich von Goslar) bietet die dem Ostufer folgende Forststraße verschiedene Aufschlüsse von linsenförmigen Diabaskörpern, die als Einschaltungen in grauen, mitteldevonischen Tonschiefern (stratigrafisch Wissenbacher Schiefer) stecken (Mohr 1980). An der Einmündung des Lüdeckentals ist Diabasmandelstein ausgebildet, erkennbar an der löchrigen Oberfläche. Verwit-

Blick in den Diabasbruch am Huneberg, deutlich erkennbar ist die bis zu 40 m mächtige, ockerbraune Zersatzzone, im Hintergrund der Brocken.

terungseinflüsse haben zur Herauslösung der Calcitfüllung in den Entgasungsblasen („Mandeln") geführt. Am südwestlichen Fuß des Königsbergs bildet körniger Diabas markante Felsen. Das Gestein ist reich an Kluftbelegen und Adern von weißem Calcit.

Mit Calcit und Epidot mineralisierte Kluft im Diabas vom Huneberg (Bildbreite etwa 10 cm).

Diabas vom Beerberg bei St. Andreasberg im Dünnschliff: Tafelige Plagioklase (grau) und Pyroxene (bunte Interferenzfarben) umgeben von grauem Chlorit (Bildbreite etwa 3 mm).

Intrusivdiabas vom Huneberg (A4128/27)
Der letzte aktive Diabas-Steinbruch im Harz liegt am Huneberg, circa 6 km nordöstlich von Altenau. Während der Tagebau, der mittlerweile enorme Ausmaße angenommen hat, recht versteckt im oberen Teil des Kleinen Trogtals liegt, ist die hoch aufgeschüttete ockerbraune Abraumhalde als Landmarke weithin sichtbar. Der 1952 zum Bau der Okertalsperre angelegte Steinbruch hat sich in rund 60 Jahren zu einem sieben Strossen umfassenden trichterförmigen Tagebau von rund 400 m Länge und 150 m Tiefe entwickelt. Jährlich werden hier 1,2 Millionen Tonnen Gestein abgebaut.

Der Betrieb fußt im Wesentlichen auf einer mehr als 100 m mächtigen, subvulkanisch erstarrten Masse von Intrusivdiabas, die ursprünglich einen pilzförmigen Körper bildete, während der Harzfaltung aber deformiert wurde. Dieser zählt zur Einheit des Oberharzer Diabaszuges, nimmt hier aber eine gewisse Sonderstellung ein, da er dem jüngsten Zyklus, dem „kulmischen Deckdiabas", zugerechnet wird. Nebengesteine sind unterkarbonische Kieselschiefer sowie oberdevonische Tonschiefer und Kalksteine, die wegen der Nähe zum Brockenpluton kontaktmetamorph überprägt vorliegen. Im Gegensatz dazu hat sich der Mineralbestand des kompakten „reaktionsträgeren" Subvulkanits erstaunlich wenig verändert.

Das graugrüne, mittel- bis grobkörnige Gestein ist verglichen mit den oben beschriebenen Beispielen nur teilweise spilitisiert. Der Blick durchs Mikroskop zeigt ein weitgehend erhaltenes magmatisches Gefüge. Insbesondere im Zentrum des großen Körpers kristallisierten die Feldspäte infolge der langsameren Abkühlung in bis 1 cm lange, tafelige Kristalle. Dazwischen liegen große, innig verzahnte Augite, die durchschnittlich ein Viertel des Gesteinsvolumens ausmachen. In der Gesteinskunde spricht man von einem ophitischen Gefüge. Dieses ist typisch für Dolerite, wie körnig ausgebildete Basalte auch genannt werden.

Nach Müller & Strauss (1987) enthält der Diabas durchschnittlich 25 % Pyroxene, 7 % Chlorit, 48 % Feldspäte, 14 % Prehnit und Skapolith, 1 % Karbonate, 5 % Opake (Magnetit, Ilmenit) und als Akzessorien Epidot und Apatit.

Die Spilitisierung ist vor allem im Kern des Intrusivkörpers nur wenig wirksam gewesen, wie die recht niedrigen Chloritgehalte belegen. Vornehmlich metamorphen Ursprungs sind die Neubildungen von Epidot, Aktinolith, Prehnit, Pumpellyit und Skapolith.

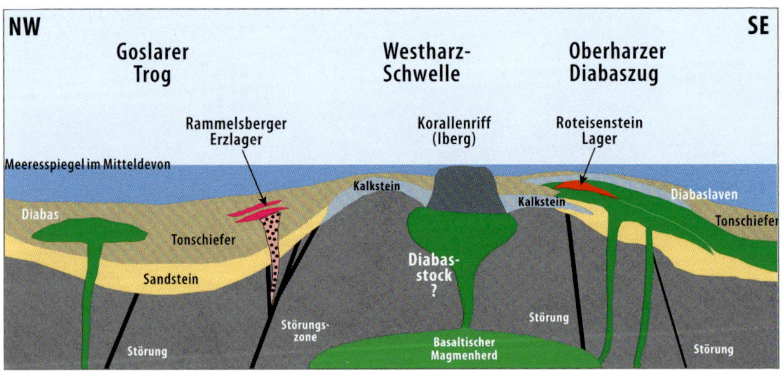

Schematische Profildarstellung des Westharzraumes mit der Westharzschwelle während des Mitteldevons (verändert nach Mohr 1993).

Nicht selten treten bis Dezimeter mächtige mineralisierte Klüfte in Erscheinung. Sie führen neben stängelig ausgebildetem pistaziengrünen Epidot und körnigem Calcit auch Granat-Mischkristalle (Hydrogrossular und Andradit in komplexer zonierter Verwachsung), Stilbit und Prehnit als frei gewachsene Kristalle und gelegentlich Buntmetallsulfide (MEYER 1986).

Spilitisierte Vulkanite des „Oberharzer Diabaszuges"

Zahlreiche recht lohnende Vulkanitaufschlüsse bietet der südwestliche Teil des Oberharzer Diabaszuges in der Umgebung des Bergbauortes Lerbach (heute Ortsteil von Osterode). Neben Ergüssen von Kissenlaven finden sich hier mächtige Pyroklastitablagerungen, die das ganze Spektrum vulkanischer Lockerprodukte widerspiegeln. Verknüpft mit diesen stark umgewandelten Diabastuffen haben sich hier hämatitische Eisenerzen gebildet, die entlang des von Lerbach nach Nordosten über den Polsterberg

Diabase und damit verknüpfte Eisensteinvorkommen im Westharz

in Richtung Altenau verlaufenden Zuges an mehr als 100 Stellen bergmännisch gewonnen wurden (siehe Kapitel 5.3).

Diabase von „Claras Höhe" bei Lerbach (A4326/02 und A4326/04)
Die Landstraße, die sich vom nördlichen Ortsausgang Lerbachs aus hinauf zum sogenannten Heiligenstock windet, wo sie in die von Osterode nach Clausthal-Zellerfeld führende Bundesstraße B241 einmündet, quert den Oberharzer Diabaszug und erreicht die nordwestlich anschließende Clausthaler Kulmfaltenzone. 120 m oberhalb der Schutzhütte „Claras Höhe" (Aussichtspunkt) folgt ein kleiner Steinbruch, der steil überkippte Kissenlaven aufschließt. Ein ausgeschilderter Wanderpfad führt in nördliche Richtung hinauf zur ebenfalls aus Diabas bestehenden Kuckholzklippe, wo ein stählerner Aussichtsturm einen weiten Blick auf das Lerbacher Tal und den südliche Vorharz ermöglicht.

Die ehemalige Eisenerzgrube Weintraube (A4326/03)
Die bedeutendsten Lerbacher Eisensteinzechen lagen am nördlichen Ortsausgang (Clausberg), wovon ausgedehnte, meist stark zugewachsene Halden zeugen, die sich nach Nordosten durchs Schiefertal („Neuer Weg") in Richtung Buntenbock fortsetzen. Hier und im Bachbett lassen sich Proben von Diabasen und meist kieselig ausgebildeten Hämatiterzen aufsammeln.

Die bis 1904 fördernde Grube Weintraube, die heute dem Fledermausschutz dient, kann über den Tagesstollen im Rahmen von Sonderveranstaltungen (während des Sommerhalbjahrs) befahren werden. Die untertägigen Aufschlüsse sind besonders wertvoll, weil sich nur hier der an der Erdoberfläche ziemlich schnell verwitternde „Bombenschalstein" im frischen Zustand studieren lässt. Die stark spilitisierten Pyroklastite, die das bis 4 m mächtige Eisensteinlager begleiten, bilden ein chaotisches Gemenge aus

Wulstige Diabas-Pillows im Wäschegrund bei St. Andreasberg (Bildbreite etwa 2 m).

einer feinkörnigen grüngrauen Aschengrundmasse und zerschossenem Lavamaterial, nussgroßen Lapilli und bis mehrere Dezimeter großen vulkanischen Bomben. Die Bomben bestehen aus Diabasmandelstein mit Calcit- und Chloritfüllung. Bemerkenswert sind die kugeligen Diabas-Pillowlaven im Hangende des Eisensteinlagers, die heute in der Firste eines großen schrägen Strossenbaus gewissermaßen über den Köpfen der Besucher schweben.

Basalte am Meeresboden: aus Schwarz wird Grün – die Spilitisierung

Ein Basalt ist im frischen Zustand schwarz und besteht im Wesentlichen aus Pyroxen (Augit), calciumreichem Plagioklas, etwas Olivin und eventuell Glas. Durch den intensiven Kontakt mit salzigem, zum Teil vulkanisch aufgeheiztem Meerwasser, erfuhr der primäre Mineralbestand nach der Erstarrung eine oft durchgreifende Veränderung. Man bezeichnet solche chemischen Umwandlungen als Alteration, in diesem Fall spricht man von **Spilitisierung**. Die auffällige Grünfärbung rührt von der Neubildung des wasserhaltigen Magnesium-Eisen-Schichtsilikats Chlorit her, das sich durch Wasseraufnahme aus Pyroxen bildet. Der vorherrschende calciumreiche Plagioklas, reagiert mit dem im Meerwasser gelösten Salz (Natriumchlorid) und wandelt sich in den feinkörnigen Natronfeldspat Albit um. Das freigesetzte Calcium verbindet sich mit der oft gegenwärtigen Kohlensäure (postvulkanische CO_2-Austritte oder gelöst in den Formationswässern) und kristallisiert als Calcit auf Klüften oder in den Blasenhohlräumen (zum Beispiel im „Diabasmandelstein"). Als weitere Neubildungen werden Epidot, Aktinolith, Serpentin, Analcim und Zeolithe beobachtet. Die meist feinkörnigen Alterationsprodukte treten nicht selten als Pseudomorphosen nach den primären Mineralen auf. Makroskopisch bleibt das ursprüngliche Gesteinsgefüge oft erhalten. Im Falle einer vollständigen Spilitisierung verwandelt sich ein schwarzer Basalt in ein graugrünes Calcit-Chlorit-Albit-Gestein. Die Wassergehalte solcher Spilite betragen 10–12 %. Besonders stark verändert sind die stark zerrütteten Pyroklastite mit ihrer großen Oberfläche, die einen intensiven Stoffaustausch sehr begünstigen.

Spilit (Diabasmandelstein) von der Grube Weintraube im Dünnschliff. Die leistenförmigen Feldspäte liegen in einer Grundmasse aus Chlorit und Albit. Die Füllung der runden Gasblasenhöhlung besteht im Kern aus Chlorit umhüllt von Calcit (Bildbreite 2,2 mm).

Calcit-Datolith-Gang mit rosa Adular aus dem Steinbruch im Wäschegrund bei St. Andreasberg (Bildbreite ca. 15 cm).

Diabase aus dem Raum Sankt Andreasberg – Braunlage

Ausgedehnte Vorkommen mitteldevonischer Diabase erstrecken sich im Mittelharz von Sankt Andreasberg im Westen bis nach Braunlage im Osten. Dabei handelt es sich vorwiegend um mächtige Laven mit oft ausgeprägten Pillowstrukturen.

Diabas-Pillowlaven im Wäschegrund (A4328/15)

Leicht erreichbare Aufschlüsse liegen im Wäschegrundtal, gleich östlich von Sankt Andreasberg. An der Böschung der Talstraße und in zwei kleinen aufgelassenen Steinbrüchen gegenüber am Matthias-Schmidt-Berg, unweit der Talstation des Sessellifts, stehen schön geformte Kissenlaven an.

Besonders gut können die typischen kissen- oder wulstförmigen Absonderungen sowie die schlauchförmigen Fließröhren im hinteren der beiden Brüche beobachtet werden. Das Gestein zeigt schwach entwickelte Mandelsteintexturen und enthält noch rund 10 % Pyroxene und 16 % Chlorite sowie 50 % Feldspäte, vorwiegend Albit. Als Besonderheit sind hier bis 10 cm mächtige Gangfüllungen zu beobachten, die neben Calcit eine interessante Datolith-Adular-Mineralisation und in Spuren Pyrit und Kupferkies führen. Der hier rosa ausgebildete Adular ist ein hydrothermal gebildeter Kalifeldspat, der in Form tafeliger Kristalle vor allem in alpinen Klüften auftritt. Es handelt sich um eine recht junge Bildung, die vermutlich im Zusammenhang mit der hydrothermalen Gangmineralisation des St. Andreasberger Reviers steht. Diese verlief sehr komplex und führte in mehreren Phasen zu Anreicherungen von Buntmetallen, aber auch von Silber, Antimon, Arsen, Nickel und Kobalt (Wilke 1952).

Diabas unter Tage im Lehrbergwerk Grube Roter Bär (A4328/14)

Am Beerberg östlich der Bergstadt erschließt ein geologisch bergbauhistorischer Wanderweg ein altes Bergbaurevier (Liessmann 2003). Hier im sogenannten „Auswendigen Grubenzug" des Sankt Andreasberger Silbererzreviers bildet massiger Diabas stellenweise das Nebengestein der Erzgänge. Noch innerhalb der Kontaktzone des Brockenplutons liegen die Gesteine leicht metamorph überprägt vor. Durch den 2004 geöffneten, vom Lehrbergwerk Grube Roter Bär betreuten Beerberger Stollen sind die frühsten Stätten des um 1520 aufgenommenen Bergbaus auch unter Tage zugänglich. Der im Inneren des Berges aufgeschlossene, dichte, schwarzgrüne Diabas führt abweichend von den anderen beschriebenen Fundorten merkliche Mengen von sulfidisch gebundenem Eisen in Form von Pyrrhotin (Magnetkies). Dieser findet sich sowohl in einer feinen Imprägnation als auch in Form dünner Beläge auf Kluftflächen. Anzeichen für diese vermutlich kontaktmetamorph aus hydrothermal gebildetem Pyrit hervorgegangene Mineralisation geben der schwefelige Geruch beim Anschlagen und die ockerbraune Verwitterungsfarbe des in den Gruben verbliebenen Versatzmaterials. Im Gegensatz zum gut geklüfteten Tonschieferhornfels ließ sich der absolut kompakte Diabas von den Bergleuten im 16. Jahrhundert allein mit „Schlägel & Eisen" nicht bearbeiten. Zum Stollenvortrieb wurde stattdessen die Methode des „Feuersetzens" vornehmlich angewendet. Das Erhitzen des kristallinen Gesteins durch ein Abbrennen von Scheiterhaufen führte zu Spannungen, die erst Rissbildungen und dann das Abplatzen von Scherben und Splittern bewirkten. Wegen der geringen Wärmeleitfähigkeit der Silikate war die Effektivität allerdings nur gering. Für einen Meter Stollenvortrieb benötigte man mehr als 10 Raummeter Holz! Typisch für die „feuergesetzten" Strecken sind glatte Flächen und spitzovale Streckenquerschnitte.

Im Diabas durch „Feuersetzen" hergestellte Strecke aus dem 16. Jahrhundert / Beerberg bei St. Andreasberg.

Anschauliche Diabasaufschlüsse bieten auch die Täler östlich von St. Andreasberg, wo sich die verwitterungsbeständigen Vulkanite örtlich als mächtige Felsformationen präsentieren. Beispiele gibt es im Breitenbeek, unweit der ehemaligen Silbererzgrube Engelsburg (A4328/29), im oberen Odertal zwischen Oderhaus und der Waldgaststätte Rinderstall (A4328/30) und im Trutenbeek (A2328/16). Beim Ausbau der B 27 zwischen Oderhaus und Braunlage in den 1980er Jahren wurde ein komplettes Profil dieser Sequenz freigelegt. Der Diabasmandelstein zeigte sich hier stellenweise durchzogen von bis zu 15 cm mächtigen Calcit-Datolith-Gängen. Das grünlich weiße borhaltige Calciumsilikat fand sich in mehr als 5 cm großen Kristallen. In besonders guter Ausbildung sind hier die Kissen- und Wulstformen zu sehen. Leider wirken die Aufschlüsse durch die Überspannung mit Stahlnetzen zur Verhinderung von Steinschlag heute nicht mehr sehr fotogen. Wegen des starken Fahrzeugverkehrs auf der Bundesstraße muss auch aus Sicherheitsgründen von einem Ablaufen des Profils abgeraten werden.

Vulkanite des Elbingeröder Komplexes

Eine große Vielfalt an vulkanischen Gesteinen weist der Elbingeröder Komplex im Mittelharz auf. Im Mitteldevon lagen hier vier anfangs untermeerische Zentralvulkane, die sich zeitweise als Inseln über den Spiegel eines flachen Schelfmeeres erhoben. Heute erscheinen diese vulkanischen Zentren als Aufwölbungen (geologische Sättel): der **Königshütter Sattel** im Westen, der **Büchenberg-Sattel** im Norden, der **Braunesumpf-Sattel** im Nordosten und der **Neuwerker-Sattel** im Südosten. In den dazwischen ausgebildeten Mulden sind heute meist gefaltete Grauwacken und Tonschiefern des Unterkarbons aufgeschlossen. Die 400–1.000 m mächtige Elbingeröder Schalstein-Formation ist gekennzeichnet durch großen Mengen von vulkanischen Brekzien und Pyroklastiten, was ein hohes Maß von explosiver Tätigkeit belegt. Die Förderung erfolgte episodisch; nach Weller (2011) lassen sich vom unteren bis zum oberen Mitteldevon (circa 390–381 Millionen Jahre) drei Förderzyklen unterscheiden, die teils basaltische, teils keratophyrische Laven und Tuffe förderten. Jeweils gegen Ende der zweiten und insbesondere der dritten Eruptionsperiode (mittlere und obere Vulkanitfolge) entwickelten sich heiße Quellen, die große Mengen von oxidischen Eisenerzen ausschieden (siehe Kapitel 5.3). Die bis zu 20 m mächtigen linsenförmigen Erzkörper bildeten die Basis für einen jahrhundertealten Bergbau und ließen im Raum Elbingerode das bedeutendste Eisenzentrum des Harzes entstehen.

Zum Hangende hin gehen sowohl die Vulkanite als auch die Vererzungen mehr oder weniger fließend in kalkige Sedimentgesteine über, die sich im flachen und warmen Meerwasser an den Flanken der erloschenen Vulkane in Form von Korallenriffen bildeten (siehe Kapitel 7.2).

Eine sehr informative Darstellung der geologischen Verhältnisse zusammen mit einer Beschreibung von Gesteinsaufschlüssen und Sehenswürdigkeiten des Bergwesens bietet eine geologisch-montanhistorische Karte des Elbingeröder Komplexes (herausgegeben vom Landesamt für Geologie und Bergwesen, Halle 2016).

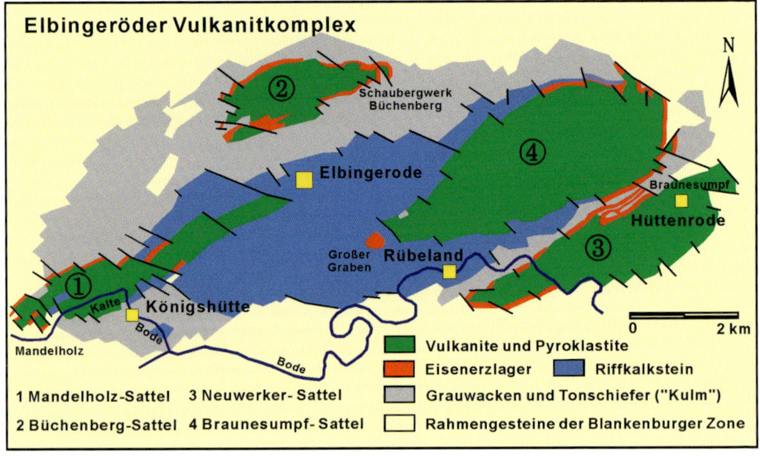

Geologische Skizze des Elbingeröder Komplexes mit vier markanten, vulkanisch geprägten Sattelstrukturen.

Zu den empfehlenswerten Zielen zählen das Schaubergwerk Büchenberg bei Elbingerode und ebenso ein hier beginnender bergbaugeschichtlicher Lehrpfad (Rundwanderweg), der den Büchenberg-Sattel erschließt. Über wie auch unter Tage bestehen hier gute Möglichkeiten zum Kennenlernen der interessanten Gesteinsabfolgen und der daran geknüpften Eisenerzvorkommen.

Grobkörniger Diabas von Neuwerk (Handstückbreite 12 cm)

Gabbroähnlicher Intrusivdiabas von Neuwerk (A4330/12)
Südöstlich des idyllisch im Tal der Bode gelegenen Dörfchens Neuwerk stehen an der sogenannten großen Bodeschleife (linkes Flussufer) grobkörnige Diabase an. Geologisch befinden wir uns hier an der Südflanke des Neuwerker Sattels. Das von seiner Textur einem Gabbro ähnelnde Gestein wird der Basisvulkanitfolge (Untere Eifelstufe) zugerechnet. Früher gewann man es in einem großen Steinbruch zur Herstellung von Schotter und Splitt. Zum Abtransport diente eine nach Rübeland führende Industriebahn, auf deren ehemaliger Trasse heute ein in Kreuztal beginnender Wanderweg verläuft.

Der massige stockförmige Gesteinskörper entstand, als aufsteigendes Basaltmagma in den tonigen Meeresablagerungen (Wissenbacher Schiefer) stecken blieb und langsam erstarrte (Werner 1995). Das gleichkörnige ausgebildete Gestein zeigt schon bei makroskopischer Betrachtung eine ophitische Textur, das heißt Einsprenglinge von tafeligen Plagioklasen und prismatischen Augiten „schwimmen" in einer Grundmasse aus kleinen, in sich verschränkten Plagioklasleisten.

Ein Diabas von ganz ähnlicher Ausbildung ist im Zillierbachtal, nordwestlich der Talsperre, in einem ehemaligen Steinbruch an der Zufahrtstraße aufgeschlossen (A4330/22).

Keratophyre

Neben Diabasen zählten diese hellen, feldspatreichen Gesteine zu den markantesten Magmatiten des Elbingeröder Komplexes. Keratophyr ist die alte Sammelbezeichnung für feinkörnige Vulkanite mit recht hohen Gehalten an Alkalifeldspäten und nur geringen Anteilen an mafischen Mineralen. Die Erstbeschreibung des „Originalgesteins" (Kalikeratophyr = Nr. 175 bei Tröger 1935) aus der „Hamburgs Dickung" bei Rübeland geht zurück auf den großen Harzgeologen Lossen und stammt aus dem Jahr 1885. Der in der modernen Petrologie nicht mehr verwendete Name leitet sich von keras (griech. Horn) ab und bezieht sich auf das hornartige Aussehen des Gesteins. An dieser Stelle soll der auch im geologischen Schrifttum bis in jüngere Zeit gebräuchliche, klassische Name ebenfalls beibehalten werden. Gemäß der aktuellen Nomenklatur wäre von Alkalitrachyten bis Quarztrachyten zu sprechen (Müller & Strauss 1987).

Das untermeerisch geförderte Gestein bildet deckenförmige Lavenergüsse mit zum Teil kissenförmigen Strukturen. Häufiger sind aber Brekzien und Agglomerate von Kissenbruchstücken zu beobachten. Ebenso treten Tuffe und Tuffite auf, die mehr oder weniger stark mit sedimentärem Material vermengt sind. Analog zu den Diabasen führten Entgasungen auch hier zur Mandelsteinbildung.

Untergeordnet gibt es nach Mucke (1973) auch Gang- und Schlotfüllungen von keratophyrischer Zusammensetzung. Diese wurden wegen der etwas grobkörnigeren Textur früher Syenitporphyre genannt; heute heißen solche Gesteine Mikrosyenite.

Keratophyr aus dem Mühlental bei Elbingerode

Das Mühlental, durch das die B27 von Elbingerode südostwärts hinunter nach Rübeland führt, bietet verschiedene Keratophyraufschlüsse. Südwestlich der Einmündung des Kalten Tals (Schwefeltal) lag die bis 1990 fördernde Schwefelkiesgrube Einheit, die bis 2015 unter dem Namen Drei Kronen und Ehrt als Besucherbergwerk diente und zurzeit verwahrt wird. Massiger Keratophyr bildete das Trägergestein einer bedeutenden Pyritmineralisation, die rund 50 Millionen Tonnen Eisen in sulfidischer Bindung beinhaltete und jünger ist als die oxidischen Eisenerze der Umgebung. Teils als massige Linsen, größtenteils als feines Netzwerk, bildet die Vererzung eine unregelmäßige Umhüllung des stockförmigen Keratophyrkörpers (Scheffler et al. 2002). Östlich des Mühlentals, wo die Lagerstätte zu Tage ausstreicht, hat sich der Schwefelkies durch Verwitterungseinflüsse tiefgründig in manganhaltigen Limonit verwandelt. Dieser hochwertige Brauneisenstein diente seit frühester Zeit als Rohstoffbasis für die an der Bode betriebenen Eisenhütten. Der „Großer Graben" genannte einstige Tagebau stellt ein wichtiges Geotop dar (A4330/06), das wegen dichter Vegetation heute kaum mehr Aufschlüsse bietet. Beim Vortrieb eines zur Entwässerung der Abbaue im Mühlental angesetzten tiefen Stollens wurde in der zweiten Hälfte des 19. Jahrhunderts die verborgene Pyritlagerstätte entdeckt. Eine ausführliche Beschreibung dieser interessanten Lagerstätte und ihrer Betriebsgeschichte geben Scheffler (2002) und Schilling (2016).

Der feinkörnige Keratophyr besitzt eine hellgraue bis blassgrüne, manchmal auch rötlich graue Farbe und zeigt einen markanten splittrigen Bruch. Für das Gestein der ehemaligen Grube Einheit ist eine diffuse Imprägnation oder eine netzwerkartige Durchäderung von Pyrit typisch. Solche Partien verraten sich oberflächlich durch ihre braune Verwitterungsfarbe.

Ähnliche Mineralneubildungen, wie sie Basalte bei niedrigen Temperaturen und in Gegenwart von Meerwasser während der Spilitisierung erfahren, zeigen auch die Keratophyre. Der Mineralbestand umfasst hauptsächlich natrium- und/oder kalium-

Keratophyr-Handstück, mit Pyrit vererzt, von der Grube Einheit (Handstückbreite 12 cm).

betonte Alkalifeldspäte (Albit und Mikroperthit), Quarz und untergeordnet Chlorit, Serizit, Calcit und Pyrit, selten auch Reste von Pyroxen, Amphibol, Apatit und Magnetit. Gelegentlich lassen sich als Einsprenglinge bis zu mehreren Millimetern große Plagioklase und Augite beobachten. Die ursprünglichen Hochtemperatur-Alkalifeldspäte zeigen Entmischungen (Perthite), die später teilweise von Albit verdrängt wurden. Im weiteren Verlauf der Alteration wurden die Feldspäte teilweise durch Calcit oder Dolomit verdrängt. Ebenso verwandelten sich die Pyroxene unter Wasseraufnahme in ein feines Gemenge aus Chlorit und Limonit. Als weitere Neubildung wies MUCKE (1973) in Mikrosyeniten das Mineral Stilpnomelan nach.

Für den Keratophyr der Grube Einheit ermittelte LANGE (1957) folgenden durchschnittlichen Modalbestand: 47 % Mikroperthit, 35 % Albit, 9 % Quarz, 3 % Augit und Chlorit, 6 % Erz (Pyrit, Magnetit).

Für die Keratophyre des Elbingeröder Komplexes berechnete MUCKE (1973) folgende durchschnittliche Zusammensetzung: 48 % Albit (Natronfeldspat), 33 % Sanidin (Kalifeldspat), 9 % Quarz, 6 % Chlorit, 1 % Calcit, 3 % Erz (Pyrit, Magnetit).

Von der B 27 aus gut erreichbar sind Aufschlüsse am Nordosthang des Mühlentals, südöstlich der Einmündung des Kalten Tals. Hier stehen Klippen von Keratophyr und Vulkanoklastiten der oberen Vulkanitfolge an (A4330/07).

Keratophyrlaven und -vulkanoklastite am Bockberg (A4330/04)
Einen guten Keratophyraufschluss bietet der Straßenanschnitt der B 27 am Bockberg in Königshütte an der Kalten Bode. Vom nahen Parkplatz an der Einmündung des Teichtals (Eisenbahnviadukt) aus kann ein rund 100 m langes Profil abgegangen werden.

Es handelt sich um teils zerbrochene hellgraue Keratophyrlaven, die stratigraphisch zur oberen Schalsteinserie des Elbingeröder Komplexes zählen. Das Gestein weist stellenweise mit Calcit und Chlorit gefüllte Gasblasen auf.

Ein schmaler Pfad führt zum Aussichtspunkt auf dem Gipfel, der von überlagerndem Riffschuttkalk gebildet wird. Der unter Naturschutz stehende Hügel zeigt eine bemerkenswerte, artenreiche Flora, die besonders im Frühsommer einen Besuch empfehlenswert macht.

Schalstein und Keratophyr bei Mandelholz (A4330/01)
Keratophyrbrekzien und vor allem kompakte, plattig spaltende Aschen- und Lapillituffe (Schalstein) der Mittleren Vulkanitfolge sind im westlichen Teil des Elbingeröder Sattels zu finden.

Eine gute Möglichkeit zur Untersuchung des Schalsteins bietet ein kleiner Steinbruch im Wormketal (A4330/02), 200 m nördlich von Mandelholz (Hotel Grüne Tanne an der B 27, Parkplatz direkt gegenüber). Dieser liegt auf der östlichen Talseite, direkt am Wanderweg, über den hier der Harzer Hexenstieg verläuft.

Der kompakte, ebenmäßig geschichtete Pyroklastit ist mehr als 20 m mächtig und weist eine orthogonale Klüftung auf, die eine Gewinnung quaderförmiger Stücke ermöglichte. Das Gestein fand als Baustein Verwendung. Es besteht größtenteils aus eckigen Vulkanitbruchstücken und elliptisch deformierten Lapilli in einer grünlich grauen Matrix aus ehemaligen Aschepartikeln.

Westlich der Wormke, unmittelbar hinter dem Hotel, liegt die teilweise mit Wasser gefüllte Pinge der ehemaligen Eisensteingruben **Blanke Wormke**, die von dem ins Tal führenden Fahrweg aus gut erreichbar ist. Etwas talaufwärts folgt die im Wald versteckt liegende Pinge der Grube **Bunte Wormke**. Auf den stark zugewachsenen Halden finden sich „bunte“ zum Teil eisenschüssige Keratophyrbrekzien mit Übergängen zu hier besonders magnetitreichen und zum Teil Pyrit führenden Eisensteinen, die unter den Vulkanochemiten näher betrachtet werden. Der ungewöhnliche Grubenname leitet sich

Typischer Schalstein mit Lapilli-Fragmenten aus dem Wormketal bei Mandelholz (Handstückbreite 12 cm).

vom ungewöhnlich bunten Erscheinungsbild dieser Erze ab. Am nördlichen Abbaustoß, der vor rund 150 Jahren eingestellten Grube Blanke Wormke, stehen Reste von massigen Pyrit-führenden Hämatit-Magnetit-Derberzen an. Eine rotbraune Verwitterungskruste erschwert das Erkennen der Vererzung, was mit Hilfe eines kleinen Handmagneten aber leicht gelingt.

Schalstein im Hirschbachtal bei Königshütte (A4330/03)
Weitere frühere Gewinnungstätten von Schalstein liegen am Bastkopf, an der Westseite des Steinbachtals, nordwestlich von Königshütte im Ortsteil Neue Hütte (ehemaliger Eisenhüttenstandort). An den alten Gebäuden lassen sich die als Bausteine verwendeten Pyroklastite gut studieren. Überlagert wird die Vulkanitfolge hier von Riffschuttkalken, die wegen der hübschen rot-weißen Maserung und einem Netzwerk von Hämatit- und Magnetitadern früher als Dekorsteine gewonnen wurden. Ein kleiner Steinbruch unmittelbar an der Bundesstraße erschließt den Übergang zwischen beiden Einheiten.

Der Schalstein besteht in unterschiedlichen Anteilen aus feinkörnigen vulkanischen Aschen, bis zu haselnussgroßen Lapilli sowie bisweilen eckigen Lava-Bruchstücken. Kennzeichnend ist eine durchgreifende Karbonatisierung. Ausgangsmaterial war eine Schmelze von alkalibasaltischer Zusammensetzung, die explosiv gefördert und in einiger Entfernung vom Eruptionszentrum abgelagert wurde.

Feingeschichteter Aschentuff aus dem Klostergrund beim Eggeröder Brunnen.

Aschentuffe im Klostergrund
Gute Möglichkeiten zum Kennenlernen von Gesteinen der Unteren und Mittleren Vulkanitfolge bestehen an der Nordwest-Flanke des Braunesumpf-Sattels. Geeigneter Ausgangspunkt zum Aufsuchen dieser Aufschlüsse ist die Ferienhaussiedlung Eggeröder Brunnen (Jasperode). Der Name bezieht sich auf Quellen, die hier an der Basis des überlagernden Rübeländer Kalksteins austreten und den in Richtung Blankenburg fließenden Bach im Klostergrund speisen. Am Weg, der diesem Tal folgt, stehen an einem Stollenmundloch des Eisensteinbergbaus schöne ausgebildete Pillowlaven an. Weiter talabwärts folgen, östlich des Volkmarskellers (Karsthöhle und Klosterruine, A4330/20), entlang der Wegböschung gut geschichtete feinkörnige Aschentuffe und -tuffite von grünlich grauer Farbe (A4330/21). Nicht weit von hier, oben am Berg, liegt eine alte Eisensteingrube (Volkmann) mit einem offenstehenden Schrägabbau. Das bis 4 m mächtige, steil nach Norden einfallende Lager von kalkigem Roteisenstein bildet genau die Grenze zwischen Pyroklastiten im Liegenden und Kalkstein im Hangenden.

5.2.2 Permische Vulkanite

Der jüngere Harzer Vulkanismus, der zur Zeit des Rotliegenden im Anschluss an die variszische Faltung vor rund 290 Millionen Jahren einsetzte, spielte sich auf dem Festland ab. Im heutigen Harzgebiet dürfte es damals recht ungemütlich und höchst gefährlich gewesen sein. Einem zunehmend trockenen, wüstenhaften Klima ausgesetzt, zerfiel das Gebirge zu rotem Schutt und Geröll, das sich in großen, zum Teil grabenartigen Niederungen (sogenannte intermontane Becken) zwischen den Gebirgsketten sammelte. Ausgelöst durch Dehnungsvorgänge in der Erdkruste und begleitet von starken Erdbeben öffneten sich Spalten, auf denen sehr gasreiche Schmelzen unter heftigen Explosionen bis an die Erdoberfläche gelangten.

In der Folge bildeten Laven und Pyroklastiten von intermediärer und zunehmend saurer Zusammensetzung ausgedehnte Decken. Sie prägen heute im Gebiet um Ilfeld im Südharz das landschaftliche Bild. Diese Form des Vulkanismus spielte sich damals auch andernorts in Mitteleuropa ab, etwa im Flechtinger Gebiet unweit von Magdeburg, bei Halle, im Thüringer Wald sowie Saar-Nahe-Raum.

Die genetische Erklärung großer vulkanischer Deckenkomplexe aus vorwiegend kieselsäurereichen Gesteinen wirft einige Probleme auf. Im Gegensatz zu dünnflüssiger Basaltlava, die als Strom bequem einige Dutzend Kilometer weit fließen kann, verhält sich eine „saure“ Schmelze im Normalfall hochviskos und bewegt sich nur sehr lang-

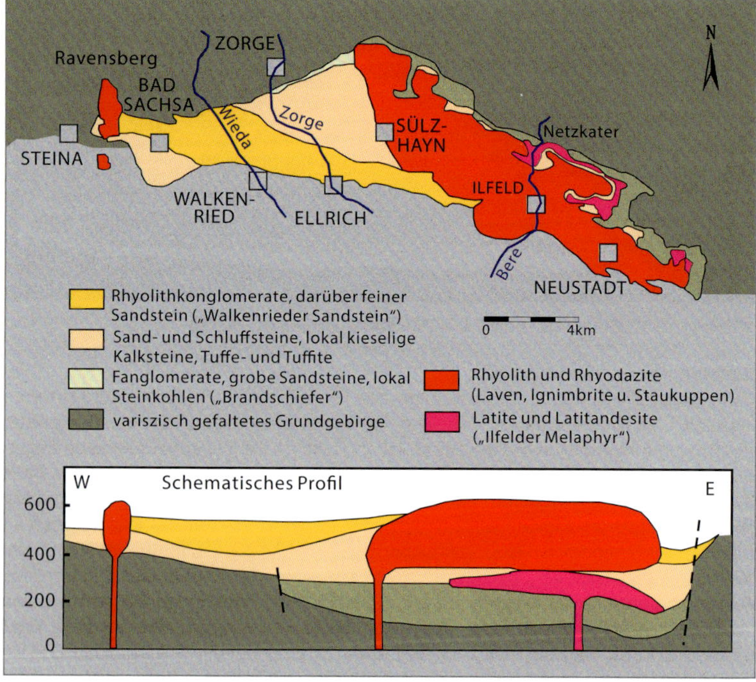

Geologische Situation und schematischer Profilschnitt durch das Ilfelder Becken am Südharzrand.

Blick ins Innere einer Quellkuppe aus Rhyodazit / Steinbruch am Bornberg bei Osterode/Neustadt.

sam vorwärts und erstarrt, ohne größere Distanzen zurückzulegen. Das Fließverhalten gleicht dem von kaltem Sirup. Ein solches Verhalten widerspricht der Ansicht, dass im Rotliegenden ausgedehnte Lavaströme den Südharz überfluteten. Stattdessen spricht vieles dafür, dass es sich hier um zusammengesinterte Ablagerungen von gewaltigen pyroklastischen Strömen handelt, die von Spalten aus über das Land hinweg brandeten. Im Englischen ist das Bild von glühenden Lawinen (glowing avalanche) gebräuchlich; im Deutschen hat sich dafür der Begriff „Glutwolke“ eingebürgert. Zum Verständnis dieses wahrlich infernalischen Geschehens stelle man sich eine Förderspalte als große Spraydose vor, die statt eines feinen Aerosols mit hoher Geschwindigkeit ein etwa 900° C heißes Gemenge aus Gasen und Schmelztröpfchen ausstößt. Das weit verfrachtete, heiß auf der Erdoberfläche abgesetzte Material verschweißt und lässt ein fein

Typische Klüftung des Rhyodazits am Bornberg.

Skurrile Verwitterungsform von Ignimbrit: der „Gänseschnabel" bei Ilfeld.

laminares Gefüge mit eingeregelten Gasblasenhohlräumen, flammenförmigen Glasbruchstücken und kleinen Kristalleinsprenglingen entstehen. Gesteine dieser Bildungsart werden heute **Ignimbrite** genannt. Sie können Gefüge zeigen, die den Fließtexturen von Laven gleichen.

Kennzeichnend ist eine durch die oxidierende Wirkung des Luftsauerstoffs auf das Eisen hervorgerufene Rotfärbung und eine mehr oder weniger poröse Oberfläche.

Eine andere, bei sauren Vulkaniten auftretende Erscheinung ist die Ausbildung von **Quell-** oder **Staukuppen**. Bei nicht ausreichendem Gasdruck bleibt ein Teil der zähplastischen Schmelze unweit der Erdoberfläche stecken und erstarrt zu blasenförmigen Körpern. Typisch für solche Stöcke ist ein zwiebelschalenförmiger innerer Bau mit einer ausgeprägten Klüftung senkrecht zu den flach liegenden Abkühlungsflächen. Hierfür gibt es im Harz anschauliche Beispiele.

Die Bildung der Schmelzen erfolgte nach MÜLLER (1978) durch retrogrades Schmelzen infolge des Druckabfalls an tiefreichenden Bruchstrukturen. Es begann mit der Förderung von zunächst basischen bis intermediären Magmen, die sich infolge magmatischer Differentiation später hin zu stark kaliumbetonten rhyolithischen Schmelzen entwickelten.

Heute lassen sich die Zeugnisse des Südharzer Rotliegendvulkanismus „gefahrlos" studieren.

Sehr lohnende Aufschlüsse bietet die Umgebung von Ilfeld und Neustadt, wo sich die gesamte, mehrere 100 Meter mächtige vulkanische Abfolge mitsamt der klastischen Sedimentgesteine erhalten hat. Im Südwestharz, zwischen Bad Sachsa und Herzberg, bilden die Reste der ehemaligen Vulkane beliebte Aussichtsgipfel, die aber für den Wanderer auf den ersten Blick nicht als solche erkennbar sind.

Latite und Latitandesite im Tal der Bere bei Ilfeld (A4530/09)
Die vulkanischen Gesteine des Ilfelder Beckens finden sich vor allem rechts und links der tief eingeschnittenen Täler gut aufgeschlossen. Insbesondere die starke Erosion der Bere ließ nördlich von Ilfeld eigentümliche Landschaftsformen mit skurrilen Felsformationen entstehen.

An der Basis des Vulkanitkomplexes liegen intermediäre Ergussgesteine, die früher als Melaphyre bezeichnet wurden. Aufschlüsse bietet der Netzberg an der Einmündung des Fischbachtals in die Bere, südlich von Netzkater. Zugänglich sind diese von einem Wanderweg aus, der dem westlichen Ufer des hier schluchtartig eingeschnittenen Flüßchens folgt. Als Ausgangspunkt für eine Wanderung kann auch der Parkplatz des

Melaphyr-Mandelstein aus dem Beretal bei Ilfeld. Die Blasenhohlräume sind mit Calcit, Chlorit und bisweilen mit Achat ausgefüllt (Handstückbreite 15 cm).

Imposanter Ignimbrit-Aufschluss: das Felsentor bei Neustadt

Ignimbrit als Baustein: die Burgruine Hohnstein (links) und das Stadttor von Neustadt (rechts).

Besucherbergwerks Rabensteiner Stollen dienen, oder eine Parkmöglichkeit an der B4, nördlich des Übergangs der Harzquerbahn am ehemaligen Ottoschacht.

Typisch für den anstehenden Melaphyr ist eine grobe, mandelsteinartige Ausbildung, stellenweise reich durchsetzt mit kleinen Lithophysen, die Füllungen aus Achat, Quarz, Chlorit und Karbonatmineralen aufweisen.

In der Normalausbildung zeigt das Gestein eine geregelte Grundmasse aus tafeligen Feldspäten, körnigen Pyroxenen sowie etwas Quarz. Sanidin und Plagioklas (mit An 25–38 nach MÜLLER 1981), der verbreitet in feinkörnigen Hellglimmer und Calcit umgewandelt vorliegt, bilden Einsprenglinge. Häufigstes dunkles Gemengeteil ist stark chloritisierter Augit. Nach der Streckeisen-Nomenklatur fallen die meisten Vertreter dieser Gruppe in das Feld 8 (quarzführende Latite). Chemisch entsprechen sie etwa den „schwarzen Porphyren" der Mittelharzer Gänge, die offensichtlich die Förderkanäle der ältesten Deckenergüsse darstellen (siehe Kapitel 5.5).

Ignimbrite und „Quellkuppen" im Ilfelder Becken

Früher als „Ilfelder Porphyrit" bezeichnet, handelt es sich um das Hauptgestein der im Zentrum über 300 Meter mächtigen Ilfelder Vulkanitdecke, das getrennt durch einen geringmächtigen Sedimenthorizont die Latite und Latitandesite überlagert. Kennzeichnend für diese kieselsäurereichen Ignimbrite sind eine körnige Textur und ein lagiges Gefüge, bedingt durch einen unterschiedlichen Verschweißungsgrad der aus pyroklastischen Strömen hervorgegangenen Ablagerungen. Die teils bizarren Felsformationen weisen eine mehr oder weniger deutlich entwickelte, steile Klüftung auf.

Schöne Beispiele finden wir nördlich von Ilfeld, wo sich das Flüsschens Bere, dem hier die B 4 folgt, schluchtartig in die Ignimbritdecke eingeschnitten hat. Markante Felsgebilde sind der *Gänseschnabel* (östliche Talseite, A4530/08) sowie der *Mönch* und das *Nadelöhr* (westliche Talseite A4530/07, unweit der Papierfabrik). Ein guter Ausgangspunkt zum Erkunden dieser Gegend ist ein ausgewiesener Wanderparkplatz am nördlichen Ortsausgang von Ilfeld, oberhalb der Neander-Klinik (ehemalige Klosterschule).

Südlich von Ilfeld zeigt das als Kupferschieferaufschluss bekannte Geotop Lange Wand (siehe Kapitel 7.1, A4530/05) im Flussbett der Bere einen durch die Kaolinisierung der Feldspäte stark vergrusten Rhyodazit. Gute Aufschlüsse gibt es auch in den Pingen des Manganerzbergbaus am Braunsteinhaus (A4530/06).

Rhyodazitische Ignimbrite bei Neustadt
Einen zum Studium von ignimbritischen Gesteinen sehr geeigneten Aufschluss bietet das Felsentor östlich von Neustadt (A4530/12, Parkplatz an der Zapfkuhle/Lönspark, Zufahrt vom Krankenhaus). Die mauerförmigen Felswände links und rechts des Weges bestehen aus den Ablagerungen von mehreren pyroklastischen Strömen; charakteristisch ist eine flache Bankung. Die Bildung erfolgte aus mäßig heißen Glutwolken, wie der geringe Verschweißungsgrad vermuten lässt. Bestandteile sind Bimslapilli, Scherben von vulkanischem Glas sowie Bruchstücke von Quarz- und Feldspatkristallen. Kennzeichnend für Ignimbrite sind die meist nur im Dünnschliff erkennbaren *Fiamme-Strukturen* (ital. Flamme) und eingeregelte Blasenzüge. Die vulkanischen Gläser sind heute vollständig rekristallisiert und bestehen aus einem feinkörnigen Gemenge von Tonmineralen.

Unmittelbar nördlich vom Felsentor am Vaterstein beginnt das Revier des Neustädter Steinkohlenbergbaus (siehe Kapitel 7.4).

Fantastische Verwitterungsformen schuf der Fuhrbach, als er sich im **Steinmühlental** (A4330/31) nördlich von Werna tief in die Ignimbritdecke hineinarbeitete. Aufgrund der steilen Klüftung wurden hier beeindruckende Felsformationen mit säulenförmigen Bastionen und Türmen herauspräpariert. Das steile Gefälle des Bachs im Felsdurchschnitt nutzte man früher zum bequemen Betrieb einer mit Wasserkraft angetriebenen Sägemühle am Ausgang der Schlucht.

Rhyodazit-Quellkuppe am Bornberg (A4530/10)
Massiger körniger Rhyodazit von bräunlich roter Färbung findet sich bei Osterode unweit von Neustadt in einem kleinen aufgelassenen Steinbruch am **Bornberg** (Abbildung Seite 79). Der als Geotop ausgewiesene Aufschluss bietet einen Blick in das Innere einer Quellkuppe, deren SW-Flanke hier angeschnitten ist und eine lehrbuchhafte zwiebelschalenförmige Klüftung (flache Lagerklüftung mit senkrecht darauf stehender Säulenklüftung) vorweist. Die vorgegebenen Trennflächen gestatten eine Spaltung des Gesteins zu ebenmäßigen Platten oder Quadern, die sich zu Bauzwecken gut gebrauchen lassen. Die ausgeprägte Rotfärbung, die nicht nur die Klüfte, sondern das gesamte Gestein betrifft, beruht auf einer Durchtränkung mit fein verteiltem Hämatit.

Rhyodazit-Quellkuppe bei Sülzhayn (A4530/14)
Eine ganz ähnlich gebaute domförmige Struktur ist 500 Meter südlich von Sülzhayn in einem kleinen Steinbruch an der Ostseite des Sülzetals aufgeschlossen.

Der kompakte Vulkanitkörper ist härter und verwitterungsresistenter als die umgebenden, etwa gleich zusammengesetzten, deckenbildenden Ignimbrite und erscheint morphologisch als Erhebung. Auch hier ist das körnige Gestein intensiv durch Hämatit gerötet.

Rhyolithe
Die jüngsten und kieselsäurereichsten Bildungen des Harzer Rotliegend-Vulkanismus sind nach der Streckeisen-Nomenklatur Rhyolithe und Alkalirhyolithen. Sie treten zum einen ganz im Westen des Gebietes bei Bad Sachsa und Bad Lauterberg auf und zum anderen weit im Osten am Großen Auerberg bei Stolberg.

Felsen aus Rhyolith im Kukanstal bei Bad Sachsa.

Rhyolithe des Ravensberges

Der 659 m hoch aufragende Ravensberg bei Bad Sachsa ist nicht nur ein lohnender, auch mit dem Auto bequem erreichbarer Aussichtsgipfel (A4328/31), sondern bietet auch bemerkenswerte geologische Aufschlüsse. Es handelt sich um den Rest eines mächtigen vulkanischen Komplexes, der hier fast ausschließlich von Alkalirhyolith gebildet wird. Das eng geklüftete, splittrig brechende Gestein erhielt von den früheren Bearbeitern den Namen „Felsitporphyr", worunter eine sehr dichte, einsprenglingsarme Varietät von Quarzporphyr verstanden wurde.

Dichter Rhyolith vom Ravensberg

Eindrucksvolle Aufschlüsse bieten die Felsformationen des schluchtartigen Kukanstals (A4328/32) nordwestlich von Bad Sachsa sowie der vorgelagerte Katzenstein, der sich als Felsbastion über dem Märchengrund erhebt.

Das rötlich braune, dichte Gestein ist ziemlich einheitlich ausgebildet und enthält nur wenige makroskopisch erkennbare Einsprenglinge (nur circa ein Volumenprozent), nämlich Sanidin und Quarz. Des Weiteren umfasst der mikroskopische Mineralbestand in geringen Mengen Biotit, Chlorit, Muskovit, Hämatit, Magnetit und Zirkon. Der Rest von 99 % ist eine submikroskopisch feine, von

Hämatit durchstäubte Quarz-Feldspat-Grundmasse, der das Eisenoxid die intensive Färbung verleiht.

Nach SCHNEIDER (1963) zeigt das Gestein durchschnittlich folgende modale Zusammensetzung: 43 % Sanidin (Kalifeldspat), 44 % Quarz, 10 % Muskovit, 2 % Biotit + Chlorit und 1 % Hämatit.

Ursprünglich allerdings betrug der Modus 61 % Sanidin, 35 % Quarz, 3 % Biotit und 1 % Erz. Während und nach der Abkühlung kam es infolge geringer Wasseraufnahme zur Umsetzung eines Teils des Alkalifeldspats in Muskovit und des Biotits in Chlorit (Autometamorphose).

Südharzachate

Eine Besonderheit stellen die nur ganz punktuell an den Oberflächen der Ergüsse aus Gasblasen hervorgegangenen kleinen und größeren kugelförmigen Absonderungen, die als Lithophysen bezeichnet werden und hier die beachtliche Größe von über einem Meter Durchmesser aufweisen können. Die durchschnittlich mehrere Kubikzentimeter bis zu mehrere Kubikdezimeter großen Hohlräume weisen recht unterschiedlich strukturierte und bunt gefärbte Achat- und Quarzfüllungen auf (KORITNIG 1989). Die Mineralisation lässt sich auf postvulkanisch zirkulierende Wässer zurückführen, die neben reichlich gelöster Kieselsäure auch etwas Eisen und Mangan mitführten. Bemerkenswert sind ovale oder sternförmig gezackte Mandelfüllungen, die manchmal auch kataklastisch zerbrochen und durch eine jüngere Achatgeneration verheilt sind. Die Farben der rhythmischen, feingebänderten Achate sind grau, hellblau, beige und orange bis rotbraun. Der Quarz kann als Amethyst zartrosa bis blassviolett, als Rauchquarz bräunlich erscheinen oder durch Eisenoxid schwarz überkrustet sein.

Achat vom Ravensberg bei Bad Sachsa (Kugeldurchmesser 25 cm, Sammlung H. Peters, Bovenden).

Kugelrhyolithe am Großen und Kleinen Knollen

Obwohl von der Zusammensetzung her fast identisch, zeigen die im Dreieck zwischen Bad Lauterberg, Herzberg und Sieber auftretenden Rhyolithe ganz andere Erscheinungsformen als die oben beschriebenen Vorkommen.

Der Aussichtsturm und die bewirtschaftete Baude auf dem 687 m hohen Gipfel des Großen Knollens (A4328/28) stehen auf einem etwa 50 m mächtigen Rest eines plattigen, hell-rosaviolett gefärbten, leicht porphyrisch texturierten Alkalirhyoliths (früher Deckenporphyr genannt). Getrennt durch eine dünne Zwischenschicht roter tuffitisch-klastischer Rotliegendsedimente überlagert dieser als Deckenrest gefaltete Tanner Grauwacken. Eigentümlich sind teils ausgeprägte fluidale Bänderungen und die Bildung kugeliger Absonderungen (perlitische Gefüge), deren Durchmesser zwischen wenigen Zentimetern und mehr als einem Meter schwanken können. Im Gegensatz zu den Lithophysen des Ravensberges, die äußerlich sehr ähnlich erscheinen, erweisen sich die „Kugelrhyolithe“ als absolut massiv und zeigen bisweilen eine radialstrahlige Klüftung. Vermutlich ist dieses wissenschaftlich noch nicht genau erklärbare Phänomen auf Kontraktion während der Schmelzerstarrung zurückführbar (VIERECK 1978).

Besonders an den Hängen des südwestlich vorgelagerten 631 m hohen Kleinen Knollens (A4328/30) finden sich Rollstücke mit dieser ungewöhnlichen kugeligen Gesteinsausbildung mit dünnlagigen Fließstrukturen.

Kugeliger Rhyolith vom Kleinen Knollen (Handstückgröße ca. 20 cm)

Porphyrischer Rhyolith erstarrt in einer Förderspalte am Großen Knollen (Handstückbreite ca. 12 cm).

Untersuchungen von ERGIN (1978) ergaben eine „autometamorphe“ Veränderung. Durch Wasseraufnahme erfolgte eine Zersetzung des Sanidins unter teilweiser Neubildung von Quarz und Muskovit, der sich eine Umsetzung in das Tonmineral Kaolinit anschloss. Gleichzeitig erfuhr der Biotit als einziges dunkles Gemengeteil eine Chloritisierung.

Die grob porphyrische Füllung einer Förderspalte ist etwa 100 Meter unterhalb des Großen Knollengipfels an der Westflanke (A4328/29), in einer Klippe nahe am Hangweg, aufgeschlossen. In dieser „subvulkanischen Fazies“ besteht das Gestein aus einer feinkörnigen, violettgrauen Grundmasse mit richtungslos darin verteilten, bis 2 cm großen Einsprenglingen von grauweißem Kalifeldspat und von etwas kleinerem farblosen Hochquarz.

Auch hier zeigt sich bei genauer Betrachtung die oben beschriebene Alteration, so erfuhr der ursprünglich klare Sanidin durch die Neubildung von Muskovit, Quarz und Kaolinit in feinster Verteilung eine Trübung.

Nach ERGIN (1978) bestehen die subvulkanischen Alkalirhyolithe des Knollengebietes primär aus 73,4 % Kalifeldspat, 21,5 % Quarz, 4,1 % Biotit und 1 % Erz, Apatit und Zirkon. Durch spätere Alteration hat sich auf Kosten des Feldspats bis zu 12 % Serizit gebildet.

Alkalirhyolith (Quarzporphyr) des Großen Auerbergs (A4532/11)
Ein isoliertes Rhyolithvorkommen bildet der 580 m hohe Große Auerberg, der sich nordöstlich von Stolberg als Härtling rund 200 m über die Unterharzer Hochfläche erhebt.

Der seit 1896 von einem 38 m hohen, stählernen Aussichtsturm in Form eines Doppelkreuzes gezierte Gipfel bietet bei gutem Wetter ein Panorama über den östlichen Harz und sein südliches Vorland. Das als Landmarke 10 des Geoparks gewählte Kreuz ist benannt nach Graf Joseph von Stolberg-Stolberg, der hier 1834 ein von Karl Friedrich Schinkel entworfenes, aus Holz gefertigtes, hölzernes Doppelkreuz errichten ließ, das aber einem Blitzschlag zum Opfer fiel. Auf dem Gipfel lädt das Gasthaus Bergstüb'l zur Rast ein.

Der Nord-Süd gestreckte, 1,5 km lange und rund 0,8 km breite Vulkanitstock gliedert sich in zwei unterschiedlich alte, von der Zusammensetzung aber ähnliche Teile, von denen der ältere vermutlich eine Lavadecke darstellt und der jüngere als Quellkuppe angesehen wird.

Von den sehr ähnlich zusammengesetzten, stets rötlich gefärbten Rhyolithen des Südwestharzes unterscheiden sich die Gesteine des Auerbergs durch ihr graues, gebleichtes Aussehen. Der

Gebleichter Rhyolith vom Großen Auerberg (Handstückbreite ca. 12 cm)

makroskopisch deutlich porphyrisch ausgebildete ältere Rhyolith ist gelblich grau bis beigebraun gefärbt und reich an Einsprenglingen. Neben bis zu 8 mm großen Sanidinen findet man darin vorwiegend milchigen, selten klaren Hochquarz in idiomorphen Kristallen bis zu 1,5 cm Länge. Die bei der Gesteinsverwitterung aus dem Verband gelösten hexagonalen Doppelender lassen sich am Auerberg aufsammeln. Bekannt wurden sie unter der volkstümlichen Bezeichnung „Stolberger Diamanten".

Der weißlich grüne, jüngere Rhyolith hingegen ist feinporphyrisch mit kleineren Einsprenglingen, vornehmlich gerundete oder zerbrochene Quarze und stark zersetzter Sanidin. Die Grundmasse lässt ein Fließgefüge erkennen und erweist sich unter dem Mikroskop als relativ reich an nadelförmigem Turmalin.

Im Allgemeinen sind die Gesteine des Großen Auerbergs schlecht aufgeschlossen. Im Wesentlichen wird man die Betrachtung auf Rollstücke im Wald beschränken müssen. Lediglich südwestlich des Gipfels, oberhalb des Planweges, gibt es zwei kleine Steinbrüche.

Genetisch werden die Rhyolithe des Auerbergs aufgrund ihres geochemischen Fingerabdrucks als extrusives Gegenstück des Ramberggranits angesehen. Nach Süden und Norden schließen sich an das Hauptvorkommen mit Rhyolith der gleichen Zusammensetzung gefüllte Gangspalten an, die etwa die östliche Grenze des Areals der Mittelharzer Gesteinsgänge (siehe Kapitel 5.5) markieren.

Andesit von Hettstedt-Großörner (A4534/07)
Ein isoliertes Vorkommen von permischen Vulkaniten liegt ganz im Osten des Harzes am Rande des Mansfelder Landes. Es ist lediglich in einem Hanganschnitt an der B180 nordwestlich von Hettstedt-Großörner aufgeschlossen. Die Straßenböschung ist übersät mit Blöcken einer vulkanischen Brekzie, bestehend aus groben Fragmenten eines

Vulkanische Brekzie mit Fragmenten von einem andesitischen Mandelstein / Straßenaufschluss bei Hettstedt-Großörner (Handstückbreite 20 cm).

roten „Melaphyrmandelsteins", der chemisch einem Andesit entspricht, die in eine dichte rhyodazitische Matrix eingebettet sind. Die bis mehrere Zentimeter großen, ovalen Gasblasen erfuhren durch das Fließen der Lava eine parallele Regelung und ovale Deformation. Die kompakte Füllung besteht aus Calcit, Chalcedon und grünem Chlorit.

5.3 Vulkanochemite

Gesteine, die sich im Zusammenhang mit vulkanischen Prozessen aus Lösungen ausscheiden, also Fällungsprodukte darstellen, bezeichnet man als **Vulkanochemite**.

Im Harz treten vielfach, verknüpft mit dem vornehmlich untermeerischen Vulkanismus während des Mitteldevons, quarz- und hämatitreiche Vertreter dieser Gesteinsgruppe in Erscheinung. Als hydrothermale Bildungen entstanden diese dort, wo am Meeresboden aufgeheiztes Salzwasser austrat und nach einer Durchmischung mit kaltem, sauerstoffreichem Ozeanwasser Kieselsäure und Eisenoxide in unterschiedlichen Mengen ausschied. Die in linsen- oder scheibenförmigen Korpern auftretenden Vulkanochemite enthalten oft recht viel Eisen, sodass sie früher als Eisenerze (Roteisenstein) Verwendung fanden. Im Zuge der Harzfaltung wurden die Lager genannten Erzkörper oft verstellt oder zu Linsen zerschert. Die Eisengehalte betrugen durchschnittlich 18–25 %, konnten örtlich aber auch höherprozentig sein. Die feinkörnigen, oft schlie-

Großer Strossenbau in der Eisensteingrube Weintraube bei Lerbach. Die bis 4 m hohen Pfeiler bestehen aus derbem Roteisenstein.

Kieseliger Roteisenstein mit Schlieren von Jaspis aus Lerbach (Handstückbreite 15 cm).

Pyritimprägnierter Jaspilit vom Polsterberg bei Altenau (Bildbreite 8 cm).

rig texturierten Roteisensteine führen neben Quarz beziehungsweise Chalcedon (SiO_2) und Hämatit als Hauptkomponenten oft unterschiedliche Anteile von Calcit, Chlorit, Magnetit, Pyrit und silikatischem Detritus.

Für diese weltweit auftretende Art vulkanosedimentärer Eisenerze wurde früher der Begriff „Lahn-Dill-Typus" gebraucht. Heute hat sich die international übliche Bezeichnung „Sedex" (=sedimentär-exhalativ) durchgesetzt.

Die ausgedehntesten Vorkommen mit sehr komplexen Ausbildungsformen liegen im Mittelharz (Elbingeröder Komplex), wo bis 1970 industrieller Eisenerzbergbau umging.

Jahrhundertealter Abbau ging auf dem Oberharzer Diabaszug (mit Schwerpunkten Lerbach, Huttal-Ladekkental, Polsterberg, Kellwassertal bei Altenau und Spitzenberg) sowie im Gebiet zwischen Zorge, Wieda (A4328/33) und Hohegeiß im Südharz um. Hier bezeichnete man die aus sehr quarzreichen Eisensteinen bestehenden Erzkörper früher als „Felsenlager" (Simon 1979).

Jaspilite

Optisch auffälligster Vertreter der Harzer Vulkanochemite ist der besonders in feuchtem Zustand leuchtend rote Jaspis, der als dichte, submikroskopisch feine Mixtur aus kolloidal gefällter Kieselsäure und Hämatit ausgesprochen hart und spröde ist. Er tritt meist gemeinsam mit Roteisenstein in Form von Schlieren oder Nestern auf. Als Eisenerz unbrauchbar, findet man das von den Bergleuten abfällig als „Feuerwacke" oder „Rotplack" bezeichnete Material reichlich auf den Halden der früheren Eisensteingruben.

Das oft hübsch gemaserte Material lässt sich gut polieren und als Schmuck- und Dekorstein verwenden. In einigen Fällen kann darin auch feinverteilter Pyrit vorhanden sein.

Einen sehr guten untertägigen Aufschluss bietet das Schaubergwerk Büchenberg bei Elbingerode (A4330/14). Fundmöglichkeiten bestehen praktisch im gesamten Revier, das durch einen am Schaubergwerk beginnenden Bergbaulehrpfad erschlossen ist. Reichlich Material bieten die Halden des Charlottenstollens (A4330/17), die von der Weißkopfchaussee aus erreichbar sind. Gelegentlich fand Haldenmaterial als Packlage beim Wegebau Verwendung. Hier fällt der leuchtend rote Jaspis insbesondere bei Regenwetter sofort ins Auge.

„Harzer Blutstein"

Eine petrographische Besonderheit stellt dieser ausschließlich auf der früheren Schwefelkiesgrube Einheit (Drei Kronen und Ehrt) gefundene, hydrothermal überprägte Keratophyr dar. Der stark brekziierte, durch Chlorit grün gefärbte Vulkanit zeigt eine teilweise Verdrängung durch roten Jaspis (Silifizierung) und wurde während eines jüngeren Stadiums der Mineralisation von goldgelbem Pyrit netzwerkartig durchädert. Diese markante, auf die Stirnfront eines Lavastroms beschränkte Ausbildungsform entdeckte man 1984 in 350 m Tiefe oberhalb der 13. Sohle. Das als Pyrit führende Keratophyrklastolava bezeichnete Gestein wurde zur Zeit der DDR abgebaut und diente zur Fertigung von Schmuck- und Dekorgegenständen, die als „Konsumgut" unter dem Namen „Harzer Blutstein" veräußert wurden. Seit 1990 ist die Fundstelle von diesem Material, das es in dieser Form sonst nirgendwo gibt, endgültig erloschen. Gute Stücke stellen inzwischen ziemliche Raritäten dar.

Harzer Blutstein (Handstückbreite 15 cm)

5.4 Tiefengesteine

5.4.1 Mafische und ultramafische Gesteine

Das einzige norddeutsche Vorkommen von „dunklen“ Tiefengesteinen liegt im Nordharz südlich von Bad Harzburg und wird heute als **Harzburger Basitkomplex** bezeichnet. Der sehr uneinheitlich aufgebaute Tiefengesteinskörper weist im Ausstrich eine Nord-Süd-Ausdehnung von circa 6 Kilometern und eine Ost-West-Erstreckung von maximal 3 Kilometern auf. Die besten Aufschlüsse bietet das Radautal. Die bereits während des Ausklingens der Harzfaltung im Oberkarbon vor rund 290 Millionen Jahren erfolgte Intrusion ist etwas älter als die des im Südosten angrenzenden Brockengranits, der pilzförmig den älteren Komplex überlagert. Nach SOHN (1953) zeigt die Intrusion eine Aufwölbung entlang seiner NE-SW streichenden Mittelachse und mikroskopisch erkennbare Mineraleinregelungen. Die geophysikalischen Befunde sprechen für eine steil in die Tiefe setzende Spaltenintrusion.

Ein direkter Kontakt zwischen den Basiten und dem Brockengranit ist nirgends aufgeschlossen. Zwischen beiden steckt die tektonisch aus der Tiefe emporgeschobene Scholle des Eckergneises (siehe Kapitel 8.1).

Die für den Harz ungewöhnlichen Gesteinsarten weckten bereits früh wissenschaftliches Interesse, zum Beispiel HAUSMANN (1842). Später folgten ausführliche geologisch-petrographische Bearbeitungen von LOSSEN (1883) und ERDMANNSDÖRFER (1927), der das Gebiet 1900–1914 eingehend kartierte und wesentlich dazu beitrug, dass dieses Basitvorkommen als Klassiker in das deutschsprachige Geoschriftum einging. Detaillierte mikroskopische und petrochemische Daten legten SOHN (1957) und VINX (1979, 1982) vor. Eine aktuelle Darstellung der Mineralogie geben STEINKAMM & GRÖBNER (in Druck).

Der primäre Mineralbestand dieser kieselsäurearmen Plutonite umfasst eigentlich nur vier silikatische Hauptkomponenten, nämlich Olivin, Ortho- und Klinopyroxene sowie calciumreichen Plagioklas. Hinzu gesellen sich mehr oder weniger untergeordnet Hornblende, Biotit, Spinelle (Magnetit, Picotit), Ilmenit, Pyrrhotin, sowie in Sonderfällen Kalifeldspat und Quarz. Aufgrund von Alterations- und Verwitterungseinflüssen weisen die magnesiumreichen Minerale Olivin und Orthopyroxen eine mehr oder weniger ausgeprägte Umwandlung in das wasserhaltige Schichtsilikat Serpentin auf (**Serpentinisierung**). Eine besondere Form ist die sogenannte Bastitisierung.

Die große Gesteinsvielfalt hat ihre Ursache in der „magmatischen Differentiation“ und der Aufnahme von Fremdmaterial („Assimilation“). Die verschiedenen Gesteinsarten wechseln nicht selten im Meterbereich, gehen manchmal fließend ineinander über.

Bezüglich der örtlichen Verbreitung der Hauptgesteinsarten zeigt das Gebiet eine grobe Zweiteilung. Während im Südteil (Bastegebiet, Radaubruch) magnesiumreiche Norite (bestehend aus Orthopyroxen + Plagioklas ± Olivin) mit Einlagerungen von Ultramafititen (Pyroxenite, Olivin-Pyroxenite, Harzburgit) vorherrschen, besteht der Nordteil des Komplexes vorwiegend aus Gabbros beziehungsweise Gabbronoriten (Augit + Orthopyroxen + Plagioklas), die zum Teil sehr eisenreich sein können (Ferrogabbros). VINX (1979, 1982) konnte für den Harzburger Basitkomplex einen „geschichteten“ Aufbau nachweisen, der als Folge komplizierter magmatischer Differentiationsvorgänge interpretiert wird. Eine Gesamtbetrachtung ist insofern problematisch, da der Südteil schlecht aufgeschlossen und großflächig von Mooren bedeckt ist.

Spannende Ergebnisse lieferte eine 1983/84 rund 400 m tief niedergebrachte Kernbohrung im Bastegebiet. In der Tiefe wurden damit hauptsächlich frische, zum Teil sehr grobkörnige ultramafische Gesteine (dunitische Harzburgite, Pyroxenite) getroffen, die bis zu 5% feinverteilten Chromspinell führten. Eine bis dahin unbekannte Besonderheit bilden bis zu 20 cm große Orthopyroxen-Kristalle, die in Bohrkernen beobachtet wurden.

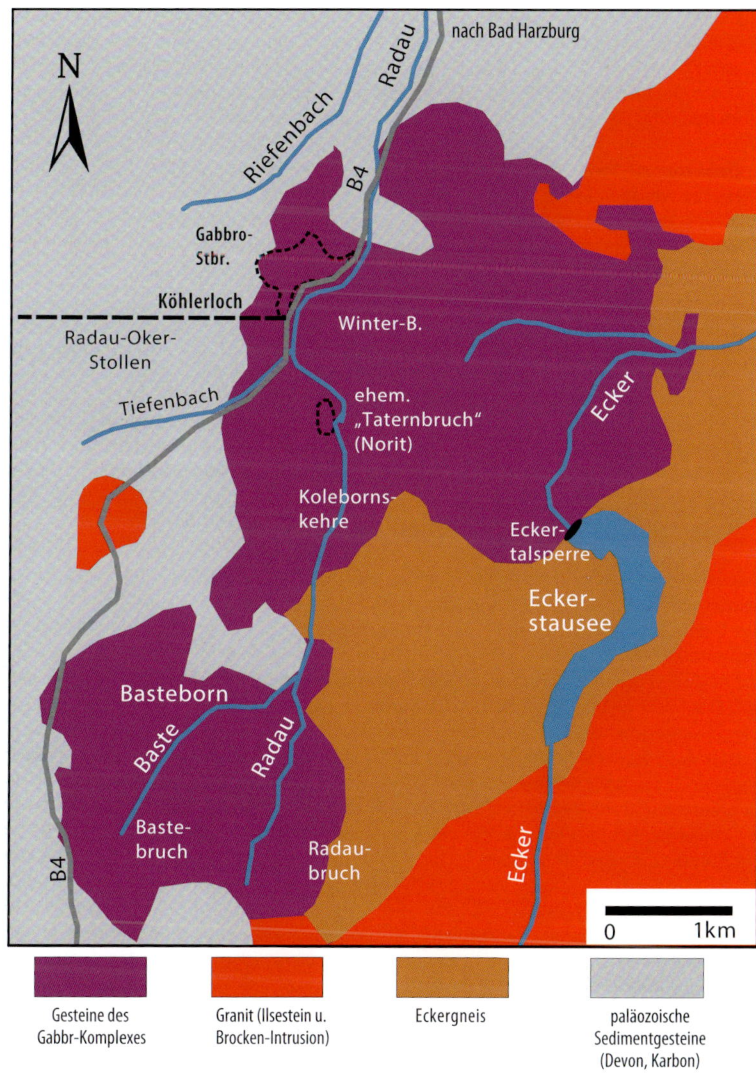

Übersichtskarte des Harzburger Basitkomplexes

VINX (1979) gliedert die Gesteine des Harzburger Basitkomplexes anhand der Magnesium- und Eisengehalte in drei Serien:

1. ***Ferrogabbro-Serie = Hangend-Serie***
   Diese Gesteine zeichnen sich durch relativ niedrige Magnesiumgehalte, aber hohe Eisengehalte aus, sie werden daher Ferrogabbros genannt. Dunkle Komponenten sind eisenbetonter Klinopyroxen (Augit), eisenreicher Orthopyroxen (Hypersten) und, sehr charakteristisch, Fayalit, das eisenreiche Endglied der Olivin-Mischkristallreihe. Diese Gesteinsart ist insbesondere auf den oberen Strossen des Gabbrosteinbruchs im Radautal aufgeschlossen.

2. ***Gabbronorit-Serie***
   Hierzu werden die meisten Gesteine im nördlichen Teil des Harzburger Basitkomplexes gerechnet. Neben Plagioklas mit mittleren Anorthitgehalten (An 55–60) halten sich Ortho- und Klinopyroxene mengenmäßig fast die Waage. Biotit tritt untergeordnet auf. Olivin kann vorhanden sein, fehlt aber meistens.

3. ***Liegend-Serie***
   Die hierzu gerechneten Gesteine sind ausschließlich im Süden des Komplexes zu finden. Kennzeichnend ist die Vorherrschaft von magnesiumreichem Orthopyroxen (Enstatit-Bronzit) und magnesiumreichem Olivin (Forsterit). Das Spektrum reicht von nahezu feldspatfreien Ultramafititen wie Harzburgite (Olivin + Orthopyroxen), Lherzolithe (Olivin + Orthopyroxen + Klinopyroxen) oder Orthopyroxenite über Olivinnorite (Orthopyroxen + Plagioklas + Olivin) und Norite (Orthopyroxen + Plagioklas) bis zu Troktolithen (Olivin + Plagioklas). Die ultramafischen Gesteine treten mengenmäßig stark in den Hintergrund.

Ganz allgemein kann festgestellt werden, dass magnesiumreicher Olivin und magnesiumreicher Orthopyroxen sowie etwas Chromspinell als magmatische Frühausscheidungen, der Erdanziehungskraft folgend, sich am Boden der Intrusion anreicherten und einen „magmatischen Bodensatz" bildeten. Die in den darüber folgenden Zonen zusammen mit Pagioklas auskristallisierten dunklen Gemengteile weisen zunehmende Eisengehalte auf. Durch die Dynamik der Platznahme wurden im plastischen Zustand magmatische Lagen aufgebrochen und verwirbelt, wodurch sich das Auftreten der ultramafischen Gesteine als isolierte schlierige Körper erklärt. Noch gegen Ende der Erstarrung ließen anhaltende tektonische Bewegungen Scherflächen entstehen, auf denen wässrige Phase zirkulierten und zur Neubildung von Hornblende, Biotit, Chlorit und Serpentin führten.

Im Folgenden sollen einige der markantesten Gesteinsarten aus dem Bad Harzburger Komplex vorgestellt werden.

Gabbronorit im Radautal

Diese diplomatisch gewählte Bezeichnung steht für die Hauptgesteinsart, die beiderseits des Radautals ansteht und in einem großen Steinbruch an der westlichen Talseite (A4128/29) gewonnen wird. Das graue, meist mittelkörnige, manchmal auch grobkörnige Gestein wirkt wegen seines nur mäßigen Anteils an dunklen Gemengteilen (Farbzahl 30) für einen Basit eher hell. Es besteht aus 70 % Plagioklas, 13 % Orthopyroxen, 15 % Klinopyroxen, 2 % Biotit und Hornblende, und Spuren von Quarz und Kalifeldspat. Olivin und Chromspinell fehlt hier.

Ein olivinfreier Gabbro-Gabbronorit wurde früher weiter oben im Radautal an der Nordecke des Radauberges abgebaut (Taternbruch, A4128/30). In der Literatur wurde das Gestein früher fälschlich als Norit bezeichnet. Das Gestein repräsentiert das mittlere Stockwerk der Basit-Intrusion. Der aufgelassene Steinbruch steht wegen seiner Fauna und Flora (zum Beispiel zahlreiche Knabenkräuter) heute unter Naturschutz. Der Mineralbestand umfasst nach Vinx (1979) 13,5 % Orthopyroxen, 25,7 % Klinopyroxen, 0,3 % Biotit, 1,4 % Chlorit, 58,7 % Plagioklas, 0,3 % Quarz und 0,1 % Kalifeldspat.

Ferrogabbro

Diese recht grobkörnige Gesteinsart findet sich auf den oberen Abbaustrossen des Gabbrosteinbruchs im Radautal. Im frischen Anbruch wirkt der Ferrogabbro wesentlich dunkler als der „normale" Gabbronorit. Nach einsetzender Verwitterung ist dieser leicht an der rostbraunen Farbe zu erkennen. Im Bereich der oberflächennahen Zersatzzone neigt Ferrogabbro zu einer eigentümlichen Form der Wollsackverwitterung. Große quaderförmige Blöcke lösen sich schalig auf und zerfallen zu einem rotbraunen Grus, wobei sie zunehmend kleiner und runder werden. Am Ende dieser Entwicklung reduziert sich ein fast Kubikmeter großer Block auf eine nur noch handball- oder faustgroße Kugel, deren Inneres aber absolut unverwittert vorliegt (Abbildung Seite 97). Die durchschnittliche modale Zusammensetzung beträgt etwa: 45 % Plagioklas (An 49–57), 10 % Orthopyroxen (eisenreich), 20 % Klinopyroxen, 10 % Olivin (fayalitreich), 10 % Biotit, 5 % Opake (Magnetit, Ilmenit, Pyrrhotin) sowie akzessorisch Zirkon und Apatit.

Gabbrosteinbruch im Radautal bei Bad Harzburg

„Normaler“ Gabbronorit aus dem Radautal (Handstückbreite 12 cm)

Ferrogabbro aus dem Steinbruch im Radautal – wesentlich dunkler wirkend als die oben abgebildete Probe (Handstückbreite 12 cm).

Kugelig verwitterter Ferrogabbro mit typisch rostig brauner Oberfläche (Bildbreite ca. 15 cm).

(Biotit-)Hornblende-Gabbros

Hierbei handelt es sich um mafitreiche Gesteine, deren Mineralbestand „postmagmatisch", insbesondere durch die Aufnahme von Wasser, eine Veränderung erfuhr. Diese sind nicht sehr häufig, doch können als kleine schlierige Körper im Bereich einstiger Scherflächen im Gabbrosteinbruch hin und wieder beobachtet werden.

In Gegenwart von Wasserdampf gegen Ende der magmatischen Phase kann sich Pyroxen ganz oder teilweise in Amphibol (Hornblende) umwandeln. Dieses Silikat enthält Wasser in Form von OH-Gruppen. Dabei entstehen nicht selten Pseudomorphosen von Hornblende nach Orthopyroxen, die in der Gesteinskunde als „Uralit" bezeichnet werden. Bei anhaltender hydrothermaler Umwandlung entstehen wasserhaltige Schichtsilikate wie Biotit und Phlogopit, sowie, sozusagen als jüngster Verdränger dieser Reihe, Chlorit. Die Plagioklase erfahren ebenfalls mehr oder weniger starke Veränderungen, wobei sich Chlorit, Serizit, Calcit und Albit neu bilden (Saussuritisierung).

Sulfidreiche Gabbros

Einige dunkle Gabbrovarietäten weisen recht hohe Gehalte an Eisensulfiden auf. Haupterzmineral ist der tombakbraune Pyrrhotin (Magnetkies), der teils diffus im Gestein verteilt und teils in derber Form schlierige Anreicherungen bildet. Das Spektrum reicht von wenige Zentimeter großen Nestern und einzelnen Butzen bis zu mehrere Zentner schweren Massen. Die meisten Funde liegen von den unteren Strossen des Harzburger Gabbrosteinbruchs vor. Auch beim Vortrieb des Anfang der 1980er Jahre aufgefahrenen Oker-Radau-Stollens, dessen Einlaufmundloch direkt neben der Werkszufahrt zum Bruch liegt, traf man wiederholt auf solche Erzschlieren. Der vererzte Gabbro ist grobkörnig und recht dunkel und weist nicht selten hohe Anteile von grüner Hornblende und braunem Biotit auf.

Hornblendegabbro (Handstückbreite 12 cm)

Der magmatisch gebildete Pyrrhotin zeigt unter dem Erzmikroskop interessante Verwachsungen mit Ilmenit, Chalkopyrit (Kupferkies), Pyrit, dem Nickelmineral Pentlandit, Cobaltin, Molybdänit und Graphit. Diese Mineralgesellschaft ist recht typisch für sogenannte „Nickel-Magnetkies-Erze", die weltweit verknüpft mit Gabbros oder Noriten auftreten und heute die wichtigste Quelle für das Stahlveredler-Metall Nickel darstellen. Weltgrößte Erzlagerstätte dieses Typs ist Sudbury in der kanadischen Provinz Ontario.
Während der magmatischen Frühausscheidung bei Temperaturen von mehr als 1.000 °C liegen die geschmolzenen Sulfide in Form diffus verteilter kleiner Tröpfchen in der Silikatschmelze vor. Da beide Schmelzen nicht mischbar sind, neigen die schwereren Sulfide dazu, sich vornehmlich an der Basis in Schlieren zu sammeln. Nickel tritt dabei vornehmlich in Form des nur mikroskopisch erkennbaren Nickel-Eisen-Sulfids Pentlandit auf. Dieser bildet feine flammenförmige Entmischungskörper im Pyrrhotin.

Als potenzielles Nickelerzvorkommen rückte der Harzburger Gabbro schon Anfang des 20. Jahrhunderts in den Blickpunkt der Rohstoffgeologen (FROMME 1927). Im Rahmen der Erkundung wurden auch Schürfbohrungen durchgeführt, doch erwiesen sich die gefundenen Erze mit Nickelgehalten von nur 0,01 % als nicht abbauwürdig.

Norite im Bastegebiet

Der meist feinkörnig ausgebildete olivinfreie Norit wirkt optisch erstaunlich hell. Bei gröberer Ausbildung lässt sich mit dem bloßen Auge der hellbronzefarbene Orthopyroxen (Bronzit) an den glänzenden Spaltflächen leicht ausmachen. Nach SOHN (1957) ergibt sich aus drei Proben folgender durchschnittlicher Modalbestand: 56 % Plagioklas (An 75–80), 42 % Orthopyroxen, 1 % Klinopyroxen, 1 % Biotit und Hornblende, <1 % Opake (Ilmenit, Sulfide).

Funde beschränken sich hier und im Oberlauf der Radau auf Rollstücke.

Heller, olivinfreier Norit (links) und dunkler, „gesprenkelter" Olivinnorit (rechts) aus dem Bastegebiet (Breite beider Handstücke 5 cm).

Olivinnorit

Diese meist grobkörnige Gesteinsart fällt durch ihr oft gesprenkeltes Aussehen auf. Der Olivin wirkt hier infolge der mehr oder weniger fortgeschrittenen Umwandlung in Serpentin nahezu schwarz und bildet einen starken Kontrast zu den hellgrauen Feldspäten. Die ebenfalls eher hellen Orthopyroxene unterscheiden sich durch ihre markant glänzenden Spaltflächen.

Gelegentlich weisen die mafischen Bestandteile auch starke Anreicherungen auf. Gabbroide Gesteine mit einer Farbzahl >65 erhalten die Vorsilbe **Mela**. Übersteigt dieser Wert 90, so liegt ein echter Ultramafitit vor. Im Harzburger Basitkomplex bestehen fließende Übergänge zwischen Olivin führenden Noriten, Melaolivinnoriten und Harzburgiten.

Die aus dem Bastegebiet im Bereich des Wiesenwegs, nördlich der Lerchenköpfe, stammenden Stücke enthalten kleine, gut erhaltene Olivine und etwas Chromspinell als die frühsten Kristallisate („Kumulusolivin"). Diese werden von wesentlich größeren (bis 5 cm), später gebildeten Orthopyroxenen umschlossen. Matt wirkender Plagioklas füllt die Zwickel dazwischen aus.

Nach Vinx (1983) weisen die Olivinnorite folgende Modalbestände auf: 13,9–18,3 % Plagioklas, 15,6–23,0 % Orthopyroxen, 4,7–4,9 % Klinopyroxen, 64,5–74,8 % Olivin (mit 11–24 Molprozent Fa), 0,8–1,2 % Chromspinell, 0,1 % Amphibol, 0,2 % Biotit, 0,3 % Opake.

Auffällig ist das ungleichkörnige Gefüge des stark serpentinisierten, markant grünlich wirkenden Gesteins. Aus der dichten dunkelgrünen Grundmasse heben sich deutlich bis 5 cm große, tafelige Orthopyroxenkristalle ab, die größtenteils bastitisiert vorliegen. Ein weiteres Produkt der hydrothermalen Überprägung ist der darin verbreitet in wenige Millimeter großen Plättchen anzutreffende magnesiumreiche Glimmer Phlogopit.

Noritpegmatit

Noritpegmatit ist eine alte Bezeichnung für sehr grobkörnige noritische Gesteine, die im Harzburger Basitkomplex allerdings nur selten zu finden sind. Der Begriff Pegmatit steht eigentlich für grob- bis riesenkörnige granitische Gesteine. Die bekannteste, heute aber weitgehend erloschene Fundstelle für anstehenden pegmatitischen Norit ist die Kolebornskehre im oberen Radautal (A4128/31, vgl. Harzburgit). Mit geübtem

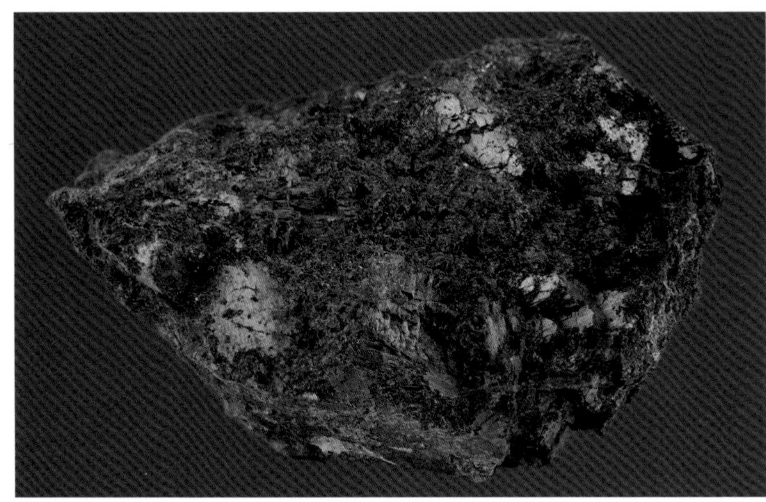

Grobkörniger Mela-Olivinnorit mit glänzenden Orthopyroxen-Kristallen, Steinbruch Radautal (Handstückbreite 15 cm).

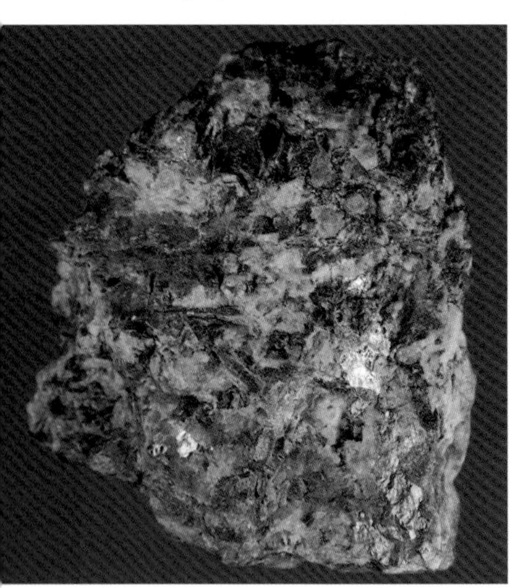

Noritpegmatit von der Kolebornskehre (Handstückbreite 10 cm)

Auge lässt sich das Gestein gelegentlich als Rollstück im Bachbett der Radau beobachten.

Die im normalkörnigen Norit lediglich einige Millimeter bis einen Zentimeter großen Mineralkörner liegen hier in Dimensionen von mehr als 5 Zentimetern vor. Von den beiden Hauptkomponenten Plagioklas und magnesiumreicher Orthopyroxen fällt besonders letzterer durch die bronzebraun schillernden Spaltflächen ins Auge. In deutlichem Kontrast dazu steht der hellgraue, durch etwas Chlorit und Serizit leicht grünlich wirkende Plagioklas, der als Matrix die stärker eigengestaltig entwickelten Pyroxenkristalle einschließt. Das außergewöhnliche Gestein bildet jüngere Gänge oder schlierenförmige Körper von geringer Mächtigkeit innerhalb der noritischen Gesteine der Liegendserie.

Troktolith

Eine sehr auffällige, allerdings recht seltene Gesteinsart ist der früher auch als Forellenstein bezeichnete Troktolith. Typisch für das vorwiegend grobkörnig ausgebildete Gestein ist eine hellgraue mittelkörnige Feldspatmatrix mit darin unregelmäßig ein-

Troktolith aus dem oberen Radautal (Handstückbreite 12 cm)

gesprengten grünschwarzen Olivinkörnern, wodurch sich ein markant gepunktetes Texturbild ergibt. Der volkstümliche Name rührt von der mit etwas Fantasie auszumachenden Ähnlichkeit mit der Haut einer Bachforelle her. Im oberen Radautal und um den Basteborn herum tritt dieses seltene Gestein verknüpft mit hellen, feldspatreichen und pyroxenarmen Olivinnoriten auf. Gelegentlich kommt es in der Geröllfracht der Radau vor.

Der magnesiumreiche Olivin ist größtenteils in Serpentin umgewandelt; während der calciumreiche Plagioklas noch recht frisch erscheint.

Ein typischer Troktolith, wie ihn die Abbildung oben zeigt, weist nach Vinx (1979) folgende modale Zusammensetzung auf: 59,9 % Plagioklas (An 60–80, Übergang Labradorit – Bytownit), 32,9 % Olivin (zu 77 % serpentinisiert), 2,5 % Orthopyroxen, 1,9 % Klinopyroxen, 1,6 % Hornblende, 0,6 % Biotit und 0,6 % Chlorit.

Serpentinisierung und Bastitisierung

Das zur Familie der Inselsilikate gehörende, in frischem Zustand grüne Magnesium-Eisen-Silikat Olivin entstammt dem oberen Erdmantel, wo es in einem nahezu wasserfreien Milieu unter sehr hohen Druck- und Temperaturbedingungen stabil gebildet wurde. Gelangt das Mineral durch vulkanische oder tektonische Vorgänge in die Nähe der Erdoberfläche, wo ganz andere physikalisch-chemische Bedingungen herrschen, so wird es rasch instabil. Durch Wasseraufnahme verwandelt sich magnesiumreicher Olivin schnell in das Magnesiumhydrosilikat Serpentin. Die freigesetzten Eisenanteile gehen dabei unter reduzierenden Bedingungen meist in Eisenoxide (Magnetit) über. In fein verteilter Form verleiht er dem so veränderten Olivin eine schwarze Farbe. Diese als **Serpentinisierung** bezeichnete Umbildung betrifft mehr oder weniger ausgeprägt alle Ultramafitite des Harzburger Komplexes.

Auch magnesiumreiche Orthopyroxen werden auf diese Weise umgewandelt. Dabei bildet sich, unter Beibehaltung der urspünglichen Kristallform und bevorzugt orientiert nach bestimmten kristallographischen Richtungen des Pyroxenkristalls, feinfaseriger Serpentin (Lizardit), der den Spaltflächen einen seidigen, teils metallisierenden Schimmer verleiht. Solche Pseudomorphosen von Serpentin nach Orthopyroxen werden nach dem Forsthaus bei Torfhaus **Bastit** genannt. In der Mineralogie bezeichnet man diese Art der Umwandlung als Bastitisierung.

Ultramafische Gesteine

Das Vorkommen solcher sehr dunkler Magmatite mit weniger als 10 % heller Minerale beschränkt sich im Harz auf den südlichen Teil des Harzburger Basit-Komplexes.

Bronzitit

Dieser Name steht für einen magnesiumreichen Vertreter der Pyroxenitfamilie, der in meist ausgesprochen grobkörniger Ausbildung in Form von Lesesteinen oder erratischen Blöcken im Bereich des Grenzweges östlich der Bastesiedlung zu finden ist. Der Zusammensetzung nach handelt es sich um Übergänge zwischen orthopyroxenreichen Melanoriten und reinen Orthopyroxeniten. Die abgebildete Probe weist folgende modale Zusammensetzung auf: 15 % Plagioklas, 80 % Orthopyroxen, 3 % Klinopyroxen, 0,1 % Biotit und 1,9 % Opake.

Ein im Rahmen des „gesteinskundlichen Lehrpfades“ von St. Andreasberg ausgestelltes Exemplar zeigt eine auffällige Wechsellagerung von dunklem Harzburgit und hellem Olivinnorit im Zentimeter- bis Dezimeter-Bereich. Besonders die angewitterte Oberfläche lässt eine magmatische Bänderung erkennen.

Orthopyroxenit („Bronzitit“) aus dem Radaubruch (Handstückbreite 10 cm)

Das aus der Umgebung des Basteborns stammende Stück gehört nach Vinx (1979) zur Liegendserie des Harzburger Komplexes. Die lagige Textur, hervorgerufen durch eine wechselweise Ausscheidung von extrem olivin- und plagioklasreichen Kristallisaten deutet nach Vinx (1983) auf eine geschichtete Intrusion hin.

Harzburgit aus dem Radautal

Dieses, früher landläufig Schillerfels genannte, schwarze Gestein verdankt seinen Namen den metallisierend schimmernden Spaltflächen der oft großen Orthopyroxenkristalle, die stets ins Auge fallen. Eingang in die Literatur erfuhr der heutige Name 1877 durch den berühmten Heidel-

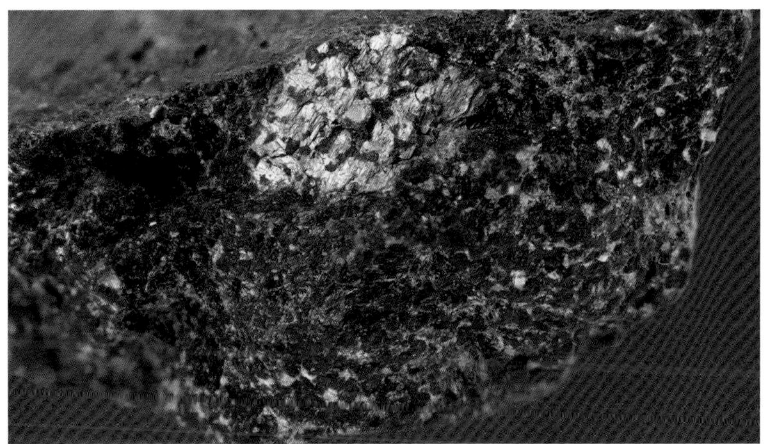

Sehr grobkörniger Harzburgit mit „schillerndem" Orthopyroxen von der Kolebornskehre im Radautal (Bildbreite 5 cm).

berger Petrographen Harry Rosenbusch. Er wurde auch in der heutigen Streckeisen-Nomenklatur beibehalten und steht jetzt international für ultramafische Gesteine, die hauptsächlich aus Olivin und Orthopyroxen bestehen.

Der fast immer mittel- bis grobkörnige Harzburgit enthält als Hauptkomponenten Olivin und magnesiumreiches Orthopyroxen, die stets mehr oder weniger stark serpentinisiert vorliegen, sowie rund 10% Plagioklas, womit dieses Gestein meist an der Grenze zum Melaolivinnorit liegt.

Die zuerst kristallisierten, meist stark in Serpentin umgewandelten, wenige Millimeter großen rundlichen Olivine werden von oft mehrere Quadratzentimeter großen Orthopyroxenen (Bronzit) umschlossen. Man spricht von einer poikilitischen Verwachsung (Abbildung oben). Nur mikroskopisch bestimmbar ist der schwarze, im Dünnschliff gelbbraune Magnesium-Chrom-Eisen-Spinell Picotit $(Fe,Mg)(Al,Cr,Fe)_2O_4$, der akzessorisch in den serpentinisierten Harzburgiten weit verbreitet vorkommt.

Als „Typlokalität" gilt der sogenannte Hausmann'sche Fundpunkt im Bastegebiet, wo der Harzburgit annähernd feldspatfrei auftritt. Dieser Ort liegt im Nationalpark Harz und ist daher heute nicht mehr zugänglich

Bekannteste Fundstelle ist die „Kolebornskehre" (A4128/31), eine rund 100 m lange Böschung an der vom Radautal zum Molkenhaus führenden Forststraße. Dieses bedeutende Geotop bietet wegen starken Bewuchses heute leider nur einen bescheidenen Aufschluss des ohnehin stark verwitterten Gesteins. Kleinere Rollstücke sind der Regel problemlos zu finden.

Für das Gestein von Hausmann's Fundpunkt nennt Sohn (1957) folgende modale Zusammensetzung: 2% Plagioklas, 32% Orthopyroxen, 66% Olivin (stark serpentinisiert) und in Spuren Chromspinell, Phlogopit sowie Magnetit.

Harzburgit, wie auch andere Gesteine ultramafischer Zusammensetzung im Gebiet von Bad Harzburg, zählen vom Gefüge her zu den Kumulusgesteinen, das heißt sie bilden Zusammenballungen von Kristallen der magmatischen Frühausscheidung, die sich als Bodensatz angereichert haben.

Normalkörniger Harzburgit von der Kolebornskehre (Handstückbreite 12 cm)

Stark verwitterter Harzburgit im Aufschluss an der Kolebornskehre im Radautal.

Dichter Nephrit mit faserigem Bruch (Bildbreite 12 cm).

Nephrit

Diese seltene Gesteinsart, die im Gebiet von Bad Harzburg zusammen mit Ultramafititen auftritt, bildet Gänge von wenigen Zentimetern bis einigen Dezimetern Mächtigkeit oder auch knollige Aggregate. Der weißlich grüne bis grünlich graue, manchmal gefleckte Nephrit ist sehr dicht und verwittert zu einem asbestartigen Material, das sich seifig anfühlt. Das extrem feinfilzige Gefüge verleiht dem Gestein eine ungeheure Zähigkeit, die es in der Steinzeit zum begehrten Rohstoff zur Herstellung von Steinwerkzeugen und -waffen machte. Mineralogisch besteht es fast ausschließlich aus Amphibolen der Aktinolith-Grammatit-Reihe in mikrokristalliner Ausbildung. Hier handelt es sich nicht um eine metamorphe Bildung, sondern um das Produkt einer postmagmatischen Umlagerung unter der Einwirkung heißer wässriger Lösungen. Das Auftreten scheint an Scherzonen in ultramafischen Körpern gebunden zu sein, wo eine Zufuhr von Calcium stattfand.

Fundbeschreibungen liegen von FROMME (1932) vor. Neben der bekannten, heute weitgehend erloschenen Fundstelle an der Kolebornskehre im Radautal(A4128/31) lieferte der sogenannte Hausmann'sche Schurf gutes Material, das von KLUGE (1967) ausführlich untersucht wurde. Das abgebildete Stück stammt aus dessen Nachlass.

5.4.2 *Intermediäre Gesteine*

Tiefengesteine von intermediärer Zusammensetzung sind im Harz relativ selten und machen nur kleine Bereiche von meist inhomogener Zusammensetzung innerhalb des Harzburger Basitkomplexes aus. Eine Unterscheidung zwischen Diorit und Gabbro ist makroskopisch am Handstück in der Regel nicht möglich. Ausschlaggebend für die

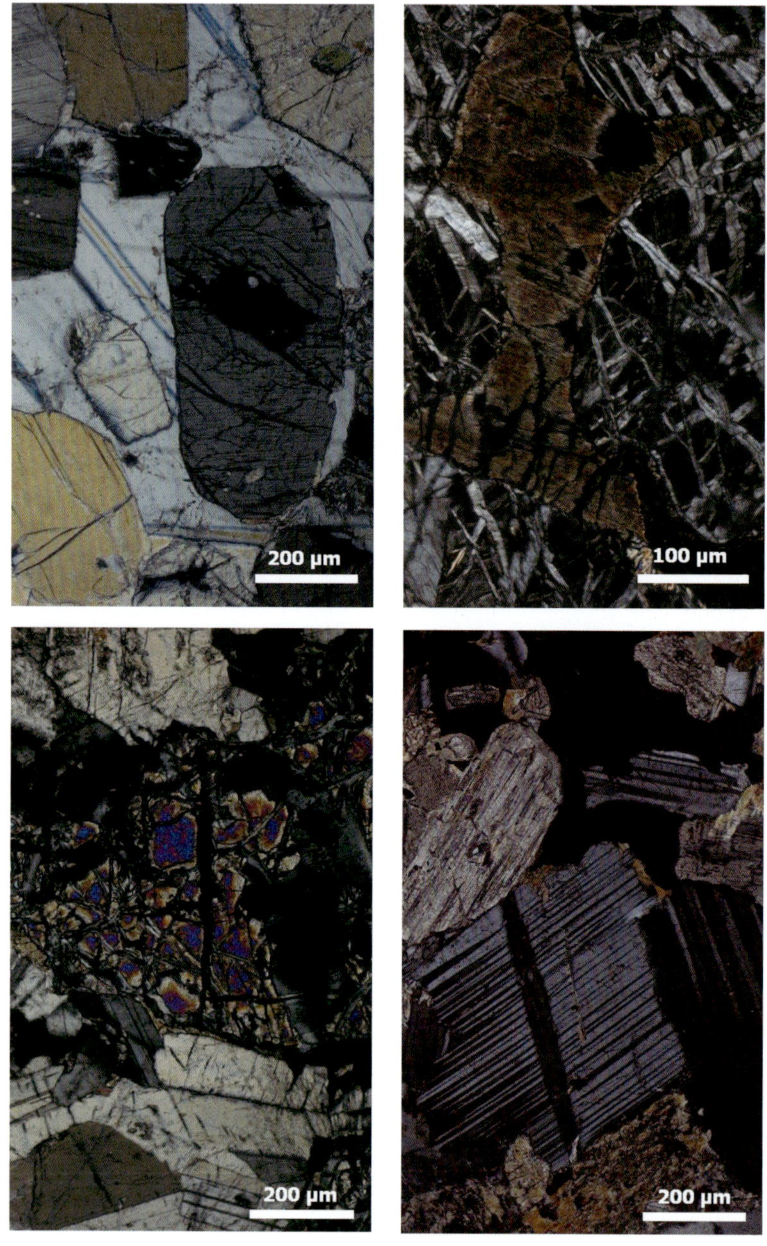
200 µm
100 µm
200 µm
200 µm

Einordnung ist der Anorthitgehalt der Plagioklase. Bei gabbroiden Gesteinen liegt der An-Wert über 50, das heißt es handelt sich um calciumreiche Mischkristalle, während diese in Dioriten natriumreich (An <50) sind.

Diorite
Untersuchungen von Henschke (1982) haben gezeigt, dass es am Westrand des Harzburger Basitkomplexes an einigen Stellen Übergänge von Gabbros in dioritische Gesteine gibt. Vorkommen gibt es im Riefenbachtal, wo es leider an brauchbaren Aufschlüssen mangelt. Diese sind mittelkörnig, von mittelgrauer Farbe und führen 26–54 % Plagioklas, 0–10 % Kalifeldspat, 0–25 % Quarz, bis zu 30 % Klinopyroxen und bis zu 20 % Hornblende und Biotit.

Monzonitische und syenitische Hybridgesteine
Als Hybridgesteine bezeichnet man eine Gruppe von sehr unterschiedlich zusammengesetzten, vorwiegend intermediären Gesteinen, die im oberen Stockwerk der Harzburger Basitintrusion unregelmäßige Einschlüsse und gangartige Schlieren bilden. Aufschlüsse davon bietet nur der Gabbro-Steinbruch im Radautal. Die Ursache für die Gesteinsbildungen ist in der vollständigen oder teilweisen Aufschmelzung („Assimilierung“) von Fremdmaterial durch die heiße Gabbroschmelze zu sehen. Im Wesentlichen handelt es sich um Sedimentgesteine des Dachgebirges, die bei der Intrusion in Form von kleineren Spänen mitgerissen und „verdaut“ wurden. In solchen Fällen spricht man von einem hybriden Magma, das sich mehr oder weniger stark mit dem gabbroiden Magma vermischt. Allerdings dürfte die Wärmeenergie der zwar mehr als 1.000 °C heißen, jedoch von der Masse nicht allzu großen Gabbroschmelze nur zur Aufschmelzung kleiner Bruchstücke vornehmlich wasserhaltiger Gesteine (Tonschiefer und Grauwacken) ausgereicht haben. Das Resultat sind lokal ausgebildete, monzonitische, syenitische und granitische Gesteine. Letztere treten als scharfbegrenzte Gänge (siehe Kapitel 5.5) in Erscheinung. Als recht unverdaulich, das heißt nicht schmelzbar, erwiesen sich reine Sand- oder Kalksteine, die durch eine intensive kontaktmetamorphe Überprägung zu Quarziten und Marmoren rekristallisierten (siehe Kapitel 8.2).

Hybride Gesteine monzonitischer Zusammensetzung mit etwa gleich viel Plagioklas und Kalifeldspat fallen durch ihr grobporphyrisches Gefüge mit zentimetergroßen grauen oder leicht rosa gefärbten Kalifeldspäten in einer dunklen mittelkörnigen Grundmasse auf. Dunkle Minerale sind Klinopyroxen, Hornblende und Biotit.

Syenitische Varietäten erscheinen deutlich heller, enthalten kaum Plagioklas und sind durch einen insgesamt geringeren Mafitanteil gekennzeichnet.

◀ *Gesteine des Harzburger Basitkomplexes im Dünnschliff unter dem Polarisationsmikroskop:*
l.o.: Olivinnorit mit Olivin (bunte Interferenzfarben), Pyroxenen und Plagioklas (hellgrau)
r.o.: Gabbronorit mit Pyroxenen (bräunlich grau) und stark verzwillingtem Plagioklas (fein schwarz und grau gestreift)
l.u.: Pyroxenit mit großen leicht gerundeten Orthopyroxenen (gelblich braun bis grau, fein gestreift) und Plagioklas (hellgrau) in den Zwickeln
r.u.: Harzburgit mit in Serpentin umgewandelten runden Olivinkörnern, dazwischen bräunlicher Orthopyroxen

Monzonit mit Porphyroblasten von Kalifeldspat aus dem Gabbrosteinbruch (Handstückbreite 12 cm).

Aufschmelzungserscheinung im Gabbrosteinbruch von Bad Harzburg: „unverdaute" Reste von Sedimentgesteinen in einem „hybriden" Syenit.

5.4.3 Saure Tiefengesteine

Die drei großen Harzer Granitkörper drangen etwa zeitgleich vor 293–295 Millionen Jahren, im Anschluss an die variszische Faltung, in das obere Stockwerk des jungen Faltengebirges ein. Stofflich stellen sie keine homogenen Körper dar, sondern bilden mehrere Teilintrusionen von unterschiedlicher Zusammensetzung, die als Schmelzschübe nacheinander Platz nahmen. Da sich keine Einregelung der Mineralkörner erkennen lässt, fanden während der Erstarrung offenbar keine nennenswerten tektonischen Bewegungen mehr statt. Man spricht von einer postkinematischen Platznahme.

Quarzdiorite aus dem Brockenpluton

Quarzdioritische Gesteine wurden schon von LOSSEN (1883) aus dem nördlichen Bereich der Brockenintrusion beschrieben. Südlich von Ilsenburg bildet der im Vergleich zum Granit mit Farbzahlen von 10–25 wesentlich dunklere Quarzdiorit eine eigenständige Zone zwischen dem Ilsestein- und dem eigentlichen Brockengranit. Eine ähnliche Zone

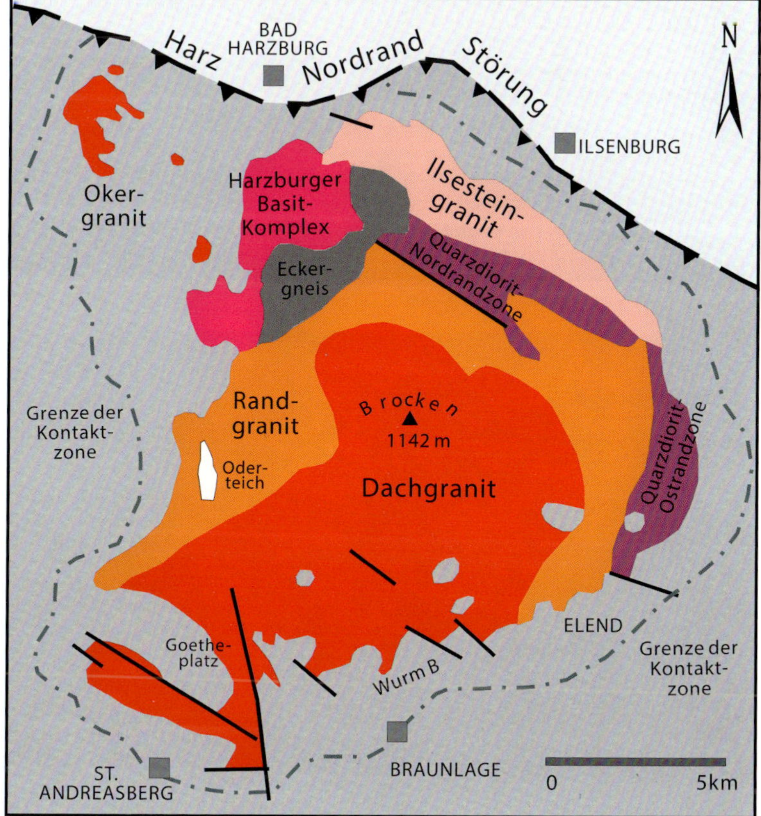

Aufbau des Brockenplutons

von 6 km Länge und einer Ausstrichbreite zwischen 500 und 1.000 m ist den granitischen Gesteinen am Ostrand des Brockenmassivs vorgelagert. Wie die Beobachtung einer gangförmigen Injektion von Granit im Quarzdiorit am Großen Thumkuhlenkopf bei Hasserode und solche Einschlüsse im Granit am Glashüttenweg folgern lassen, stellen die quarzdioritischen Gesteine den ältesten Schmelzschub der Intrusion dar (Seim 1963).

Gute Studienmöglichkeit bietet das Thumkuhlental, wo **Biotit-Augit-Quarzdiorit** in einem aufgelassenen Steinbruch westlich von der Harz-Querbahn (A4130/03) abgebaut

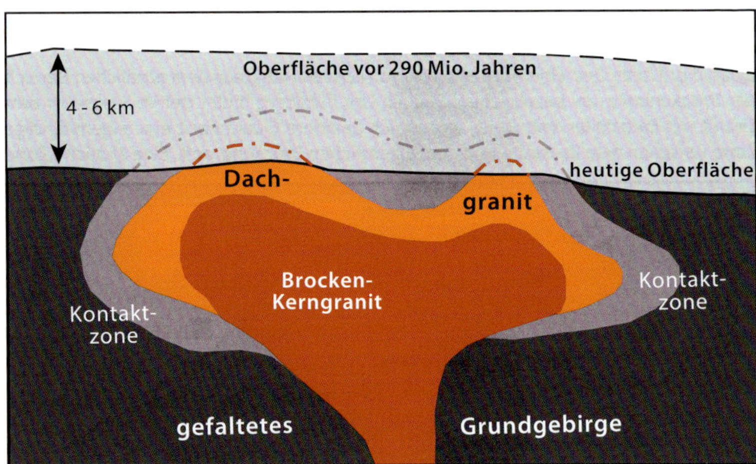

Schematischer Schnitt durch den Brockenpluton

Quarzdiorit aus dem Thumkuhlental (Handstückbreite 15 cm)

wurde. Das mittelkörnige dunkelgraue Gestein wurde bis Anfang der 1990er Jahre als Werk- und Dekorstein genutzt.

Das Hauptmineral Plagioklas bildet bis circa 5 mm große Kristalle mit einer deutlichen Zonierung (calciumreicher Kern und natriumreiche Hülle) und teilweisen Umwandlung in Serizit und Zoisit (Saussuritisierung). Insgesamt liegen die An-Werte unter 50, sodass die Zuordnung zur dioritischen Gesteinsfamilie gerechtfertigt ist. Die Anteile von Quarz und Kalifeldspat (Mikroklin) können stark schwanken. Ebenso wechselhaft ist die Verteilung der dunklen Komponenten. Teils zeigt sich eine Vorherrschaft von farblosem diopsidischem Augit, der manchmal in faserige Hornblende und Chlorit umgewandelt vorliegt, teils dominiert stets frisch erscheinender Biotit. Akzessorisch treten Magnetit, Ilmenit, Apatit und Zirkon auf.

Für eine Probe aus dem Gebiet der Steinernen Renne berechnete SEIM (1963) folgenden normativen Mineralbestand (CIPW-Norm): Q 12,73, Or 14,00, Ab 19,50, An 23,75, Wo 6,26, En 13,20, Mt 3,95, Fs 5,50, Il 0,40, Ap 0,53.

Quarzdioritische Gesteine treten untergeordnet auch im nördlichen Teil der Oker-intrusion auf, wo sie allerdings kaum aufgeschlossen sind (FUCHS 1969).

Granite

Granit ist nicht gleich Granit. Obwohl die Zusammensetzung gemäß der alten Schulweisheit „*Feldspat, Quarz und Glimmer, die drei vergess' ich nimmer*", recht simpel ist, gibt es Unterschiede bezüglich Farbe, Korngröße und Gefüge. Allein aus den drei Harzer Granitintrusionen lassen sich mehr als 20 verschiedene Gesteinsvarietäten unterscheiden. Augenfällig wird die Variationsbreite erst, wenn diese Arten als Handstücke in einer Kollektion nebeneinanderliegen.

Granit als Werkstein

Als Werkstein fand Harzer Granit bis vor wenigen Jahrzehnten eine verbreitete Nutzung. Im Raum Wernigerode stellte dessen Gewinnung und Verarbeitung früher einen wichtigen Wirtschaftsfaktor dar. Zahlreiche, oft von großen Abraumhalden umgebene, Brüche gab es im Bereich der Steinernen Renne und im Thumkuhlental. Hiervon zeugen alte Bremsberge und eine Verladeeinrichtung an der Harzquerbahn (A4130/02).

Zerteilen von Granitquadern mit Spaltkeilen im Granitwerk von Wernigerode in den 1980er Jahren.

Die letzte aktive Werksteingewinnung erfolgte im Knaupsholz (A4330/23) unweit von Schierke und am Großen und Kleinen Birkenkopf (A4130/04) bei Hasserode.

Das frostbeständige und schnittfeste, auch farblich und texturell ansehnliche Material wurde in Wernigerode zu Fußboden- und Fassadenplatten, Treppenstufen und Fensterbänken verarbeitet; außerdem fand es Verwendung als Dekor- und Bildhauerstein.

Auf der westlichen Seite des Brockenmassivs wurde der Granitabbau Ende der 1960er Jahre am Wurmberg bei Braunlage und am Königskopf bei Königskrug eingestellt. Hergestellt wurden neben Pflaster- und Grenzsteinen vor allem Bordsteine für die Straßenränder.

Die zur Gewinnung großer Quader erforderliche, ebenmäßige Teilbarkeit des Granits beruht auf einer steilen, etwa orthogonal verlaufenden Hauptklüftung. Durch das Herstellen aneinandergereihter Bohrlöcher, in die Eisenkeile eingetrieben wurden, ließen sich die Quader in gewünschter Größen teilen.

Der Brockengranit

Der Granit des Brockenmassivs – benannt nach der höchsten Erhebung des Harzes (1.141,2 m über NHN) – ist auf einer Fläche von circa 150 km² aufgeschlossen. Nach der heute vorherrschenden Ansicht, die auf geophysikalischen Messungen basiert, handelt es sich nicht um einen bis in „die ewige Teufe" hinab setzenden **Batholith**, sondern um den Teil eines flach von Südosten eingeschobenen, nur wenige Kilometer mächtigen **Lakkolith**. Die Erstarrung erfolgte rund 4–5 km unter der damaligen Erdoberfläche. Am Ost- und Nordrand des Brockenmassivs (Ost- beziehungsweise Nordranddioritzone), treten die oben beschriebenen „basischeren" Gesteine von granodioritischer bis quarzdioritischer Zusammensetzung auf, welche die granitische Hauptintrusion einleiteten. Den jüngsten Schmelzschub, der eine spaltenförmige Teilintrusion bildet, repräsentiert der heute parallel zum Nordharzrand ausstreichende Ilsesteingranit. Rund um den Ilsestein im gleichnamigen Tal südlich von Ilsenburg zeigen sich schöne Aufschlüsse des auffällig rötlich gefärbten Tiefengesteins.

Aufgelassener Granitsteinbruch Knaupsholz bei Schierke

Vorherrschendes Gestein des Brockenmassivs ist ein Biotitgranit. Von den kartierenden Geologen wurden einige ineinander übergehende Strukturvarietäten unterschieden, wie der gleichmäßig mittelkörnige „Dachgranit" (früher auch Kerngranit genannt) der nach außen hin allmählich in einen mikropegmatitischen „Randgranit" übergeht. Dieser enthält manchmal reichlich winzige, oft mineralisierte Drusen, weshalb man von einer „miarolithischen Textur" spricht. Den äußeren Teil und den Dachbereich nimmt eine durch einzelne, etwas größer gewachsene Kalifeldspatkristalle charakterisierte, „porphyrisch" ausgebildete Granitvarietät ein. Hinzu kommen feinkörnige Granitgänge (Aplite), die unter 5.5 vorgestellt werden.

Angeschliffenes Granitstück von Knaupsholz (Bildbreite 8 cm)

Granitfelsen auf dem Gipfel des Brockens.

Granit-Steinbrüche Kleiner und Großer Birkenkopf

In verschiedenen Brüchen westlich des Bahnhofs „Steinerne Renne" der Harzquerbahn wurde bis in jüngste Zeit ein mittelkörniger, bläulich grauer Biotitgranit gewonnen. Nach Seim (1963) besteht das Gestein vom Kleinen Birkenkopf aus 45 % Orthoklas, 19 % Plagioklas, 30 % Quarz und 6 % Biotit. Stellenweise weist der helle, meist „normalkörnige" Granit markante schlierenförmige oder manchmal nesterartige Biotitanreicherungen auf, die durch ihre dunkle Farbe sehr auffallen. Außerdem gibt es reichlich eckige und leicht kantengerundete Fremdeinschlüsse von Hornfels.

Das etwas angewitterte, grobkörnige Gestein besteht aus leicht rötlich gefärbten, bis 2 cm großen Orthoklasen (33 %), grünlich weißem Plagioklas (31 %) und grauem, fettig glänzenden Quarz (30 %). Einziges dunkles Mineral ist Biotit (6 %) (Handstückbreite 6 cm).

Granit-Steinbruch Knaupsholz (A4330/23)
Der 1898 unweit vom Bahnhof Schierke an der Brockenbahn angelegte und bis vor wenigen Jahren betriebene Bruch zählt zu den bekanntesten Gewinnungsstätten von Harzer Granit. Das mittelkörnige, teils beigegraue, teils rötlich braune, unregelmäßig texturierte Gestein enthält bis zu 2 cm große, nach dem Karlsbader Gesetz verzwillingte Kalifeldspatkristalle. Nach SEIM (1963) umfasst der Modalbestand 46 % Orthoklas, 15 % Plagioklas, 34 % Quarz und 5 % Biotit. Dieses einzige dunkle Primärmineral liegt größtenteils in Chlorit umgewandelt vor. Früher war der Bruch für gute Funde von hübsch auskristallisierten Kluftmineralien wie Rauchquarz, Schörl, Orthoklas, Fluorit und Epidot bekannt.

Granit vom Wurmberg bei Braunlage (A4328/11)
Am Südwesthang von Niedersachsens höchster Erhebung, dem 971 m hohen Wurmberg, wurde unweit der Seilbahn-Mittelstation bis Anfang der 1970er Jahre Granit als Werkstein gewonnen. Wegen seiner exponierten Lage ist der ehemalige Steinbruch weithin sichtbar. Der heute stark zugewachsene untere Teil des Bruches bildet ein wertvolles Feuchtbiotop. Die 40 m hohe Abbauwand zeigt die ebenmäßige Bankung des mittelkörnig ausgebildeten, rötlichen Brocken-Dachgranits (Abbildung Seite 115). Nach SEIM (1963) besteht das Gestein aus 34 % Orthoklas, 32 % Plagioklas, 30 % Quarz und 4 % Biotit. Von der Großen Bodestraße aus führte zum Abtransport des Materials früher ein Bremsberg steil hinauf bis zum Bruch. Entlang der noch vorhandenen Fundamente lassen sich bequem Gesteinsproben sammeln, was im Bruch selbst nicht mehr möglich ist. Während der Betriebszeit traf man auch hier wiederholt auf schöne Kluftmineralisationen. Die Drusen führten neben Rauchquarz, Kalifeldspat, Albit und Epidot manchmal wunderschöne violette Fluoritwürfel.

Biotitreiche Schlieren im Granit vom Kleinen Birkenkopf.

Im ehemaligen Granitsteinbruch am Wurmberg lässt sich die markante Gesteinsklüftung sehr gut beobachten.

Kluftmineralisation im Wurmberggranit, bestehend aus Orthoklas, Albit, Quarz und Schörl (Bildbreite ca. 5 cm).

Natürliche Skulpturen aus Granit auf Goethes Spuren

Der Hochharz bietet ausgezeichnete Möglichkeiten zum Studium von Granit, wo es sich lohnt, gewissermaßen den Spuren Goethes folgend, die schönen Felsformationen, wie die berühmte Feuersteinklippe bei Schierke (A4330/24), die Klippen auf dem Hohnekamm (A4330/25) oder den Ottofelsen, zu besuchen.

Nicht mehr zugänglich ist der im Nationalpark liegende alte Granitsteinbruch am Königskopf nordwestlich von Königskrug, der den Dachbereich der Brockenintrusion zeigt. Hier ist eine große dunkle Scholle von Grauwackenhornfels aus dem Dach in den porphyrischen Granit eingesunken (Foto 1979).

Die Feuersteinklippe bei Schierke zählt zu den klassischen Stätten der geologischen Forschung im Harz.

Weltkulturerbe im Granit – der Oderteich (A4328/07)

Rund um den Oderteich nördlich von St. Andreasberg lässt sich das Verwitterungsverhalten von Granit sehr schön beobachten. Diese heute zum UNESCO-Weltkulturerbe zählende Talsperre entstand 1715–1721 zur Versorgung der St. Andreasberger Silbererzgruben mit Betriebswasser. Der größte und am höchsten gelegene Oberharzer Bergbauteich unterscheidet sich von allen anderen Stauwerken dadurch, dass er vollständig im Granitgebiet liegt und ausschließlich aus diesem Gestein gefertigt wurde. Not machte hier erfinderisch, denn im Hochharz gab es keine Rasen, wie man sie sonst im Oberharz als Dichtungsmaterial beim Teichbau verwendete. Stattdessen nutzte man den reichlich vorhandenen Granitsand. Durch Stampfen ließ sich damit eine wasserundurchlässige Kerndichtung herstellen, wozu der bindige Kaolinitanteil von maßgeblicher Bedeutung war. Für das 16 m hohe wasser- und luftseitige Stützwerk nahm man grob behauene Granitblöcke, die als „Zyklopmauer“ aufeinandergestapelt und deren Zwischenräume mit Moos und Granitgrus ausgefüllt wurden (SCHMIDT 2002).

Damm des Oderteichs

Am Westufer, wo der „Hühnerbrühe-Graben“ sein Wasser in den Teich einspeist, ist die 5–6 m tiefe „Granitvergrusung“, die hier besonders intensiv während des Jungtertiärs erfolgte, exzellent zu beobachten. Das an Huminsäuren reiche Moorwasser löst insbesondere das in den Biotiten gebundene Eisen und sorgt für die typische rotbraune Färbung des sehr weichen Teichwassers. An schönen Sommertagen lädt sogar ein aus Granitgrus bestehender Strand zum Baden ein. Am Ostufer liegen massenhaft gerundete Geschiebeblöcke von Granit.

Ein sehenswerter, als Geotop ausgewiesener Aufschluss (A4328/08) liegt südwestlich vom Damm am Rehberger Gaben. Durch diese 1703 hergestellte offene Wasserleitung fließt das Oderwasser bis heute zur rund 10 km entfernten Grube Samson nach St. Andreasberg, wo es zur Stromerzeugung genutzt wird. Der zur Gewinnung von Granitsand angelegte Bruch zeigt den Zerfall des Tiefengesteins und die Bildung isolierter „Wollsäcke“ und „Felsenburgen“. Der Grabenweg führt weiter durch Granit bis zum sogenannten Goetheplatz (siehe Kapitel 8.2), wo der Kontakt zum Hornfelsdach aufgeschlossen ist.

Geschiebeblöcke aus Granit am Ostufer des Oderteichs.

Schwarzer Turmalin (Schörl) im stark verwitterten Granit vom Sonnenberg (Handstückbreite 6 cm).

Turmalingranit am Sonnenberg

Im Dachbereich weist der Brockengranit stellenweise markante Anreicherungen des zur Turmalinfamilie zählenden schwarzglänzenden Schörls auf. Das sehr harte und widerstandsfähige borhaltige Silikat wird bei der Vergrusung freigesetzt und bildet stets mit Quarz verwachsene, knollige, manchmal grobkristalline Aggregate. Ein klassisches Vorkommen liegt im Wintersportgebiet am Sonnenberg. Die Lokalität trägt den volkstümlichen Namen Zinngrube, da hier zuletzt Mitte des 18. Jahrhunderts bergmännisch nach Zinnerz geschürft wurde. Aus lagerstättenkundlicher Sicht erscheint diese Idee nicht abwegig, denn beispielsweise im Erzgebirge enthalten die dortigen Zinnstein-führenden Gesteine (sogenannte Greisen) häufig auch Turmalin. Allerdings trifft dieses hier nicht zu, denn alle Harzer Granite sind ausgesprochen arm an Zinn, wie auch an anderen sonst in Graniten häufig angereicherten Metallen wie Lithium, Beryllium, Molybdän oder Wolfram.

Das sehr mobile Element Bor reicherte sich gegen Ende der magmatischen Hauptkristallisation als Borsäure in heißen Gasen an und bewirkte eine stellenweise reiche Turmalinbildung.

In Drusen bildet der Schörl mitunter bis einen Zentimeter große, idiomorphe, schwarzglänzende, kurzprismatische Einzelkristalle. Die Hauptfundstelle liegt heute leider im Nationalparkgebiet und darf daher nicht mehr aufgesucht werden.

Ilsesteingranit

Benannt nach der mächtigen Felsenbastion, die sich südlich von Ilsenburg über das Tal der Ilse erhebt, handelt es sich um den jüngsten Intrusionsschub des Brockenplutons, der an dessen Nordflanke eine 10 Kilometer lange und 2 bis 3 Kilometer breite Zone einnimmt.

Auffällig ist das mittel- bis grobkörnige Tiefengestein durch die kräftige Rotfärbung der dominierenden Kalifeldspäte. Nach Müller & Strauss (1987) besteht der Ilsestein-

Ansicht des Ilsesteins, Stahlstich nach einer Zeichnung von L. Rohbock um 1850.

Ilsesteingranit mit fleischrotem Orthoklas aus dem Ilsetal (Handstückbreite 12 cm).

granit im Mittel von 11 Proben aus 49 % Orthoklas, 14 % Plagioklas, 34 % Quarz und 3 % Biotit. Das Gestein zählt somit zu den Syenograniten und ist mit einer Farbzahl von 3 als Leukokrat zu bezeichnen.

Auf einer Wanderung vom einst bedeutenden Eisenhüttenort Ilsenburg aus, der Ilse aufwärts in Richtung Brocken folgend, bestehen gute Gelegenheiten, das Gestein am Ilsestein selbst (A4128/39) anstehend und in Form mächtiger erratischer Blöcke zu studieren. Lohnend ist ein Abstecher zu den Ilsefällen, die schon Heinrich Heine auf seiner Harzreise 1824 besuchte.

Okergranit

Noch weitgehend unter seiner Hornfelshülle verborgen liegt als „kleiner Bruder" des Brockengranits der Okerpluton, der vor allem im Okertal gut aufgeschlossen ist. Nahe des nördlichen Harzrandes hat sich der Fluss besonders tief in die Berge eingeschnitten

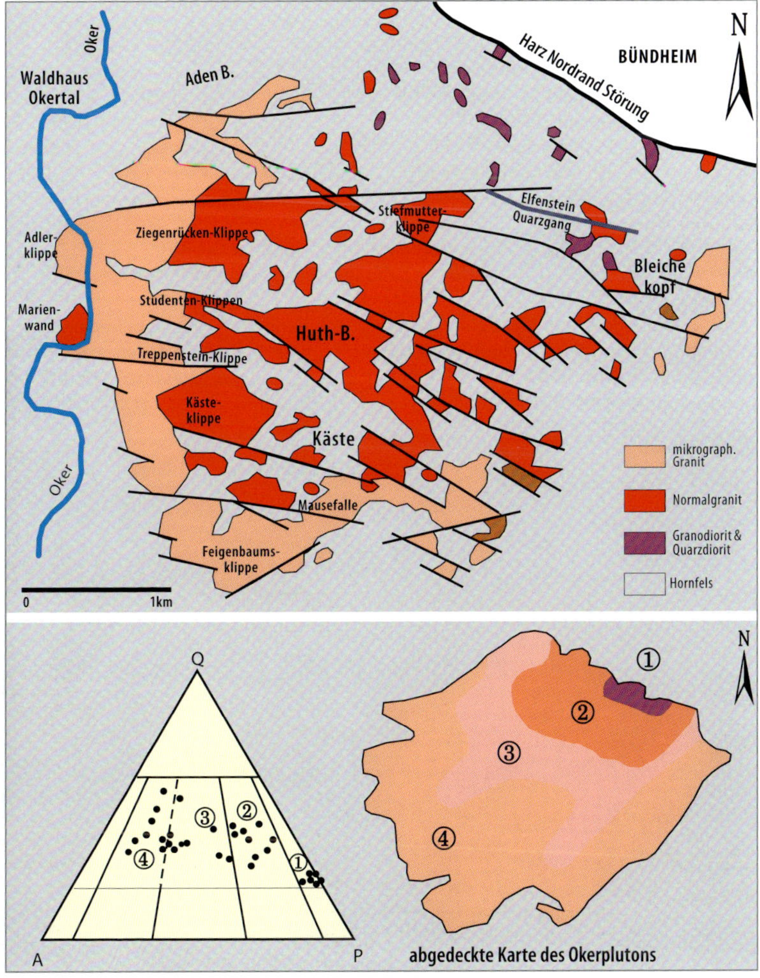

Übersichtskarte des Okergranits (verändert nach FUCHS 1969)

und zahlreiche bemerkenswerte Felsformationen modelliert. Nicht von ungefähr zählt der untere Talabschnitt zur „*klassischen Quadratmeile der Geologie*“. Jeder Naturfreund, der die vom Granit ausgehende Faszination erleben möchte, sollte die Mühe nicht scheuen und von Romkerhalle aus nach Nordosten zum Kästehaus hinaufsteigen. Der Weg führt vorbei an Feigenbaumklippe, Mausefalle und Hexenküche zur Kästeklippe (A4128/17) auf den Huthberg. Hier trifft man auf den bei Bad Harzburg beginnenden Pfad der sogenannten Kästeklippentour (circa 11 km Länge, mit dem Symbol des „Alten vom Berge“), der verschiedene Felsgebilde mit prächtigen Formen der Wollsackverwitterung erschließt. Hervorragende Aussichtspunkte mit Tief- und Weitblick in den nördlichen Vorharz bieten neben der Käste mit dem „Alten vom Berg“ auch Treppenstein (A4128/16), Studentenklippe und Ziegenrückenklippe (A4128/15).

An verschiedenen Felsengruppen finden sich alte Abbauspuren, die vom Zerteilen der Blöcke mit Hilfe von Bohrlöchern und Keilen zeugen. Unter anderem wurden aus dem Granit Mühlsteine gefertigt.

Lohnend ist auch eine Wanderung entlang des Uferweges, der dem Lauf der Oker folgt, die mehrfach den Kontakt zwischen Hornfels und Granit quert. Am Weg liegen beliebte Kletterfelsen wie Marienwand (A4128/18), der „schlafende Löwe“ und der Adlerfelsen (A4128/14).

Im Flussbett finden sich Granitblöcke von oft imposanter Größe (bis zu 300 Tonnen schwer), die nach der Kaltzeit glazial beziehungsweise fluvioglazial hierher verfrachtet wurden.

Trotz der räumlichen Nähe zum Brockenpluton handelt es sich hier um eine eigenständige Intrusion (Fuchs, 1969), die einen inhomogenen, von Norden nach Süden zonierten Bau aufweist. Während im freiliegenden südlichen und westlichen Teil des Massivs ein relativ grobkörniger, hellgrünlich grauer, „normaler“ Granit vorherrscht,

Der „Alte vom Berge“, eine natürliche Granitskulptur an der Kästeklippe, im Hintergrund das Okertal.

An der Stiefmutterklippe (A4128/19) ist der Okergranit stark vergrust. In einem Bruch wird hier Granitsand als Wegbelag gewonnen.

Der Granit ist hier reich an Fremdeinschlüssen (Xenolithen), insbesondere an kleineren und größeren Hornfelsschollen.

Grobkörniger heller Okergranit aus einem Straßenaufschluss im Okertal (Handstückbreite ca. 15 cm).

treten im nur punktuell aufgeschlossenen nördlichen Teil, der den Kernbereich der Intrusion bildet, auch Gesteine von granodioritischer und quarzdioritischer Zusammensetzung auf. Hier gibt es auch Biotit-Augit-Quarzdiorite, wogegen der Oker-Normalgranit als dunkle Komponente ausschließlich etwas Biotit enthält. Nach Müller (1978) enthält dieser 42 % Orthoklas, 14 % Plagioklas, 39 % Quarz sowie 5 % Biotit und Turmalin.

Ramberggranit

Die dritte im Harz aufgeschlossene Granitintrusion liegt im nördlichen Ostharz zwischen Thale im Norden und Friedrichsbrunn im Süden, benannt nach dem Ramberg, der sich als flache Wölbung über die Unterharzer Hochebene erhebt. Höchster Punkt ist die 587 m hohe Viktorshöhe (Große Teufelsmühle, A4332/07). Südlich von Thale hat die Bode zwischen dem Hexentanzplatz im Osten und der Rosstrappe im Westen durch starke Erosion einen gewaltigen Canyon mit prachtvollen Aufschlüssen von Granit und darüberliegenden Kontaktgesteinen geschaffen.

Der jungvariszische Ramberg-Pluton (Intrusionsalter 295 Millionen Jahre) bildet einen steil aus der Tiefe intrudierten plattenartigen Körper mit NNE streichender Längsachse, dessen nordöstlicher Kontakt steil nach Südwesten abtaucht (Meyenburg 2017).

Das Granitmassiv umfasst zwei Teilintrusionen, einen porphyrischen Biotitgranit, der die Kernzone einnimmt und einen mittelkörnigen Zweiglimmergranit (mit Biotit + Muskovit), der sich im Süden und Westen randlich daran anschließt und die Außenzone bildet.

Der vorherrschende graue Zweiglimmergranit ist mittelkörnig und führt neben braunschwarzem Biotit auch feinkörnige Muskovitblättchen. Als Akzessorien treten Apatit, Magnetit und Zirkon auf.

In den früher betriebenen Steinbrüchen im Wurmbachtal fanden sich Drusen mit Kristallen von Rauchquarz, Turmalin, Orthoklas, Albit und Apatit. Besonders interessant sind Einschlüsse von metamorph entstandenen Mineralen wie Granat, Andalusit und Cordierit, die als Relikte der versenkten und aufgeschmolzenen Sedimentgesteine gedeutet werden und eine sogenannte palingene Entstehung des Granitmagmas belegen.

Granit von der „Rosstrappe" (A4332/05)
Einen der großartigsten Tiefblicke in die von der Bode gebildete Schlucht bietet der Rosstrappefelsen. Vom Parkplatz des gleichnamigen Hotels führt ein Fußweg, der die Kontaktzone des Ramberggranits quert, nach wenigen 100 Metern zu mehreren Aussichtspunkten.

Der flächig freigelegte Kontakt (mit 25° nach Westen einfallend) zwischen dem hellen, auffällig geklüfteten Granit und der dunklen Hornfelshülle darüber, ist von hier sehr gut auszumachen.

Blick von der Rosstrappe auf die Granitfelsen des Bodetals.

Die Felsen bestehen aus einem mittelkörnigen Zweiglimmer-Syenogranit mit blassem Orthoklas. Dieser Normalgranit des Zentralbereichs enthält durchschnittlich 36 % Orthoklas, 19 % Plagioklas, 37 % Quarz und 8 % Biotit sowie etwas Muskovit.

Auffällig sind bis 0,5 Meter mächtige, hochthermale Quarzgänge, die neben milchigtrübem Palisadenquarz schwarzen Turmalin führen. Dieser Schörl bildet stängelige Kristalle, die nicht selten, mit einem jüngeren Quarz verwachsen, radialstrahlige Aggregate bilden.

Quarz-Glimmer-Greisen

In einem isolierten kleinen Vorkommen am Ostrand des Kupferberges im Hagental bei Gernrode (A4332/08) treten am Rand des Rambergplutons graue, feldspatfreie Quarz-Biotit-Muskovit-Gesteine auf. Angereichert in diesem relativ feinkörnigen, granitartigen Material lassen sich Turmalin, Fluorit, Kupferkies, Pyrrhotin sowie für den

Grobkörniger Granit mit Einschlüssen von Granat aus dem Ramberg-Pluton (Handstückbreite 6 cm).

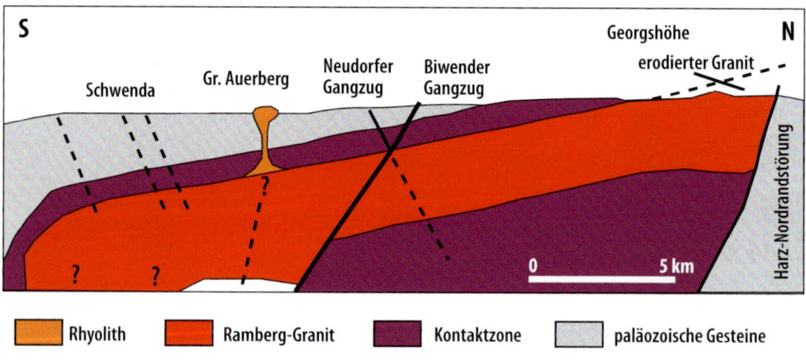

Schematischer Schnitt durch den Ramberg-Pluton

Harz sehr ungewöhnliche Minerale wie Lithiumglimmer, Molybdänit, Cassiterit (in 0,1 mm großen Körnern) sowie Wismut mikroskopisch feststellen (KAEMMEL 1992). Eine solche Mineralgesellschaft spricht für eine Überprägung des gerade erstarrten Granits durch 500–600 °C heiße Gase, die außer Wasserdampf auch Fluor, Bor und Chlor sowie verschiedene Metalle mit sich führten, die beim Auskristallisieren der Schmelze nicht eingebaut werden konnten und sich hier konzentrierten. Dieser Vorgang wird **Pneumatolyse** genannt.

Für solche optisch „ergrauten" Granite verwendet man den sehr alten, aus dem Erzgebirge stammenden Namen **Greisen**. Diese enthalten neben reichlich Quarz und Glimmer oft auch viel Topas, der sich durch eine Umwandlung von Feldspat unter Aufnahme von Fluor bildete. Im Erzgebirge bilden die Greisen wichtige Zinnerzlagerstätten (zum Beispiel Altenberg und Geyer).

5.5 Ganggesteine

Im Harz gibt es sehr verschiedene magmatische Gesteinsgänge, die nach der Faltung entstanden, als sich durch anhaltende Dehnung der Erdkruste Spalten öffneten, die Schmelzen als Aufstiegswege dienten. Von der Gefügeausbildung ähneln einige Vorkommen eher Tiefengesteinen, während andere deutliche vulkanische Charakteristiken aufweisen.

Granitische Ganggesteine

Verschiedene, meist nur gering mächtige Gesteinsgänge, vorwiegend granitischer bis syenitischer Zusammensetzung, finden sich im Umfeld des Harzburger Basitkomplexes.

Mikroschriftgranit, Gang aus dem Gabbro-Steinbruch im Radautal (Handstückbreite 12 cm).

Aufgrund geochemischer und mikroskopischer Untersuchungen kam STÜTZE (1980) zu dem Ergebnis, dass diese sehr variabel zusammengesetzten Gesteine Magmen entstammen, die während der Intrusion der Gabbronorite durch Aufschmelzung (Anatexis) von tief versenkten wasserreichen Sedimenten gebildet wurden.

Schriftgranite

Recht verbreitet und durch ihre besondere Ausbildung unverwechselbar sind feinkörnige Schriftgranite. Diese sind hellgrau und bestehen aus feinen, sogenannten „grafischen" Verwachsungen von Quarz und Alkalifeldspat. Bei den vorherrschend feinkörnigen Varietäten (Mikroschriftgranite) zeigt sich das winklig ineinander verschränkte Mineralgefüge meist erst beim Gebrauch einer Lupe. Es ähnelt germanischen Schriftzeichen, weshalb grobkörnige Formen auch als **Runite** bezeichnet werden.

Zu solchen Ausbildungsformen kommt es nur unter besonderen physikochemischen Bedingungen am Ende der Schmelzerstarrung, wenn unter „eutektischen" Verhältnissen Quarz und Feldspat gleichzeitig kristallisieren und sich gegenseitig beim Wachstum behindern. Sie treten häufig verknüpft mit Quarz-Feldspat-Pegmatiten auf.

Granitpegmatite

Pegmatite entstehen bei der Kristallisation von Restschmelzen gegen Ende der magmatischen Abfolge. Besonders Granitpegmatite sind bekannt für die Ausbildung riesenhafter Kristalle insbesondere von Feldspäten, Quarz und Glimmer. Im Dachbereich von Granitplutonen treten sie als Stöcke oder Gänge auf. Im Harz, wo die Granite in einem sehr hohen Krustenniveau Platz nahmen, gibt es sie nur recht selten, im Gegensatz zur Oberpfalz und dem Bayerischen Wald, die ein tieferes Stockwerk des Varistikums darstellen. Mehrere, bis zu einige Meter mächtige, pegmatitische Gänge wurden bei der Auffahrung des Oker-Radau-Stollens in den 1980er Jahren angetroffen. Neben Orthoklas und Albit fand sich hier auch Rauchquarz, der in Drusen bis zu 10 cm große Kristalle bildete.

Granitpegmatit mit Rauchquarz, Orthoklas, Chlorit und Pyrit aus dem Oker-Radau-Stollen, Fund 1980 (Höhe der Stufe 25 cm).

Kersantitische Gänge

Bis heute recht rätselhaft bleibt die Bildung der Harzer „Kersantite", die im nordwestlichen Oberharz und bei Treseburg im Unterharz als geringmächtige Gänge auftreten. Der Name Kersantit – nach der Typlokalität Kersanton bei Brest in der Bretagne – steht seit 1851 eigentlich für ein grobkörniges, dunkles Ganggestein intermediärer Zusammensetzung, worin Plagioklas gegenüber Kalifeldspat überwiegt und Biotit das vorherrschende dunkle Gemengteil bildet. Unsere Vertreter im Harz zei-

Helle Varietät des Kersantits aus dem Gegental (Bildbreite 8 cm).

gen erhebliche Schwankungen ihres Chemismus und haben mit dem Originalgestein nicht viel gemeinsam.

Oberharzer Kersantit

Dieser völlig isoliert vorkommende, nur wenige Meter mächtige Gesteinsgang durchzieht westlich und südwestlich von Langelsheim über eine streichende Länge von etwa 8 Kilometern die unterkarbonischen Schichten. Häufig durch Blattverschiebungen verworfen, durchschneidet er den variszischen Faltenbau in eggischer Richtung und wird selbst mehrfach von herzynisch streichenden Störungen (Oberharzer Erzgänge) versetzt.

Das feinkörnige, hell- bis dunkel-graublaue Gestein ist schwach porphyrisch ausgebildet und überaus zähhart. Das relativ frische Gestein aus dem Gegental besteht nach Gabert (1959) aus 39 % Plagioklas, 16 % Quarz, 5 % Calcit, 40 % Biotit und Chlorit sowie in akzessorischen Mengen Zoisit, Titanit, Magnetit und Pyrit.

Chlorit, Calcit (stellenweise ein Drittel des Gesteinsvolumens) und Zoisit stellen Produkte einer jüngeren, lokal unterschiedlich stark ausgeprägten, hydrothermalen Alteration dar.

Zu den klassischen Fundpunkten zählt ein kleiner verwachsener Steinbruch am Luchsstein, unweit vom Sternplatz bei Seesen (A4126/04), wo das Gestein recht hell wirkt und auf den ersten Blick einer Grauwacke ähnelt. Ein anderer Aufschluss liegt unten im Gegental am Westufer des Innerstestausees (A4126/03). Aufgrund höherer Mafitanteile erscheint der Kersantit hier dunkler und verrät sich durch eine bräunliche Verwitterungskruste. Als Einsprenglinge „schwimmen" in der aus Plagioklas und braunem Biotit bestehenden dichten Grundmasse glasartig glänzende Quarze. Chloritisierte Plagioklase bilden hellgrüne Flecken.

Als bei den letzten Aufschlussarbeiten im Erzbergwerk Lautenthal in den 1950er Jahren, auf der Sohle des Ernst-August-Stollens, eine Untersuchungsstrecke nach Westen getrieben wurde, traf man im Bereich des Sternplatzes den Kersantitgang in einer Mächtigkeit von etwa 2 Metern an.

Der auf kurzen Distanzen stark schwankende Chemismus und die für einen mafitreichen Magmatit stellenweise recht hohen Quarzgehalte haben zu der Auffassung geführt, dass es sich um ein sogenanntes Hybridgestein handelt. Ein primär basisches Magma erfuhr bereits vor der Platznahme durch Aufschmelzung von quarzreichen Sedimenten oder Zumischung einer sauren Schmelze (Hybridisierung) eine starke Veränderung. Der lange eingebürgerte Name „Kersantit" sollte hier besser in Anführungszeichen gesetzt werden.

Bodetal Kersantit

Ein bemerkenswert Kieselsäure-armes Ganggestein tritt bei Treseburg im Ostharz auf. Dieser sogenannte Bodetal-Kersantit ist zwischen dem großen Mühlental südwestlich von Altenbrak und dem Luppbodetal auf einer Länge von rund 4 Kilometern punktuell aufgeschlossen. Es handelt sich um keine einheitliche Gangspalte, sondern um einen Gangschwarm, bestehend aus 0,5–5 Meter mächtigen, einzelnen Gangsegmenten. Die grob Ost-West streichende Struktur verläuft annähernd parallel zum weiter nördlich befindlichen Bodegang. Das in einem kleinen Steinbruch an der Landstraße 93 im Luppbodetal (A4330/28) anstehende, dunkelgraue bis schwarze Ganggestein ist etwas porphyrisch ausgebildet und zeigt eine ausgeprägte Klüftung (Franzke & Schwab 2011). Die feinkörnige Grundmasse besteht primär aus Plagioklas, titanhaltigem Augit, Amphibol und Biotit, die auch als Einsprenglinge auftreten. Charakteristisch ist eine verbreitete Neubildung von Chlorit und Karbonatmineralen auf Kosten der ursprünglichen Minerale infolge einer durchgreifenden hydrothermalen Überprägung. Akzessorische Bestandteile sind Granat, Sillimanit, Rutil, Quarz und Apatit.

Kersantit aus dem Luppbodetal (Breite des Handstücks 12 cm)

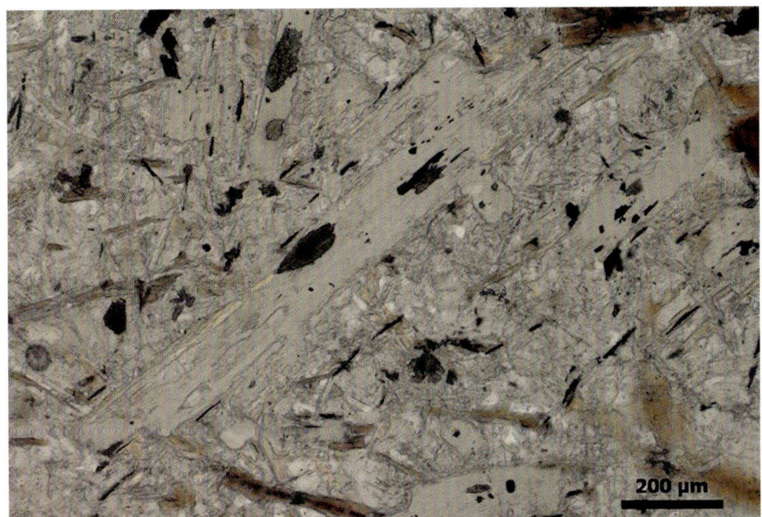

Bodetal-Kersantit im Dünnschliff: leistenförmige Kristalle von chloritisiertem Amphibol (grasgrün) und brauner Biotit in einer Grundmasse von Feldspat, Augit und Chlorit.

Stellenweise führt das Gestein reichlich magmatisch gebildete Erzminerale, insbesondere Pyrrhotin (Magnetkies), der durch Entmischungen von Pentlandit recht nickelreich ist, daneben auch Kupferkies und Pyrit, sowie Ilmenit, Magnetit, Rutil und Graphit. Diese Mineralparagenese lässt ein gabbroides Ausgangsmagma vermuten und deutet auf eine Verwandtschaft mit den Harzburger Basiten hin.

Granitporphyr des Bodeganges

Eine Sonderstellung unter den kieselsäurereichen Harzer Magmatiten nimmt der Granitporphyr beziehungsweise Rhyolith des Bodeganges ein, der sich von Wendefurth etwa 9 Kilometer weit ostwärts bis an den Westrand des Rambergplutons bei Stecklenberg verfolgen lässt. Die durchschnittlich 10–15 Meter mächtige, gangförmige Intrusion zeigt, ganz ungewöhnlich für den Harz, ein annähernd Ost-West gerichtetes Streichen. Entlang der stark gewundenen Bode ist der Gesteinsgang an mehreren Stellen gut aufgeschlossen.

Geländebefunde im Hirschgrund bei Thale belegen, dass diese Spaltenfüllung vom Ramberggranit scharf abgeschnitten wird, also älter sein muss (Schust 1958). Radiometrische Datierungen ergeben ein Alter von 305 Millionen Jahren, während der Rambergpluton auf circa 295 Millionen Jahre datiert wird (Tietz 1996).

In seiner normalen Ausbildung ist das Gestein recht hell und zeigt ein leicht porphyrisches Gefüge. In einer mikrogranitischen Grundmasse finden sich einzelne Einsprenglinge von Quarz, Orthoklas, Oligoklas und wenig Biotit.

Ein guter Aufschluss befindet sich rund 400 m östlich vom unteren Ortsausgang von Altenbrak, direkt an der nach Treseburg führenden L94, die den Gang in einer Felswand schneidet (A4330/27).Vorsicht, da der Aufschluss genau in einer Kurve liegt. Die Platznahme erfolgte durch Aufweitung von Schichtfugen in den paläozoischen Se-

Der Bodegang im Straßenaufschluss bei Altenbrak.

dimentgesteinen (hier Quarzsandstein). Am Ortsschild von Altenbrak bietet ein vom Parkplatz an der Talstraße hinauf zum Cafe Fontane führender Fußweg eine gute Sicht auf den am Bösenbleek herausgewitterten Bodegang, zumindest wenn die Bäume kein Laub tragen.

Eine aufgrund höherer Biotitgehalte wesentlich dunklere Varietät des Ganggesteins kann an den Gewitterklippen südwestlich von Thale beobachtet werden. Hier enthält das deutlich porphyrisch ausgebildete Gestein reichlich Fremdeinschlüsse (Xenolithe), darunter solche von granitischer Zusammensetzung, wie auch gneisartige Metamorphite aus dem kristallinen Fundament des Harzes. Die kleinen und größeren Fragmente wurden als Festkörper von der aufsteigenden Schmelze mitgerissen.

Mittelharzer Gesteinsgänge

Während des Rotliegenden entstanden vor allem im mittleren Teil des Harzes zahlreiche Eruptivgesteinsgänge, die sowohl „rheinisch“ als auch „eggisch“ (NNW-SSE) streichende Spalten ausfüllen. Im östlichen Teil des Mittelharzes beschränkt sich ihr Vorkommen auf eine circa 8 Kilometer breite Zone zwischen Stolberg im Süden und Wernigerode im Norden. Ein Blick auf die geologische Karte zeigt, dass die oft perlenschnurartig aneinandergereihten Einzelgänge das gefaltete Grundgebirge gradlinig durchschlagen. Die Öffnung der Spalten erfolgte im Anschluss an die Harzfaltung, als sich die Erdkruste entspannte beziehungsweise dehnte und den in der Tiefe gebildeten Gesteinsschmelzen Aufstiegswege bot.

Die Mächtigkeiten der steil stehenden und stets scharf begrenzten Gesteinsgänge schwanken zwischen wenigen Metern und rund 100 Metern. Einzelne Gangstrukturen lassen sich im Gelände über Längen von mehreren Kilometern verfolgen. Die chemisch sehr variable Zusammensetzung der Ganggesteine reicht von andesitisch über latitandesitisch bis rhyolithisch.

Im Südharz zeigt sich eine enge genetische Beziehung zu den Vulkaniten des Ilfelder Beckens; hier bildeten solche Gangspalten die Förderkanäle für das Magma. Die Verbreitung von vorwiegend herzynisch streichenden Rhyolithgängen im Südwestharz (Raum Bad Lauterberg – Herzberg) lässt die große Ausdehnung der Rotliegend-Vulkanitdecke erahnen, die später, mit Ausnahme des Ilfelder Beckens, fast vollständig der Abtragung zum Opfer fiel.

Für die Ganggesteine finden wir auf den geologischen Karten und in älteren Publikationen verschiedene Bezeichnungen, die oft erheblich von der heutigen petrographischen Nomenklatur abweichen. Die relativ grobkörnigen „hellen" Vertreter wurden als grauer Granitporphyr, Quarzporphyr oder Syenitporphyr bezeichnet. Für

Gangandesit im Steinbruch am Weißen Stahlberg bei Neuwerk-Kreuztal.

die feinkörnigen dunklen Vertreter gebrauchte man den Namen Melaphyr, die porphyrisch ausgebildeten Vertreter nannte man Dioritporphyrit oder Augitporphyrit. Heute rechnen wir diese Gesteine zu den Andesiten und Latitandesiten.

Dunkle Ganggesteine im Mittelharz

Die im frischen Handstück grünlich schwarzen, fein- bis mittelkörnigen Gesteine brechen splittrig und zeigen bei mikroskopischer Betrachtung ein mehr oder weniger ausgeprägtes porphyrisches bis intersertales Gefüge. Gute Gelegenheit zum Kennenlernen bieten zahlreiche Aufschlüsse vor allem im Großraum Elbingerode, wo verschiedene solcher Gänge zur Gewinnung von Schotter abgebaut wurden.

Gangandesit bei Neuwerk (A4330/11)

Ein fast schwarzer andesitischer Gang ist in einem alten Steinbruch am Fuß des Weißen Stahlbergs bei Kreuztal, an der von der B27 nach Neuwerk führenden Landstraße, aufgeschlossen. Bis um 1950 wurde dieses früher Melaphyr genannte Gestein hier zu Schotter und Splitt verarbeitet. Im Zentrum des kompakten, etwa 30 Meter mächtigen Ganges zeigt der mittelkörnige Andesit ein ausgeprägtes Intersertalgefüge, während er in der Nähe der scharfen Kontakte feinkörnig-dicht erscheint. Primäre Hauptbestandteile sind tafeliger, oft zonar gebauter Plagioklas, Titan führender Augit und eine ebenfalls titanhaltige Hornblende sowie wenig Quarz. Recht verbreitet sind Magnetit, Apatit und Titanit. Durch postmagmatische Alteration hat sich rund die Hälfte des Plagioklases in ein feines Gemenge aus Serizit, Calcit und Albit verwandelt. Augit und Hornblende werden partiell von braunem Biotit und einem eisenreichen grünen Chlorit verdrängt. Einziges Sulfid ist Pyrit, der kleine, aus würfeligen Kristallen zusammengesetzte Aggregate bildet.

Porphyrischer Enstatitandesit von der Bolmke bei Elbingerode (Breite des Handstücks 12 cm).

Ungewöhnlicher Aufschluss eines Mittelharzer Gesteinsganges im Rübeländer Karstgebiet. In der öffentlich nicht zugänglichen Kameruner Höhle wurde ein Gesteinsgang durch das Auflösen des umgebenden Kalksteines regelrecht plastisch herausmodelliert.

Der Ausschnitt aus dem oberen Foto zeigt den etwa 40 cm mächtigen, dunklen Gang an der Höhlenfirste.

Enstatitandesit an der Bolmke (A4330/16)
Ein ausgeprägtes porphyrisches Gefüge mit bis zu einem Zentimeter großen Feldspateinsprenglingen kennzeichnet dieses dunkle Ganggestein, das an der Bolmke, circa 5 Kilometer südlich von Wernigerode nahe an der nach Elbingerode führenden B 244 (Bushaltestelle), in einem kleinen Steinbruch abgebaut wurde. Der Aufschluss ist heute eingebunden in einen montanhistorischen Rundwanderweg, der am Besucherbergwerk Büchenberg beginnt. Der Gang durchschlägt gefaltete Ton- und Kieselschiefer und weist eine Mächtigkeit von etwa 35 Metern auf. Neben größtenteils sehr frischem, zonar gebautem Plagioklas und etwas Kalifeldspat, bilden auch magnesiumreicher Orthopyroxen (Enstatit) und etwas diopsidischer Augit größere Einsprenglinge. Im Gegensatz zum Feldspat sind die dunklen Bestandteile stark alteriert und weisen Füllungen aus einem feinkörnigen Gemenge von magnesiumreichem Chlorit, Calcit und anderen Hydrosilikaten auf.

Die feinkörnige Grundmasse in den Zwickeln zwischen den Einsprenglingen besteht aus winzigen Feldspattäfelchen und chloritischen Umwandlungsprodukten.

Rhyolithische Ganggesteine im Mittelharz

„Grauer Porphyr“, wie die kartierenden Geologen früher sagten, bildet im Mittelharz die mit Abstand häufigste Ganggesteinsart. Charakteristisch sind größere Einsprenglinge von Alkalifeldspat und Quarz in einer feinkörnigen Quarz-Feldspat-Grundmasse. Im Gelände sind diese Gänge meist kaum auffällig. Bei Elbingerode durchschlagen einige solcher Gänge den Massenkalk, wie zum Beispiel im Tagebau Kaltes Tal, wo ein solcher beim Abbaubetrieb als Fremdkörper stehen blieb. Während das Gestein äußerlich an manchen Stellen recht frisch erscheint, ist es anderswo durchgreifend hydrothermal

Porphyrisches „saures“ Ganggestein vom Büchenberg bei Elbingerode (Handstückbreite 15 cm).

überprägt und zerfällt, ähnlich wie ein verwitternder Granit, zu einem körnigen Grus. Ein ähnlicher Gang ist an der Susenburg aufgeschlossen (A4330/18).

Gangrhyolith am Büchenberg

Am Büchenberg bei Elbingerode quert der am Besucherbergwerk beginnende montanhistorische Rundwanderweg zwischen den Mundlöchern von Charlotten- und Augustenstollen (A4330/17) einen rhyolithischen Gesteinsgang, auf dem ein kleiner Steinbruch betrieben wurde. Auch an den herumliegenden Rollstücken fallen die bisweilen recht großen trüben Einsprenglinge von Orthoklas und Quarz ins Auge. Biotit liegt meist vollständig in Chlorit umgewandelt vor.

Gangrhyolith von Trautenstein (A4330/32)

Nur in wenigen Fällen formen die herausgewitterten Gesteinsgänge im Gelände markante Härtlinge. Ein schönes Beispiel hierfür gibt der Druidenstein mitten in Trautenstein. Früher möglicherweise eine „heidnische" Kultstätte, steht heute die hübsche Dorfkirche auf dem felsigen Rücken etwa in der Ortsmitte. Der an einer Seite freistehende, rund 10 Meter mächtige Rhyolithgang lässt eine säulenförmige Klüftung senkrecht zum Streichen der Gangspalte erkennen. Grund dafür ist der Volumenschwund bei der Abkühlung. Unter der Lupe zeigt das feinkörnige graue Gestein bis 5 mm große Einsprenglinge von Quarz und kaolinisierten Feldspäten, sowie etwas Biotit und Hornblende als dunkle Bestandteile.

Der Druidenstein in Trautenstein – ein herausgewitterter Rhyolithgang.

6 Hydrothermalite

Die Ausfüllungen von Gangspalten mit Mineralen, die bei Temperaturen zwischen etwa 400 und 100 °C aus wässrigen Lösungen kristallisieren, zählen im Sinne der Petrographie eigentlich nicht zu den Gesteinen. Diese hydrothermalen Erz- oder Mineralgänge nehmen eine Sonderstellung ein. Enthalten sie in nennenswertem Umfang nutzbare Metalle in Form von Erzmineralen, so spricht man von **Gangerzen**. Die als metallische Rohstoffe nicht nutzbaren Begleiter wie Quarz, Calcit, Siderit oder Baryt werden als **Gangminerale** oder **Gangarten** bezeichnet. Hierzu zählen Baryt und Fluorit, die aber als wertvolle **Industrieminerale** sehr gesucht sind. Mit der Verteilung und Entstehung dieser und anderer nutzbarer Minerale befasst sich die Erzlagerstättenkunde beziehungsweise Lagerstättengeologie (Evans 1992, Pohl 2005).

Der Harz ist ausgesprochen reich an gangförmigen Metallerzlagerstätten. Im Oberharz bildeten die silberführenden Blei-Zink-Erzgänge die Grundlage für einen mehr als 1.000 Jahre lang sehr intensiv betriebenen Bergbau (Liessmann 2010, Stedingk et al. 2016). Sehr komplexe polymetallische Erze mit hohen Konzentrationen von Silber, Antimon und Arsen, aber auch Nickel und Kobalt, kennzeichnen die Erzgänge von St. Andreasberg im Mittelharzer Ganggebiet. Im südlichen und östlichen Harz beinhalteten die Gänge neben Kupfer und Eisen stellenweise bedeutende Anreicherungen von Baryt und Fluorit. Zu den gut untersuchten Harzer Erzlagerstätten liegt ein umfangreiches Schriftum vor (Stedingk & Kleeberg 2012). Früher glaubte man

Ausbiss des hier hauptsächlich aus Quarz bestehenden Bockswieser Gangzuges bei Oberschulenberg.

einen genetischen Zusammenhang zwischen den Harzer Granitintrusionen und der oft deutlich zonierten Gangmineralisation zu erkennen. Nach den heutigen geochemischen Befunden sind die hydrothermalen Erzbildungen aber deutlich jünger und zählen zum sogenannte „Saxonischen Zyklus", der sich von der Mitte des Jura bis in die Oberkreide erstreckte.

Quarzgänge

Metallfreie, fast monomineralische Quarzgänge mit Mächtigkeiten bis zu 20 Meter treten im Umfeld der Harzer Granite auf. Der milchige derbe Quarz kann sowohl direkt aus Restlösungen des Granits kristallisiert sein oder Ausscheidungen jüngerer Lösungen darstellen, die im Gefolge der saxonischen Mineralisation mobilisiert wurden. Typisch für diese Gänge ist die Ausbildung von zonar gebauten *Kappenquarzen*, die quer in den Gangraum wachsen und als idiomorphe Kristalle Drusen auskleiden. Im Gegensatz zu den alpinen Bergkristallen sind hier nur die Rhomboederflächen, nicht aber die Prismenflächen entwickelt. Einzelne Kristalle ähneln Zähnen mit einer spitzen „Wurzel".

Prominente Beispiele sind der als Mauer herausgewitterte Eltensteingang unweit von Bad Harzburg-Bündheim (A4128/13) und der „Silberne Mann", ein mächtiger Quarzgang im Hasseröder Revier unweit von Wernigerode (A4130/05) und der Todberg-Gang am Granestausee (A4128/01).

Hydrothermale Gangerze

Kennzeichnend für viele hydrothermale Gänge ist die Ausbildung von tektonischen Brekzien. Diese sind nicht zu verwechseln mit dem gleichnamigen Sedimentgestein. Beide bestehen vorwiegend aus eckigen Gesteinsfragmenten, in diesem Fall entstanden beim Aufreißen der Gangstörung. Der drumherum vorhandene Spaltenraum wurde später durch hydrothermale Minerale wie Quarz und Karbonate, aber auch sulfidische Erze ausgefüllt und die Bruchstücke verbacken. Für die in verschiedenen Phasen mineralisierten Oberharzer Gänge sind mehrfache tektonische Beanspruchungen üblich (Sperling & Stoppel 1979).

Sehr schön anzuschauen sind die von Bleiglanz, Zinkblende und Kupferkies zusammen mit Quarz, Calcit und Siderit gebildeten Brek-

Aufschluss eines mächtigen Bleiglanz-Zinkblende-Erzmittels auf dem Silbernaaler Gangzug im Westfeld des Erzbergwerks Grund 1983.

zienerze und Kokardenerze. Eine besondere Spielart der Natur stellen die sogenannten Ringelerze dar, wobei sich fein mit Quarz verwachsener Bleiglanz kugelschalig um einzelne Gesteinsbruchstücke herum ausgeschieden hat. Eine bedeutende Grube im Zellerfelder Revier erhielt wegen des Auftretens solcher Erze schon im 17. Jahrhundert den ungewöhnlichen Namen „Ring und Silberschnur".

Ebenso typisch für die Harzer Erzgänge sind gebänderte Texturen, die durch alternierende Ausscheidungen von Sulfiderzen und Gangarten parallel zu den seitlichen Begrenzungen der Gangräume entstehen. Besonders ebenmäßige Bändererze stammen aus den Gruben von Bad Grund und Clausthal.

Aufschlüsse eines zu Tage ausstreichenden, hauptsächlich mit Quarz und Kalkspat gefüllten Erzganges (Bockswieser Gangzug) bietet das Revier von Oberschulenberg nordöstlich von Clausthal-Zellerfeld (A4128/26). Auf den ausgedehnten Halden der ehemaligen Gruben Glücksrad und Gelbe Lilie lassen sich gute Gangbrekzien und Reste der hier gewonnenen Blei-, Kupfer- und Zinkerze finden. Bekannt ist dieses Revier vor allem aufgrund seiner reichhaltigen, durch Verwitterungseinflüsse gebildeten, supergenen Mineraliengesellschaft (GRÖBNER et al. 2011). Das Bergwerksmuseum Grube Samson informiert über die silberreichen Gangerze von St. Andreasberg (A4328/13).

Etwa 1,5 m³ große Gangerzstufe aus dem ehemaligen Erzbergwerk Grund im Oberharzer Bergwerksmuseum in Clausthal-Zellerfeld.

Barytgänge

Ein zwischen Sieber, Bad Lauterberg und Herzberg im Südharz verbreitetet vorkommender Hydrothermalit ist Schwerspat (Baryt, chemisch $BaSO_4$). Das mit einer Dichte von 4,5 g/cm³ ungewöhnlich schwere Mineral besitzt weitere Eigenschaften, wie eine

Ringelerz, mit Zinkblende und Quarz um Grauwackebruchstücke aus dem Erzbergwerk Grund (Breite der Erzstufe 60 cm).

schneeweiße Farbe, eine große chemische Resistenz und ein starkes Absorptionsvermögen von radioaktiver Strahlung, die es zu einem gefragten Industriemineral machen. Bis 2007 wurde dieser Rohstoff bei Bad Lauterberg bergbaulich gewonnen. Die produzierten Barytmehle fanden Verwendung als Weißpigmente sowie als Füllstoffe in der Papier- und Kunststoffindustrie. Große Mengen Schwerspat werden als „Beschwerstoff“ zur Spülung von Tiefbohrungen als sogenannter Bohrspat eingesetzt. Schwerspatzuschlag im Beton findet in der Reaktortechnik zum Strahlenschutz Verwendung.

Auf allen Harzer Gängen zählt der bei sehr niedrigen Temperaturen gebildete Baryt zu den jüngsten Mineralphasen und entstand erst an der Wende Kreide/Tertiär. Chemisch tritt er fast nie rein auf, sondern enthält aufgrund geochemischer Verwandtschaftsbeziehungen stets 1–6 % Strontiumsulfat. Rosa gefärbte Baryte enthalten Spuren von Hämatit.

Ausführlich mit diesen Lagerstätten befassen sich die Monographie von Stoppel et al. (1983). Einen sehr schönen Aufschluss bietet der im unteren Teil des Siebertals kulmische Grauwacken durchsetzende Auroragang, der im Flussbett der Sieber frisch und „unverritzt“ ansteht (A4328/17).

Der Wolkenhügeler Gang bei Bad Lauterberg, der in rund 100-jähriger Betriebszeit etwa 4 Millionen Tonnen Schwerspat lieferte, ist im Tal der Krummen Lutter im Bereich des renaturierten Grubengeländes aufgeschlossen. Die 10 Meter mächtige, aus stark verquarztem Baryt bestehende Gangfüllung steht am östlichen Bachufer als Felsrippe an (A4328/34).

Aufschluss eines frei gespülten Schwerspatgangs im Bachbett der Sieber.

Fluoritgänge

Zusammen mit, aber auch ohne Baryt und gemeinsam mit Sulfiderzen tritt Flussspat (Fluorit, chemisch CaF_2) als Gangmineral nur im Süd- und Unterharz auf. Zu den bedeutendsten deutschen Vorkommen zählen die bis 1990 abgebauten Gänge von Rottleberode und Straßberg in Sachsen-Anhalt. Als sprichwörtliches „Mineral des Regenbogens" kann Fluorit alle Farben annehmen, tritt aber vorherrschend grünlich, bläulich oder violett gefärbt auf.

Im Ausgehenden des Backöfener Ganges der ehemaligen Rottleberöder Grube Flußschacht, westlich des Krummschlachttals (A4530/15), lässt sich mit Quarz verwachsener Fluorit zum Teil in Form von Gangbrekzien beobachten. Im Besucherbergwerk Glasebach, östlich von Straßberg, ist der mit Fluorit, Pyrit und Siderit vererzte Neudorfer Gangzug sehr gut aufgeschlossen (A4332/09).

7 Sedimentgesteine

Die kontinentale Erdkruste besteht, bezogen auf die oberen 20 Kilometer, zu 8 % aus Sedimentgesteinen. Betrachtet man allerdings nur die Erdoberfläche selbst, wo sich das gesamte terrestrische Leben abspielt, so bedecken Ablagerungsgesteine rund 70 % davon. An der Gesamtfläche des Harzes weisen die Sedimentgesteine einen Anteil von rund 80 % auf. Die mesozoischen Schichten des Vorlandes dagegen sind zu 100 % sedimentären Ursprungs.

Die Bildung dieser Gesteinsgruppe erfolgt im Bereich der Erdoberfläche im Wirkungsfeld der **exogenen Kräfte**, die von außen her die geologischen Vorgänge auf unserem Planeten beeinflussen und sich in der Atmosphäre und Hydrosphäre abspielen. Wesentliche Antriebsmotoren dabei sind die Sonne und bei deren Abwesenheit auch die Kälte des Weltalls sowie die allgegenwärtige Schwerkraft. Nicht zu unterschätzende Akteure sind pflanzliche und tierische Organismen, die während der jüngeren erdgeschichtlichen Entwicklung eine zunehmend wichtige Rolle spielten. **Sedimente** entstehen, wenn durch **Verwitterung** zerstörtes Gesteinsmaterial (als Feststoff oder in Lösungen) von Wind, Wasser oder Eis verfrachtet andernorts wieder abgelagert oder ausgeschieden wird.

Unter Verwitterung versteht man alle Veränderungen, die ein Gestein beim Kontakt mit „Atmosphärilien" wie Luft und Wasser, in flüssigem wie auch in gefrorenem Zustand, aber auch durch Sonneneinstrahlung und Temperaturschwankungen erfährt. Die relativ langsame, jedoch sehr nachhaltige Wirkung bezeichnet man als **Erosion.** Im Gebirge verdeutlichen besonders die V-förmig eingeschnittenen Täler die Kraft des schnell fließenden Wassers. Bildlich gesprochen handelt es sich um den „Zahn der Zeit", der langsam aber sicher und unaufhaltsam an den Bergen nagt.

Bevor wir uns den Beispielen aus dem Harz widmen, betrachten wir zunächst die Mechanismen der sedimentären Gesteinsbildung.

Verwitterung und Sedimentation

Unter dieser Bezeichnung verstehen wir die Produkte der vorwiegend mechanisch beziehungsweise physikalisch wirkenden Verwitterung. Ein schroffes Hochgebirge zerfällt dabei allmählich zu einem lockeren Schutt, der sich, der Schwerkraft folgend, hangabwärts bewegt. Das „Kornspektrum" reicht dabei von großen Blöcken bis zu krümeligem Sand. Im Harz spielte der Gesteinszerfall durch Frostsprengung vor allem während der „Kaltzeiten" eine wesentliche Rolle. An Rissen und an Korngrenzen in ein Gestein eindringendes Wasser führt, durch die mit der Umwandlung zu Eis verbundene Ausdehnung, zu einer fortschreitenden Lockerung des Gefügeverbandes. Von dieser Art der Gesteinszerstörung zeugen die unter steilen Felsabbrüchen ausgebildeten Schuttfächer, die wegen des fehlenden Bewuchses nicht selten für Bergbauhalden gehalten werden. An und für sich typisch für Hochgebirge, lässt sich diese Erscheinung aber auch im Harz beobachten, zum Beispiel an den Hängen des tief eingeschnittenen Odertals unweit von Braunlage.

Schöne Beispiele von der Wirksamkeit der physikalischen Verwitterung geben die ausgedehnten „Felsblockmeere" aus Quarzsandstein (siehe unten) „Auf dem Acker" und am Bruchberg. Dieser mehr als 800 m hohe Kamm bildet die geografische Grenze zwischen dem Oberharz im Nordwesten und dem Mittelharz im Südosten.

Im gemäßigt feuchten Klima unserer Breiten beruht die Erosion ganz wesentlich auf der Kraft des fließenden Wassers. Der Hochharz mit dem 1.141 m hohen Brocken ist Norddeutschlands Regenfänger Nummer eins. Die jährlichen Niederschlagsmengen erreichen hier 1.200 mm. Insbesondere durch Hochwasser, wie sie von Schneeschmelze oder Starkregenereignissen ausgelöst werden, gelangen gewaltige Mengen von gelockertem Gesteinsmaterial talwärts und werden dabei weiter zerkleinert und zunehmend gerundet. Auf dem Weg in Richtung Meer erfährt die Sedimentfracht eine mehr oder weniger ausgeprägte **Klassierung.** Unter diesem Begriff versteht man die Trennung eines Lockerproduktes nach unterschiedlichen Korngrößen.

Wo die Harzflüsse das Gebirge verlassen und in das flache Vorland eintreten, verringert sich die Fließgeschwindigkeit. Schotter, Kies und grober Sand lagern sich ab und bilden die Existenzgrundlage von Baustoffunternehmen, die hier Kieswerke betreiben. Die verbleibende Energie reicht nur noch aus, um feinen Sand, Schluff oder Tonpartikel via Weser oder Elbe ins norddeutsche Tiefland und weiter bis in die Nordsee zu verfrachten. Je weiter die Reise der Lockermassen geht, desto kleiner und runder werden die Körner.

Blick vom Rehberg über das Odertal zu den aus Hornfels bestehenden Hahnenkleeklippen mit ihren großen Schuttfächern.

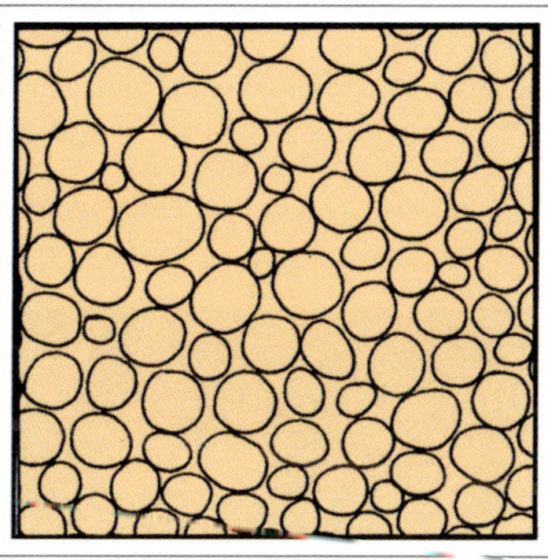

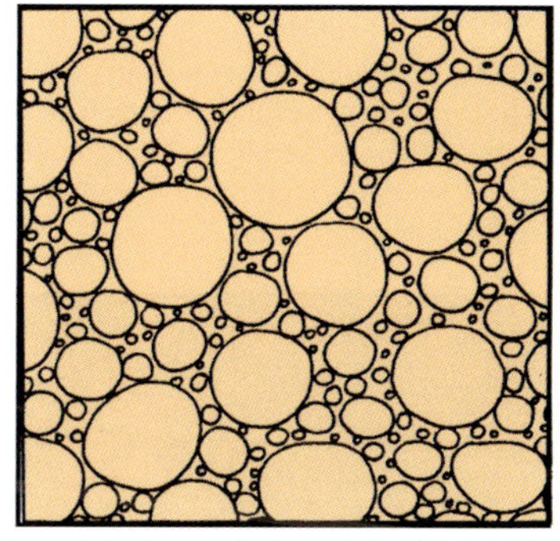

Beispiele für Klassierung: links ein gut klassierter Dünensand, rechts ein schlecht klassierter Flusssand.

Blockmeer von Quarzsandstein an der Hammersteinklippe bei Stieglitzecke.

Gesteine im Fluss...

Am Beispiel der Sieber wollen wir die Geröllfracht eines Harzflusses näher in Augenschein nehmen. Besonders an den Innenkurven der Flussbiegungen (Gleithang) gibt es ausgedehnte Geröll- und Kiesbänke, die sich im Sommer bei Niedrigwasser nicht nur als Kinderspielplatz hervorragend eignen, sondern auch für den Gesteinsfreund höchst informativ sind.

Geröllbank am „Gleithang" in einer Kurve der Sieber.

Da das Siebertal ein starkes Gefälle aufweist, fehlt die für flacheres Land typische Mäanderbildung. Die mitgeführte Geröllfracht spiegelt recht anschaulich die geologische Vielfalt des Einzugsgebietes wider. Die Sieber entspringt in fast 900 m Höhe am Bruchberg im Hochharz, verlässt das Gebirge nach rund 25 Kilometern und 650 m tiefer bei Herzberg und mündet in Hattorf in die Oder, um anschließend über Rhume, Leine, Aller und Weser in die Nordsee zu fließen.

Im Oberlauf sind vereinzelt bis mehrere Tonnen schwere Blöcke kilometerweit mitgeführt worden. Dies geschah jedoch nicht in der Gegenwart, sondern gegen Ende der letzten Kaltzeit durch Schmelzwassermassen, die ganz wesentlich das tief eingeschnittene Harztal geformt haben.

Sehr typisch neben der dominierenden, sehr unterschiedlich gekörnten Grauwacke sind beigegrauer Quarzsandstein, bläulich grauer Kieselschiefer, schwarzer Hornfels, roter Granit, grünlicher Diabas und milchig weißer Gangquarz. Die weitesten Wege haben die Gerölle von Quarzsandstein und Granit hinter sich, entsprechend zeigen sie die beste Rundung. Granit zeigt oft die Formen, die einem Diskus oder einem Brotlaib ähneln.

Nur wenig ins Auge fallen hingegen die im Einzugsgebiet der Sieber weit verbreiteten Ton- und Grauwackenschiefer, die wesentlich weicher sind als die anderen Gesteine, sodass sie recht schnell bis zu Kies- oder Sandgröße zerkleinert werden. In einer alten Kultur- und Industrielandschaft wie dem Harz führt die Geröllfracht natürlich auch Komponenten anthropogenen Ursprungs. Hierzu zählen Scherben, Ziegelreste und Betonbrocken, die gut abgeschliffen für Konglomerate gehalten werden können. Recht unauffällig, aber nicht selten, sind schwarze plattige Schlackenstücke, die aufgrund hoher Metallgehalte recht schwer wirken. Sie gehen hier, wie auch in fast allen anderen Harztälern, auf bereits im Hochmittelalter aufgenommene Erzverhüttung zurück. Verschmolzen wurden anfangs Blei- und Kupfererze vom Rammelsberg, später dann bis Mitte des 19. Jahrhunderts Eisenerze aus den umliegenden Bergen.

Gerölle der Sieber
1 Grauwacke, 2 Quarzsandstein, 3 Granit, 4 Diabas, 5 Gangquarz, 6 Eisenschlacke („Sieberachat") 7 Buntmetallschlacke

Unter Wasser fallen im Sand türkis- bis dunkelblau gefärbte und hübsch gemaserte Flusskiesel ins Auge. Das an einen Halbedelstein erinnernde Aussehen führte zu der volkstümlichen Bezeichnung „*Sieberachat*". Doch handelt es sich „nur" um eine glasige Hochofenschlacke von der 1788–1858 betriebenen Steinrenner Eisenhütte im oberen Siebertal. Das markante Aussehen beruht nicht auf irgendwelchen färbenden Beimengungen, sondern allein auf optischen Streueffekten verursacht durch winzige Entglasungskörperchen. Ganz ähnliches Material findet sich auch im Flussbett der Bode, an der früher ebenfalls zahlreiche Eisenhütten standen.

„Sieberachat" als Geröll aus dem Flussbett der Sieber (Bildbreite 5 cm).

Im gemäßigt feuchten und noch stärker im feuchtwarmen Klima spielt neben der physikalischen auch die **chemische Verwitterung** eine wichtige Rolle. Das Regenwasser enthält stets gelöste Gase, wie Kohlendioxid, Schwefeldioxid oder Stickoxide, woran auch die vor allem von den Industrieländern produzierten Rauchgase einen merklichen Anteil haben, sodass mehr oder weniger „saurer" Regen auf die Erde fällt. Beim Einsickern in den Boden kommen organische Säuren sowie bestimmte gelöste Salze hinzu. Minerale wie zum Beispiel Calcit (Calciumcarbonat, $CaCO_3$) werden von diesem „Cocktail" bevorzugt angegriffen und aufgelöst. Der Effekt der sogenannten **Rauchgasverwitterung** lässt sich an vielen historischen Steingebäuden beobachten.

Kohlensäurehaltiges Wasser vermag wesentlich mehr Calciumcarbonat zu lösen als reines Wasser. Bildet dieses das Bindemittel eines Sandsteins, so lässt die Verwitterung durch einsickerndes Bodenwasser das Gestein recht schnell zu Sand zerfallen. Die Auflösung von Dolomit, Kalk- und Gipsgesteinen, die eine besondere Tiefenwirkung zeigt und Höhlen entstehen lässt, nennt man **Verkarstung.**

Am Beispiel des Granits, der seine sprichwörtliche Beständigkeit relativ rasch einbüßt, soll das Verwitterungsverhalten unten näher betrachtet werden. Auch Organismen (Bakterien, Flechten, Pilze) tragen durch Freisetzung von organischen Säuren in nicht unbedeutendem Maße zur biochemischen Zerstörung von Gesteinen bei. In der Natur greifen die unterschiedlichen Arten der Verwitterung oft Hand in Hand an.

„Hohlsteine" und „Heidensand" – wie Granit „vergrust"...

Granitgebiete haben ihren ganz besonderen landschaftlichen Reiz, was vor allem auf ganz eigentümlichen Verwitterungsformen beruht. Neben dem Brocken und seinem Umfeld bieten vor allem das Bodetal bei Thale und das Okertal bei Oker phantastische Aufschlüsse mit skurrilen Felsgebilden, die im frühen 19. Jahrhundert maßgeblich das „romantische Bild" des Harzes geprägt haben.

Das Tiefengestein Granit, das infolge eines mächtigen, gut isolierenden Daches sehr langsam abkühlt, erfährt durch die damit verbundene Kontraktion eine recht ebenmäßige Klüftung. Der Blick in einen Granitsteinbruch zeigt, wie das Gestein von einem ziemlich regelmäßigen dreidimensionalen Netz von etwa senkrecht aufeinander stehenden Flächen (Klüften) durchzogen ist. Diese vorgegebenen Trennfugen ermöglichen einerseits die Gewinnung von großen Quadern, andererseits bieten sie dem einsickernden Regenwasser einen Weg, um mit dem zerstörerischen Werk zu beginnen. Mit der Zeit erweitern sich die Klüfte zu klaffenden Spalten, an denen der kompakte Felsverband sich auflöst und zu Stapeln großer, rechteckiger, leicht kantengerundeter Blöcke verwandelt. Wegen der markanten Form, die an Ballen zusammengepresster Baumwolle erinnert, spricht man von der **Wollsackverwitterung**. Schöne Beispiele geben Felsformationen wie die Hopfensäcke und Luisenklippe im Brockenfeld oder die isoliert liegenden Blöcke der „Dreibrodesteine" bei St. Andreasberg (Seite 40).

Die hier vor allem chemisch wirksame Verwitterung betrifft bevorzugt den Feldspat als Hauptkomponente des Granits.

Schema zur Verwitterung von Granit

Saure Wässer vermögen bevorzugt, im feuchtwarmen Klima Natrium und Kalium aus den Alkalifeldspäten zu lösen, die sich dadurch zersetzen und unter Wasseraufnahme allmählich in das Aluminiumhydrosilikat Kaolinit verwandeln. Benannt ist das feinkörnige plättchenförmige Tonmineral nach der chinesischen Bezeichnung für Porzellanerde „Kaolin", deren Hauptbestandteil es darstellt. Kaolinit ist der häufigste Vertreter der zweischichtigen Tonminerale, der nicht aufquillt und umgelagert wertvolle Tonlagerstätten bilden kann.

Tischförmiger Granitfelsen auf dem Hohnekamm bei Schierke.

Historischer Granitsandabbau am Rehberger Grabenweg bei St. Andreasberg.

Von Spaltrissen und Korngrenzen ausgehend, schreitet die Kaolinisierung langsam von außen nach innen fort, wodurch die Kornbindung verloren geht und der Granit schließlich zu einer krümeligen Masse zerfällt. Dieser Vorgang wird als **Vergrusung** bezeichnet.

Ein Granit kann äußerlich noch einen intakten Gefügeverband vortäuschen, doch innerlich sind die Mineralkörner schon so stark gelockert, dass sich das Gestein mühelos zwischen den Fingern zerkrümeln lässt. Einzelne kompakte Partien bleiben länger stabil und ruhen als isolierte runde Bollwerke („Felsburgen“) im Granitgrus.

Besonders gut lässt sich diese Erscheinung am Oderteich bei St. Andreasberg studieren, wo der vergruste Granit, von den Bergleuten „Heidensand“ genannt, Anfang des 18. Jahrhunderts als Dichtungsmaterial für den Staudamm des Oderteichs diente. Als Stützkörper wurde aus den reichlich vorhandenen Wollsäcken, damals „Hohlsteine“ genannt, ein „Zyklopmauerwerk“ errichtet (siehe Seite 118).

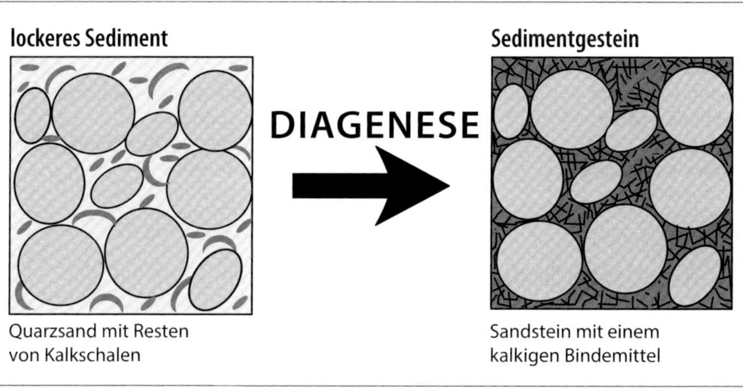

Schema zur Diagenese eines Kalksandsteins

Aus weich wird hart – die Diagenese

Das vom Festland abgetragene und schließlich als Feinkorn bis ins Meer verfrachtete Material wird als „Detritus“ bezeichnet. Durch das Eigengewicht des abgelagerten Sedimentstapels verdichten sich die Lockermassen, entwässern und werden zu einem festen Gestein. In den Porenwässern gelöste Stoffe bilden dünne Filme („Zemente“) zwischen den Mineralkörnern und verbinden diese miteinander. Die dabei ablaufenden Vorgänge werden zusammenfassend als **Diagenese** bezeichnet. Wesentliche Faktoren dabei sind der vom Eigengewicht hervorgerufene innere Druck und die mit zunehmender Absenkung steigende Temperatur. Werden aus Quarz bestehende Sandkörner durch ein kieseliges Bindemittel (Chalcedon, Quarz) verkittet, so entsteht ein überaus fester Quarzsandstein.

Enthält ein am Strand abgelagerter Quarzsand reichlich Reste von Muschelschalen aus Calciumcarbonat, so scheidet sich bei der Diagenese bevorzugt Calcit in den Zwickeln zwischen den Sandkörnern aus und verbindet diese als Zement. Es entsteht ein Kalksandstein, der weniger hart und robust ist, als ein Sandstein mit einem quarzigen

Bindemittel. Als Zemente können auch Tonminerale oder oxidische Eisenminerale auftreten.

Bei der Gebirgsbildung können sich die Ablagerungsmächtigkeiten über große geologische Zeiträume auf zum Teil mehr als 5 Kilometer summieren. Übersteigt die Versenkungstemperatur 200 °C, geht die Diagenese allmählich in eine Gesteinsmetamorphose über, wobei es zu vielfältigen Mineralumwandlungen kommt (siehe Kapitel 8).

Im Verlauf der Diagenese verwandeln sich Lockersedimente in feste Sedimentgesteine:

Lockermaterial	→	**Festgestein**
Rundschotter, Kies		Konglomerat
eckiger Gesteinsschutt		Brekzie
Schlamm + Gesteinsschutt		Fanglomerat
Sand und Gesteinsbruchstücke		Grauwacke
Quarzsand		Quarzsandstein
Sand + Tonminerale		toniger Sandstein (zum Beispiel Gaukonitsandstein)
Sand + Kalk		Kalksandstein
Sand + Feldspat		Arkose, feldspathaltiger Sandstein
Schluff und Silt		Schluff- und Siltstein
reiner Ton		Tonstein, Schieferton, Tonschiefer
Ton + Kalk (Mergel)		Mergelstein (mergeliger Tonstein, usw.)

7.1 Klastische Sedimentgesteine

Beginnen wir die Betrachtung der Sedimentgesteine mit den weitverbreiteten **Klastiten**, von denen insbesondere Grauwacken, Konglomerate, Sandsteine und Tonschiefer im Harz sehr verbreitet sind. Eine zweckmäßige Unterteilung erfolgt nach der Korngröße: die grobkörnigen (>2 mm) heißen **Psephite**, die mittelkörnigen (2–0,02 mm) **Psammite** und die feinkörnigen (<0,02 mm) **Pelite**.

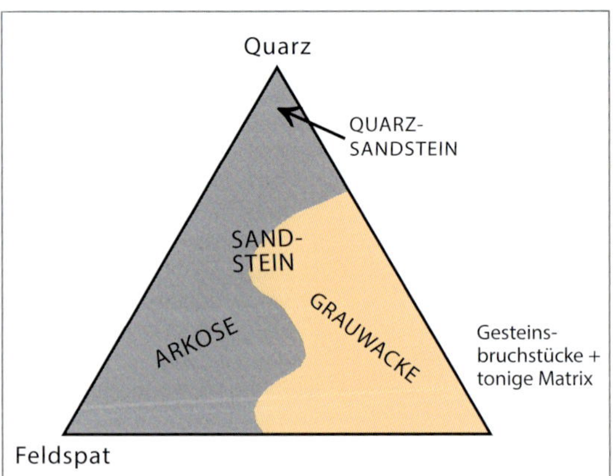

Zusammensetzung von klastischen Sedimentgesteinen

Echt harztypisch – Grauwacke

Kein anderes Gestein ist so typisch für den Harz wie dieser unreine, kaum geschichtete Vertreter aus der Gruppe der Psephite. Der sehr einfache, aber geniale Name ist der Bergmannssprache entlehnt, „Wacke" steht allgemein für Stein und „grau" für die vorherrschende Farbe. Als „greywacke" fand das Wort auch Eingang in das englische Schriftum.

Es handelt sich um einen Sammelnamen für höchst unterschiedlich zusammengesetzte, meistens grobkörnige Sandsteine, die neben tonigen und sandigen Bestandteilen reichlich Gesteinsbruchstücke enthalten und daher „unrein" sind.

Charakteristische Merkmale sind eine schlechte Sortierung und eine manchmal ausgebildete „gradierte" Schichtung: grobkörnige Lagen gehen nach oben hin fließend in feinkörnige Lagen über. Grauwacken zählen zu den „unreifen" klastischen Sedimentgesteinen. Das Material ist schlecht aufbereitet, da es nur kurze Transportwege zurückgelegt hat.

Die Harzer Grauwackenbildung erstreckte sich zeitlich vom Oberdevon bis ins unterste Oberkarbon.

Im Allgemeinen sind die Harzer Grauwackenfolgen durch eine ausgeprägte Fossilarmut gekennzeichnet. Eine Ausnahme bilden stark inkohlte Pflanzenreste, die lokal nesterartig angereichert auftreten und durch ihre schwarze Farbe auffallen. Es handelt sich vorwiegend um zusammengeschwemmte Pflanzenteile, die belegen, dass es in den Liefergebieten bereits baumgroße Landpflanzen gab. Im Unterkarbon vor rund 350 Millionen Jahren hatten die Pflanzen gerade das Festland erobert. Die Vegetation umfasste Baumfarne sowie Schuppen- und Siegelbäume, wie sie später im Oberkarbon große Wälder bildeten, aus deren Resten die Steinkohlevorkommen im Ruhrgebiet, an der Saar oder in Oberschlesien entstanden sind. Dieses sogenannte „produktive" Oberkarbon ist im Harz allerdings nirgendwo ausgebildet. Da die Füllung des variszischen Troges zeitlich von Südosten nach Nordwesten voranschritt, finden wir nur an der Nordwestspitze des Harzes, in der Gegend von Neuekrug-Hahausen, oberkarbonische Grauwacken aus dem tiefsten Namur.

Im Zuge der variszischen Faltung wurde die versenkten Schichtpakete zu weitgespannten Sätteln und Mulden mit erzgebirgisch streichenden Achsen zusammengepresst.

Turbidite

Die Grauwackensedimentation in einem sich rasch absenkenden Trog kennzeichnet das sogenannte **Flyschstadium** der variszischen Gebirgsbildung, das mit einer Dehnung der Erdkruste einherging. Besonders charakteristisch dafür sind monotone Wechsellagerungen von grobkörnigen Grauwacken und feinkörnigen Tonschiefern, die im Oberharz Mächtigkeiten von mehr als 1.000 m aufweisen. Für diese Ausbildung des Unterkarbons wurde der Begriff „Kulmfazies" geprägt. Die grobklastischen Schüttungen erfolgten von Flüssen im Bereich eines ausgedehnten Flussdeltas ins Meer. An den steilen Beckenrändern kamen wiederholt große Materialmengen ins Rutschen und glitten als Trübeströme lawinenartig in die Tiefe, wobei es zu Klassierungseffekten kam. Während sich Kies und Sand schnell absetzten, verharrten Schluff- und Tonteilchen länger in der Trübe und sedimentierten erst in weiterer Entfernung. Solche Ablagerungen werden als „Turbidite" bezeichnet.

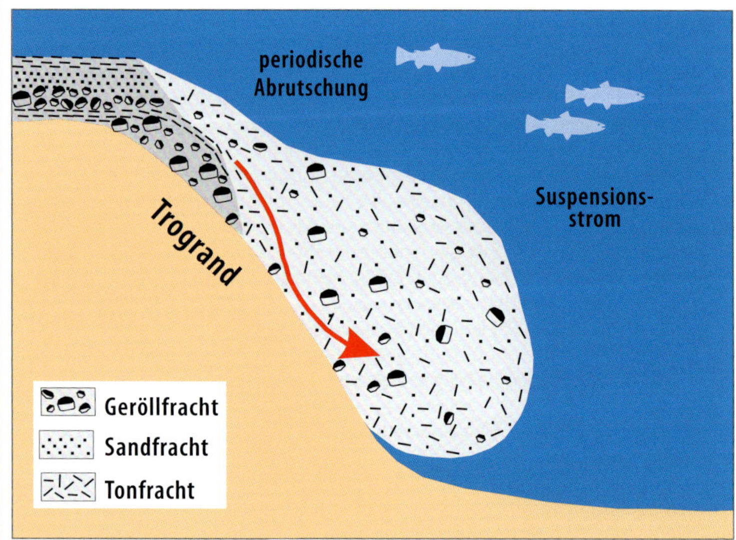

Entstehung von Turbiditen durch subaquatische Rutschung (Suspensionsströme).

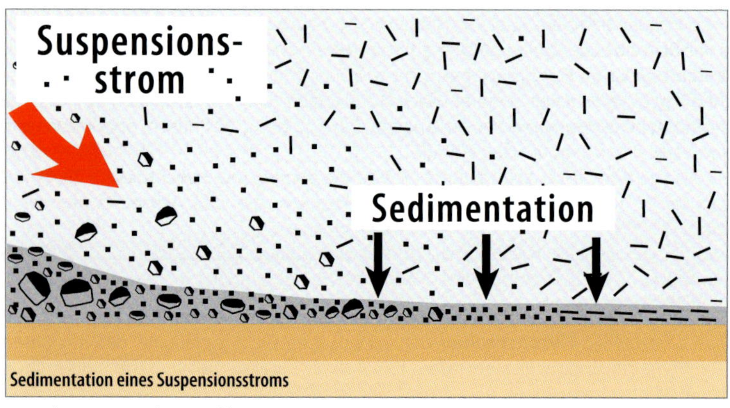

Entstehung von gradierten Ablagerungen aus Suspensionsströmen, wie sie die Grauwacke-Ton-schiefer-Wechsellagerungen im Oberharz darstellen.

Grauwacke-Tonschiefer-Wechsellagerung im Steinbruch am Einersberg bei Clausthal-Zellerfeld.

Im Harz unterscheiden sich verschiedene regionale Grauwackeneinheiten, wie Oberharzer-Grauwacke, Sieber-Grauwacke, Tanner-Grauwacke, Südharz-Grauwacke und Selke-Grauwacke, die jeweils sehr unterschiedliche Gesteinsvarietäten beinhalten können.

Die größte Vielfalt an Grauwacken bietet die „Clausthaler Kulmfaltenzone" im nordwestlichen Oberharz. Hier bilden diese zusammen mit Ton- und Kieselschiefern den Untergrund einer markanten, rund 600 m über dem Meeresniveau liegenden Hochfläche.

„Kulm"-Grauwacke

Unterkarbonische Grauwacke bildet das vorherrschende Nebengestein der Oberharzer Blei-Zink-Silber-Erzgänge und wurde daher durch den bis 1.000 m tiefen Bergbau recht gut aufgeschlossen.

Lokal lassen sich hier Grauwacken beobachten, die ihrem Namen eigentlich nicht mehr gerecht werden, da sie eine markante Rotfärbung aufweisen. Ursache hierfür ist Eisenoxid (Hämatit), das feinverteilt das tonige Bindemittel imprägniert und auch als Kluftbelag auftritt. In diesem Fall ist davon auszugehen, dass die Rötung erst nach der Gesteinsbildung erfolgte, also epigenetisch ist. Hierfür kommen im Wesentlichen zwei Ursachen infrage:

- Einfluss des ariden Klimas im unteren Perm (Rotliegenden), als die gefalteten variszischen Ablagerungen erstmals der Verwitterung ausgesetzt waren. Bereiche der „altpermischen Landoberfläche" beschränken sich wegen der späteren Kippung der Harzscholle auf den südlichen Gebirgsteil.
- Einwirkung hydrothermaler Lösungen im Zusammenhang mit der Gangmineralisation. Man spricht in diesem Fall von einer hydrothermalen Alteration. Die Rötung betrifft das Nebengestein meist nur in der unmittelbaren Nähe zu den Erzgängen.

Verbunden damit erfuhr die Grauwacke nicht selten auch eine Bleichung, hervorgerufen durch die Neubildung von Tonmineralen der Kaolinit-Gruppe (siehe Kapitel 6).

„Normale“ Grauwacke ist im frischen Zustand bläulich oder bräunlich grau. Erkennungsmerkmale sind die teils eckigen, teils gerundeten Gesteinsbruchstücken, wobei insbesondere die weißen Milchquarzgerölle auffallen. Kaum ins Auge fällt der manchmal recht hohe Anteil von stark kaolinisiertem Feldspat (bis 20 %), der kleine, stumpf wirkende, weißgraue Flecke bildet.

Die durchschnittliche modale Zusammensetzung einiger markanter Harzer Grauwackenarten beträgt nach Müller & Strauss (1987):

Komponente	mittelkörnige Oberharz-Grauwacke (n =20)	mittelkörnige Tanner-Grauwacke	Südharz-Grauwacke (n = 14)
Feldspat	20	32	30
Quarz	28	24	25
Glimmer	2	2	2
Chlorit	13	15	11
Limonit	< 1	8	3
Sonstige	12	< 1	1
Summe freier Minerale	75	81	72
Vulkanite	4	5	10
Plutonite	3	3	4
Sedimentite	3	5	4
Schiefer	11	3	3
Quarzite + Gangquarzgerölle	5	3	7
Summe Gesteinsfragmente	25	19	28

Eine verblüffende Tatsache ist eine extrem geringe, doch stets nachweisbare Goldführung der Harzer Bäche, die im Wesentlichen von verwitterten Grauwacken (Homann 1993) herrührt. In hydrothermalen Lagerstätten tritt Gold sehr häufig zusammen mit Quarz auf. Da die Oberharzer Erzgänge praktisch goldfrei sind, lässt sich schließen, dass die in den Grauwacken reichlich vorhandenen Milchquarze, die aus dem Bereich der mitteldeutschen Kristallschwelle stammen, gelegentlich Gold mit sich führten. Möglicherweise wurden goldführende Quarzgänge abgetragenen, ähnlich denen, wie es sie verbreitet im Gebiet der „Böhmischen Masse“ unweit von Prag gibt, wo früher ein ansehnlicher Goldbergbau umging.

Zahlreiche gute Aufschlüsse von Kulm-Grauwacken und Tonschiefern bietet das Tal der Innerste, die von Buntenbock über Wildemann und Lautenthal nordwärts in Richtung Harzrand fließt. In zahlreichen kleinen und größeren Steinbrüchen wurde das ebenmäßig gebankte Hartgestein früher als Bau- und Pflasterstein gewonnen.

Jung’scher Steinbruch (A4126/11)
Diese heute verlassene Gewinnungsstätte liegt am Einersberg östlich des Innerstetals, dort wo die von Clausthal-Zellerfeld nach Seesen führende B242 das Tal verlässt. Der leider stark zugewachsene Aufschluss zeigt kulmische Grauwacken und Tonschiefer in einem großen nordwestvergenten Sattel. Stellenweise enthält die mittelkörnige Grauwacke Reste fossiler Schachtelhalm- und Schuppenbaumgewächse.

Inkohlte Pflanzenreste in Grauwacke aus dem Innerstetal (Handstückbreite 15 cm).

Steinbruch am Einersberg (A4126/12)
Dieser zur Gewinnung von Wasserbausteinen zeitweise betriebene Steinbruch kann auf einem südlich von Silbernaal (Medingschacht, Kraftzwerg) von der B242 abzweigenden Fahrweg, der parallel zur ehemaligen Bahntrasse verläuft, zu Fuß erreicht werden. In der Bruchwand ist die halbsteilstehende Grauwacke-Tonschiefer-Wechsellagerung hervorragend aufgeschlossen. Die relativ feinkörnige Grauwacke enthält stellenweise fossile Pflanzenreste und millimeterfeine Klüfte, die mit Hämatit, Quarz und Siderit gefüllt sind und vermutlich im Zusammenhang mit der Mineralisation des unweit von hier verlaufenden Silbernaaler Gangzugs stehen. Eine Besonderheit stellen Funde von Kanonenkugel-ähnlichen, massiven Konkretionen dar, die einen sedimentär-diagenetischen Ursprung haben dürften.

Falte in feinsandiger Grauwacke mit Tonschiefer aus dem Clausthaler Bergbaurevier (Handstückbreite 15 cm).

Grauwacke mit gradierter Schichtung aus dem Steinbruch am Einersberg bei Clausthal.

Grobklastische Grauwacke mit Tonschieferbruchstücken/Spaltenfüllung im Iberger Riffkalk.

Steinbruch an der ehemaligen Clausthaler Bleihütte (A4326/01)
Der als Geotop bekannte Steinbruch am Oberlauf der Innerste, circa 500 Meter südlich der ehemaligen Clausthaler Bleihütte, zeigt mächtige Grauwackebänke mit dünnen Tonschieferzwischenlagen, die hier steil stehen. An der nördlichen Abbauwand sind auf den Schichtunterflächen interessante Sedimentationserscheinungen aufgeschlossen. Hierzu zählen Schleifmarken, Erosionsrinnen und Strömungswülste, wie man sie heute im Wattenmeer beobachten kann.

Strömungsmarken auf einer Schichtfläche im Grauwacke-Steinbruch an der Innerste, unweit der ehemaligen Clausthaler Bleihütte (Frankenscharrnhütte).

Steinbruch am Dietrichsberg bei Altenau (A4128/24)
Gute Studienmöglichkeiten bietet ein Steinbruch direkt an der K38, die durchs Hellertal von Clausthal-Zellerfeld nach Altenau führt, rund 500 Meter westlich der Einmündung des Schwarzen Wassers in die Oker.

Sieber- und Tanner Grauwacke
Sieber- und Tanner Grauwacke prägen im südlichen Mittelharz die Täler von Sieber und Oder. Die ebenfalls unterkarbonische Grauwacke zeigt ganz ähnliche Ausbildungen wie im Oberharz.

Ein guter Aufschluss von Tanner-Grauwacke befindet sich bei Bad Lauterberg am Westufer des Oderstausees, dem hier die B27 folgt. In einem aufgelassenen Steinbruch (A4328/19), rund 600 Meter nordöstlich des Staudamms steht Grauwacke mittelkörniger und konglomeratischer Ausbildung an. Hier lässt sich die Rötung als charakteristisches Relikt der permischen Landoberfläche erkennen. In Form von „Plattenschiefer" fanden feinsandige Gesteine des Tannerzuges im Selketal als Baustein Verwendung (A4332/10).

Südharz-Grauwacke

Diese bereits im Oberdevon gebildete, relativ feinkörnige Grauwacke ist in den Tälern nördlich von Ilfeld gut aufgeschlossen. Am Unterberg (A4330/29), nordöstlich des Bahnhofs Eisfelder Talmühle (Harzquerbahn), wird dieses Gestein seit mehr als 100 Jahren abgebaut. Früher lieferte das Vorkommen hauptsächlich Pflastersteine, heute reicht die breite Produktpalette von Wasserbausteinen, über Schottersorten, bis zu Mineralgemischen für den Wegebau und Zuschlägen für Beton.

Die zeitlich äquivalente, sehr ähnlich ausgebildete Selke-Grauwacke wird am Nordharzrand, zwischen Ballenstedt und Rieder in einem Tagebau gewonnen und zu Schotter und Splitt für den Straßenbau verarbeitet (A4332/04).

Konglomeratische Grauwacke im Sösetal (A4326/12)

Aus verbackenem Rundschotter bestehende, unterkarbonische Grauwackenkonglomerate gibt es in der sogenannten Sösemulde, nordöstlich von Osterode. Bezüglich der Ablagerungen stellt diese Einheit die östliche Fortsetzung der Oberharzer Kulmfaltenzone dar. Eine besonders grobkörnige Ausbildungsform lässt sich in einem alten, heute leider stark zugewachsenen Steinbruch am Ostufer des Sösestausees beobachten. In der geologischen Literatur wird das Gestein als „Sösekonglomerat" bezeichnet. Die Gesteinsblöcke erinnern auf den ersten Blick an gesprengte Betonklötze. Es handelt sich um linsenförmige, bis 12 Meter mächtige Körper, die unregelmäßig in die unterkarbonischen Grauwacken-Tonschiefer-Serien eingeschaltet sind und ohne scharfe Grenze in diese übergehen. Die Bildung zeugt vermutlich von gewaltigen Flutereignissen, die kurzzeitig extrem grobklastisches Material vom Festland ins Meer schütteten.

Die Zusammensetzung ist sehr bunt und entspricht in etwa den normalen Grauwacken, nur sind die meisten Gesteinsfragmente sehr groß (bis 20 cm Korngröße). Diese liefern wertvolle Informationen über die Zusammensetzung der alten kristallinen

Extrem grobkörnige Grauwacke, sogenanntes Sösekonglomerat vom Ostufer des Sösestausees. Auffällig sind die großen weißen Milchquarzgerölle (Handstückbreite 12 cm).

Hebungsgebiete, die dieses Material lieferten (Mohr 1993). Vorherrschend lassen sich Kieselschiefer, Diabase, Quarzite und Grauwacken beobachten. Hinzu kommt ein beträchtlicher Anteil von Fragmenten kristalliner Gesteine wie Granite, Gneise, Glimmerschiefer und Phylliten, deren Anteil mehr als 40 % betragen kann. Diese weisen auf Abtragungsgebiete im Bereich der mitteldeutschen Kristallinschwelle hin und belegen Schüttungen aus dem Südosten. Bindemittel sind sandiger Ton, Glimmer, Chlorit, Quarz und Karbonate.

Konglomeratische Grauwacken mit nussgroßen Geröllen sind auch andernorts im Oberharz anzutreffen, zum Beispiel östlich von Clausthal-Zellerfeld im Bereich des Polstertals (unterhalb vom Polsterberger Hubhaus) als Lesesteine (A4328/01).

Konglomerate des Rotliegenden bei Hettstedt

Rot gefärbte Konglomerate, die neben gerundeten Quarziten auch Vulkanite enthalten und daher auch „Porphyrkonglomerate“ (Eisleben-Schichten, Oberrotliegendes) genannt werden, treten am östlichen Harzrand auf. Bei Hettstedt gewann man sie früher im Tal der Heiligen Reiser als Baustein (A4534/05). Heute bilden die aufgelassenen Steinbrüche sehenswerte Aufschlüsse. Die horizontartig in Kies- und Sandablagerungen eingebetteten, gut gerundeten Gerölle zeigen Durchmesser von 5–10 cm. Hier liegen sie, unter einer schwachen Verstellung (Winkeldiskordanz), auf ebenfalls geröteten Schiefertonen und Glimmersandsteinen des Oberkarbons.

Rotgefärbtes Konglomerat mit ausgeprägter Schichtung bei Hettstedt.

Zechstein-Konglomerat

Geringmächtige Konglomerathorizonte von großflächiger Erstreckung belegen in der Erdgeschichte das Vorrücken des Meeres auf ein allmählich absinkendes Festland. Der Geologe spricht von einem *Transgressionskonglomerat*, das sich an der landwärts fortschreitenden Küstenlinie bildet. Ein klassisches Beispiel gibt das am Südharzrand ausgebildete, selten mehr als 1–2 Meter mächtige Basiskonglomerat des Zechsteins, das vor rund 250 Millionen Jahren entstand und hier entweder das Rotliegende überlagert oder direkt auf dem gefalteten Grundgebirge liegt.

Es beinhaltet von der Brandung mehr oder weniger stark abgerollte Bruchstücke von älteren Harzgesteinen. Nach Untersuchungen von Herrmann (1957) handelt es sich am südwestlichen Harzrand vorwiegend um erbsen- bis kieselgroße Gerölle von Grauwacken, Kieselschiefern, Gangquarzen, Kalksteinen und Quarziten, die durch ein gelbbraunes, kalkiges Bindemittel verbacken sind.

Ein klassischer Aufschluss (A4528/05) befindet sich direkt am Parkplatz des Walkenrieder Klosters am Ufer der Wieda. Das massige Konglomerat liegt „diskordant" auf dem feingeschichteten Walkenrieder Sandstein, der hier die oberste Einheit des Rotliegenden darstellt. Im Hangenden folgen Kupferschiefer und Zechsteinkalk.

Sandsteine

Wenden wir uns als nächstes den Psammiten zu, die sowohl im Harz als auch in seinem Vorland in Form von Sandsteinen reichlich vertreten sind. An einigen ausgewählten Beispielen wollen wir die markantesten Ausbildungsformen näher betrachten. Fließende Übergänge bestehen zu den gut sortierten Quarzsandsteinen einerseits und den schon betrachteten schlecht klassierten Konglomeraten und Grauwacken andererseits.

Unterdevonische Sandsteine

Ausgesprochen harte Sandsteine aus dem Unterdevon finden wir verbreitet im nordwestlichen Teil des Gebirges, etwa im Gebiet zwischen Gose und Oker südöstlich von Goslar im sogenannten Oberharzer Devonsattel. Der sogenannte **Kahlebergsandstein** (benannt nach dem „Kahlen Berg" nördlich von Zellerfeld) umfasst eine mehr als 1.000 Meter mächtige Abfolge von hauptsächlich feinsandigen Meeresablagerungen mit Einschaltungen von Tonschiefern, Schluffsteinen und sehr selten auch Kalksteinen. Der meistens graue, feinkörnige, häufig ziemlich reine Sandstein lässt oft eine deutliche Feinschichtung erkennen. Während die Feldspatgehalte stets nur gering sind oder völlig fehlen, können Schichtsilikate (Muskovit, Chlorit,) und Karbonate (Dolomit und Eisenhaltiger Dolomit) als Nebenbestandteile stellenweise reichlich vertreten sein (Paul 1975). Die leicht zu Limonit verwitternden, eisenhaltigen Karbonate verleihen dem Gestein äußerlich bisweilen eine braune Färbung.

Aufgrund seiner großen Widerstandsfähigkeit bildet dieser Sandstein die höchsten Erhebungen im nordwestlichen Oberharz, nämlich den 727 m hohen Bocksberg und die 762 m hohe Schalke; beides markante Aussichtsgipfel.

Als Besonderheit innerhalb dieser sonst ziemlich sterilen Sandsteinabfolge sollen die durch schöne Fossilfunde bekannten „speciosus Schichten" hier erwähnt werden. Eine Kalksteinbank mit reichlich Resten von Muscheln, Brachiopoden und Crinoiden („Spiriferensandstein") markiert die stratigrafische Grenze zwischen Unter- und Mitteldevon. Klassische Fundstelle ist die Schalker Mulde unweit von Oberschulenberg (A4128/26).

Im sogenannten Communion-Steinbruch am Rammelsberg wurde unterdevonischer Sandstein abgebaut.

Zinkblendeflecken in hellem, unterdevonischem Sandstein, sogenannter Sommersprossen-Quarzit vom Erzbergwerk Rammelsberg (Handstückbreite 5 cm).

Aus einigen besonders feinkörnigen, plattig spaltenden Sandsteinarten wurden früher Schleif- und Wetzsteine hergestellt. Auf diese Nutzung deutet zum Beispiel der Name „Schleifsteinstal" (südlich von Goslar) hin.

Eine Besonderheit, die allerdings über Tage nirgendwo aufgeschlossen ist, stellt der sogenannte **Sommersprossen-Quarzit** dar. Im Bereich der Erzlagerstätte Rammelsberg fand sich stellenweise ein mit brauner Zinkblende gesprenkelter, heller, unterdevonischer Sandstein, der von den Bergleuten diesen anschaulichen Namen erhielt (Kraume 1955). Es handelt sich um eine hydrothermale Imprägnation, die nach der Gesteinsbildung erfolgte, also „epigenetisch" ist.

Zahlreiche aufgelassene Steinbrüche zeugen von der historischen Nutzung dieses auch gegenüber Umwelteinflüssen sehr resistenten unterdevonischen Sandsteins als Baumaterial. In der Altstadt von Goslar und an den Wallanlagen wurde er reichlich verbaut (Frank 1985).

Durch den hohen Quarzanteil bricht das sehr harte Gestein eckig und scharfkantig. Im Mittelalter wurden wegen der schwierigen Gewinnbarkeit aus dem Anstehenden vornehmlich abgerundete Lesesteine aus Flussbetten oder Flussschotterterrassen verwendet.

Einen Besuch verdient der ehemalige Communion-Steinbruch (A4128/08), der sehr exponiert am Rammelsberg oberhalb des Erzbergwerks und UNESCO-Weltkulturerbes

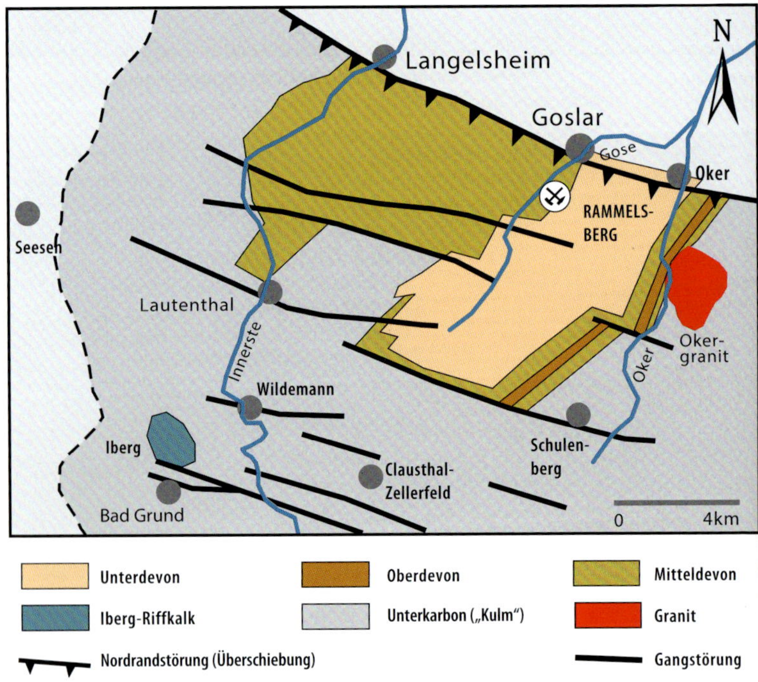

Geologische Skizze des Oberharzer Devonsattels

liegt. Die Zufahrt erfolgt vom Bergtal (Straße zum Bergbaumuseum) aus, über die zur Jugendherberge und weiter zur Gaststätte Maltermeister Turm führende schmale Straße. Vom Parkplatz am ehemaligen Winkler-Wetterschacht führt ein steiler Pfad hinauf zum Bruch, der Ende des 18. Jahrhunderts zur Gewinnung von Versatzmaterial für den Bergbau angelegt wurde. Im bankigen Sandstein markiert eine durch krustigen Limonit stark braun gefärbte Zone den Ausbiss einer geringmächtigen, schichtgebundenen Sulfidvererzung (HANNAK 1978).

Quarzsandstein
Ausgesprochen rein ist ein nach seinem markantesten Vorkommen als Acker-Bruchberg-Quarzit („Kammquarzit") bezeichneter Quarzsandstein. Weil hier keine metamorphe Überprägung vorliegt, sollte die Bezeichnung Quarzit jedoch vermieden werden. Das sehr harte Gestein formt einen 800–900 m hohen, „erzgebirgisch" streichenden Zug, der als Härtling die Clausthaler Hochfläche um etwa 200 m überragt.

Der hellgraue, mittel- bis feinkörnige, kaum geschichtete Quarzsandstein bildete sich während des frühen Unterkarbons, durch wiederholtes Umlagern von Sandkörnern entlang einer langen Rinne. Ausgezeichnet klassiert und sortiert handelt es sich um ein sehr „reifes" (matures) Sediment, das von seiner Entwicklung her das genaue Gegenteil der fast zeitgleich abgelagerten Grauwacke darstellt. Die Porenräume zwischen den gut gerundeten Sandkörnern sind fast vollständig mit Quarzzement ausgefüllt, was dem Gestein eine hohe Festigkeit verleiht.

Ein lohnendes Wanderziel ist die Ausflugsgaststätte Hanskühnenburg (811 m), in deren Umgebung sich der Quarzsandstein an Felsklippen und Blockmeeren gut studieren lässt. Der gleichnamige Felsen (A4328/05) weckte schon Goethes Interesse und wurde vom Maler Melchior Kraus für ihn skizziert.

Blick von der aus Quarzsandstein bestehenden Wolfswarte am Bruchberg auf Altenau.

Feingeschichteter Quarzsandstein vom Bruchberg

Auch die vom Parkplatz an der Stieglitzecke (B 242) aus bequem erreichbare Hammersteinklippe (A4328/03) besteht aus diesem Gestein und bietet einen großartigen Ausblick über die Sösemulde bis zum Südharzrand bei Osterode.

Nur bei guten Sichtverhältnissen ist eine Wanderung auf dem Bruchberg zur 923 m hohen Wolfswarte (A4328/04) empfehlenswert. Von der Klippe aus blickt man hinunter auf Altenau und auf weite Bereiche der Oberharzer Hochfläche.

Der Quarzsandstein des Acker-Bruchberg-Zuges besteht nach Müller & Strauss (1987) aus 95,6 % Quarz, 1,3 % Glimmer/Chlorit, 0,5 % Plagioklas, 1,2 % Akzessorien (Hämatit, Turmalin, Zirkon, Klinozoisit) und 1,4 % Gesteinsfragmenten.

Interessant ist die überregionale Verbreitung des sehr charakteristischen Gesteins. Sein Auftreten erstreckt sich als schmaler, rund 300 km langer Streifen vom Kellerwald im Nordwesten Hessens („Kellerwald-Quarzit") über den Harz bis in die Nähe von Magdeburg („Gommern-Quarzit").

Früher dienten die ausgedehnten Blockhalden dort, wo sie einigermaßen leicht zugänglich waren, zur Gewinnung von Bruchsteinen. Insbesondere im 19. und frühen 20. Jahrhundert fand das Gestein zur Herstellung von Packlagen und Pflastersteinen für den Chausseebau Verwendung. Alte, heute stark zugewachsene Abbaustätten liegen unterhalb der Hammersteinklippe und an der Wolfsklippe östlich von Kamschlacken. Auch als Geschiebe oder Flussgeröll ist der Quarzsandstein durch seine glatte Oberfläche und beige Färbung unverwechselbar.

Im mittleren Abschnitt des Siebertals, rund 15 Kilometer vom Ursprungsgebiet entfernt, finden sich vereinzelt an Brotlaibe erinnernde Geschiebeblöcke von mehr als einer Tonne Gewicht. Die Verfrachtung erfolgte vermutlich gegen Ende der letzten Kaltzeit durch starke Schmelzwasser (fluvioglazialer Transport).

Permosilesische Sandsteine

Sowohl während des Oberkarbons als auch während des Rotliegenden erfolgte die Sedimentation auf dem Festland unter wüstenhaften Klimabedingungen. Das grobkörnige Material, das hier große Becken füllte, bildet die größtenteils aus Konglomeraten, Arkosen und Sandsteinen bestehende sogenannte **Molasse** des variszischen Gebirges. Die vorherrschende Rotfärbung beruht auf Eisenoxid (meist Hämatit), das die Körner dünn überkrustet. Da diese Art der grobklastischen Sedimentation im östlichen Teil des Gebirges bereits während des Oberkarbons einsetzte, wird die gesamte Einheit zusammenfassend auch **Permosilesium** (*Silesium*, nach dem neulateinischen *Silesia* für

Schlesien, ist die alte stratigrafische Bezeichnung für die Schichten des Oberkarbons) genannt.

Im Harz beschränkt sich das Vorkommen solcher Rotsedimente im Wesentlichen auf vier Gebiete: den Harzrand zwischen Seesen und Neuekrug-Hahausen ganz im Westen, das Ilfelder Becken im Süden und dessen Fortsetzung, das Meisdorfer Becken im Nordosten, sowie das Gebiet zwischen Grillenberg und Mansfeld am östlichen Gebirgsrand. Hier wie auch im südöstlich vorgelagerten Kyffhäuser weisen die permosilesischen Schichten ihre größten Mächtigkeiten auf.

Die roten Sandsteine, denen das „Rotliegende“ seinen Namen verdankt, kommen bisweilen auch in gebleichter grauer Ausbildung vor; beispielsweise im Liegenden des Kupferschiefers am südöstlichen Harzrand. Von den Mansfelder Bergleuten erhielt diese Formation die Bezeichnung „Weißliegendes“. Hervorragende untertägige Aufschlüsse bietet das Bergbau-Erlebniszentrum Röhrigschacht in Wettelrode (Sangerhäuser Kupferschieferrevier, A 4532/05).

Walkenrieder-Sandstein

Ein gleichkörniger, kaum verfestigter Sandstein bildet im Gebiet zwischen Walkenried und Ellrich die oberste Schicht des Rotliegenden. Südlich der Landstraße, die beide Orte verbindet und die ehemalige innerdeutsche Grenze quert, liegen einige Aufschlüsse des hier bis 10 Meter mächtigen, hellgrauen bis beigen Sandsteins. Die etwa gleichgroßen Sandkörner weisen einen hohen Rundungsgrad auf, was für ein sehr „reifes“ Sediment spricht. Vermutlich handelt es sich um einstige Dünensande, die durch gleichmäßige Wüstenwinde infolge mehrfacher Umlagerung eine ausgezeichnete Klassierung erfuh-

Gut geschichteter Walkenrieder-Sandstein, überlagert von Zechsteinkonglomerat, am Wiedaufer bei Walkenried (Bildbreite 60 cm).

ren. Erkennbar sind Schräg- und Kreuzschichtungen. Am westlichen Ortseingang von Ellrich wird dieser helle, weiche Sandstein heute abgebaut (A4528/07). Früher diente das Material in der Gießereitechnik als Formsand. Auch im bereits erwähnten Aufschluss am Wiedaufer hinter dem Kloster Walkenried (A4528/05) lässt sich der schräg geschichtete Sandstein mit dem diskordant darauf liegenden Zechstein-Konglomerat beobachten.

Buntsandstein

Dieser Name, der eigentlich stratigrafisch für die unterste Abteilung der dreigeteilten Trias (gefolgt von Muschelkalk und Keuper) steht, wird umgangssprachlich synonym auch für das Hauptgestein dieser Formation, einen festen, dickbankigen, roten Sandstein gebraucht. Aufschlüsse bietet die den Harz umgebende Schichtstufenlandschaft. Beispielsweise im südlichen Vorharz der sich von Wulften bis Pöhlde erstreckende Rotenberg oder im nördlichen Harzvorland der Harlyberg bei Vienenberg. Nur dort, wo der Sandstein hinreichend fest und homogen geschichtet vorliegt, war er als Bau- und Werkstein nutzbar. Wegen des teils tonigen und teils karbonatischen Bindemittels erweist sich der Trias-Sandstein als nicht immer verwitterungsbeständig.

Interessante Aufschlüsse von dickbankigen Sandsteinen des Mittleren Buntsandsteins bietet der Harly nördlich von Wöltingerode; zum Beispiel in einem ehemaligen Steinbruch im Bärental, an dessen Ende die „Kräuter-August-Höhle“ (A4128/35) liegt. Die 14 Meter mächtige Partie von rotem, grobkörnigem Sandstein lässt Kreuzschichtung und, auf den Schichtflächen, Wellenfurchen erkennen. Bei der 6–7 Meter tiefen Aushöhlung, die hinter einer mehrere Meter mächtigen Bruchmasse liegt, handelt es sich um einen alten Abbauversuch.

Durch Winderosion angegriffener Buntsandstein in einem historischen Mauerwerk am Südharzrand.

Glaukonitsandstein

Von den verschiedenen Sandsteinarten der „subherzynen Kreidemulde" im nördlichen Harzvorland fällt der während der Unterkreide abgelagerte Hilssandstein durch seine, im frischen Zustand, hell-graugrüne Farbe auf. Ursache dafür ist das glimmerähnliche Kalium-Eisen-Aluminium-Hydrosilikat Glaukonit, das in Form eingesprengter gerundeter Körnchen das Gestein durchstäubt. Das Vorkommen dieses Minerals beschränkt sich auf Sedimentgesteine mariner Entstehung. Durch Verwitterungseinflüsse zerfällt Glaukonit in Eisenhydroxid und Kieselsäure und färbt das Gestein gelblich bis bräunlich grau. Der feinkörnige Sandstein erscheint im Anstehenden meist dickbankig und weist verbreitet Kreuz- oder Schrägschichtung auf. Nach Frank et al. (1985) enthält das Gestein durchschnittlich 92,3 % Quarz, 4,8 % Glaukonit (teilweise auch mehr), 2,2 % Goethit, 0,2 % Mikroklin und Kaolinit sowie 0,5 % Schwerminerale (Turmalin, Zirkon, Rutil). Die Körner sind vorwiegend tonig-kaolinitisch, seltener auch kalkig gebunden.

Die starke Porosität (circa 20 % Porenvolumen) und die nur geringe Kornbindung sorgen für eine nur mäßige Verwitterungsfestigkeit, die sich durch das leichte Absanden der Oberfläche verrät. Allerdings ließ sich der „Hilssandstein" leicht bearbeiten und war als Baustein für massive Sockel und Gesimse gut geeignet. Reichlich Anschauungsgelegenheit bietet die Altstadt von Goslar, wo es beispielsweise an der Frankenberger Kirche oder der Kaiserpfalz verbaut wurde. Der Zahn der Zeit, insbesondere die rezente Rauchgasverwitterung setzen den Fassaden allerdings arg zu. Durch die Oxidation der Glaukonitkörner bekommt der Stein eine unansehnlich schmutzig braune, krümelige Oberfläche.

Einen bemerkenswerten Hilssandstein-Aufschluss bildet der Clusfelsen (A4128/10) am Petersberg in der Nähe des Goslarer Schützenplatzes. Der hier in der Aufrichtungszone steilstehende Unterkreidesandstein ist als Felsbastion herausgewittert.

Relativ weicher und trotzdem verwitterungsresistenter Hilssandstein bildet den Clusfelsen bei Goslar.

Glaukonitsandstein in frischem Zustand von Ostlutter (Handstückbreite 12 cm).

Verhältnismäßig leicht ließ sich eine höhlenartige „Klause" in das weiche Gestein hineinschrämen. An den Wänden lassen sich die oben beschriebenen Gefügemerkmale gut erkennen.

Ausgedehnte Vorkommen des hier 40–60 m mächtigen Unterkreidesandsteins liegen an der Ostflanke des Lutterer Sattels nordwestlich von Langelsheim. Da der Sandstein etwas fester ist als die umgebenden Gesteine, hebt sich sein Ausstrich als Härtling morphologisch hervor. Zahlreiche heute aufgelassene Steinbrüche folgen diesem Zug bis in die Gegend von Ostlutter. Recht gute Aufschlussverhältnisse bietet der ehemalige Steinbruch Lampe an den Kesselköpfen, circa einen Kilometer nördlich von Ostlutter (A4126/15). Hier wurde der „Lutter Sandstein" bis 1952 in größerem Umfang abgebaut. Die 10–12 Meter mächtige Werksteinbank ist auffällig weitständig geklüftet. Hier lässt sich relativ frisches Material gewinnen.

Kalksandsteinaufschluss am Südosthang des Sudmerbergs bei Goslar.

Sudmerberg-Kalksandstein

Dieser im Raum Goslar ebenfalls verbreitet zu Bauzwecken verwendete Klastit entstand in der mittleren Oberkreide (Mittelsanton) und findet sich ausschließlich am Sudmerberg zwischen Goslar und Oker. Die flach nach Südosten einfallenden Schichten bestehen aus Wechsellagerungen von grobkörnigen, konglomeratartigen Kalksandsteinen und zwischenlagernden Mergelsteinbänken mit einer Gesamtmächtigkeit von circa 150 Metern (FRANK et al. 1985).

Der grobkörnige Werkstein ist durch feinverteilten Goethit gelblich braun gefärbt. Der Mineralbestand umfasst 78,3 % Karbonat (mit einem Tonanteil von 4–6 %), 20,1 % Quarz und Gesteinsfragmente (Gerölle aus dem Harzer Paläozoikum), 0,3 % Glaukonit und 1,3 % Opake, vor allem Goethit. Das Bindemittel ist vorherrschend karbonatisch-tonig ausgebildet. In den höheren Lagen treten auch reichlich Gerölle von Brauneisenstein auf.

Grobklastischer Kalksandstein vom Sudmerberg (Breite des Handstücks 10 cm)

Im Gegensatz zum Glaukonitsandstein wird diese Gesteinsart, wie sich am Altbaubestand von Goslar zeigt, kaum von der Rauchgasverwitterung beeinträchtigt. Auffällig sind lediglich die dadurch manchmal verursachten Gipsausblühungen.

Seit langer Zeit aufgelassene, heute stark zugewachsene Steinbrüche (zum Beispiel Weulscher Steinbruch, A 4128/09) verbergen sich im Wald an der Süd- und Südostflanke des Sudmerberges und sind von Oker (Straße am Sudmerberg) aus erreichbar.

Verkieselter Sandstein der Teufelsmauer

Ein besonderes geologisches Denkmal bilden die aus verkieselten Sandsteinen der Oberkreide bestehenden Felsklippen der sogenannten Teufelsmauer in der Aufrichtungszone am nordöstlichen Harzrand. Die markante Härtlingsstruktur erstreckt sich über circa 20 Kilometer von Blankenburg im Westen über Weddersleben und Rieder bis nach Ballenstedt im Osten. Während die Schichtrippe im Raum Blankenburg und Weddersleben zur Formation des Heidelberg-Sandsteins (Santon-Stufe) zählt, handelt es sich bei den Gegensteinen unweit von Ballenstedt um sogenannten Involutus-Sandstein (Emscher-Stufe).

Die Verkieselung (Silifizierung), die eine extreme Verhärtung des Gesteins bewirkte, erfolgte bereits diagenetisch in den damals noch horizontal lagernden Schichten durch eine Zufuhr von gelöster Kieselsäure, die aber nur wenige Meter tief eindrang. Mit der Heraushebung des Harzes an der Nordrandverwerfung erfolgte die Steilstellung der Schichten. Durch die anschließende Abtragung der weicheren Gesteinspartien witterten die harten Gesteinsschichten als markante Schichtrippen heraus und überragen ihre Umgebung um bis zu 20 Meter. Einige Teile wurden später durch die Wirkung der Flüsse beziehungsweise durch eiszeitliche Gletscher zerstört. So weist die Teufelsmauer heute verschiedene Lücken auf.

Petrografisch handelt es sich um einen feinkörnigen Quarzsandstein von grauer bis beigebrauner Farbe, der durch unterschiedlich starke Verkieselung eine markante zellige Verwitterungsoberfläche zeigt. Archäologische Funde belegen, dass der „Quarzit" in der Steinzeit zur Herstellung von Werkzeugen diente.

Während sich das Naturdenkmal im Osten bei Weddersleben (A4332/02), nördlich von Neinstedt, auf 2 Kilometern Länge als geschlossener Zug von skurril geformten Felsen weithin sichtbar erhebt, verbirgt sich der westliche Teil zwischen Timmenrode und

Teufelsmauer bei Blankenburg

Blankenburg weitgehend in einem von Kiefern und Eichen gebildeten Mischwald. Markante Felsformationen sind das Hamburger Wappen, die Gewittergrotte, Großvater und Großmutter. Beide Abschnitte sind durch gut beschilderte Wanderwege erschlossen (A4330/26). Rundwanderungen um den östlichen Teil starten am zweckmäßigsten von einem Parkplatz an der Bode bei Weddersleben aus (A4332/02). Der Blankenburger Teil ist entweder direkt von hier oder vom Helsunger Krug an der K1348 nördlich von Timmenrode (A4332/01) aus gut erreichbar.

Da die um die Mauer herumliegenden Felstrümmer häufig für verschiedene Bauzwecke genutzt wurden, stellte die preußische Regierung den östlichen Teil des Naturdenkmals bereits 1833 unter Schutz. Somit handelt es sich um eines der ältesten deutschen Naturschutzgebiete.

Heidelberg-Sandstein am Regenstein

Der mächtige Felsklotz des Regensteins (294 m über NHN), 3 Kilometer nördlich von Blankenburg, besteht ebenfalls aus dem zur Oberkreide zählenden Heidelberg-Sandstein (Santon)

Die weithin sichtbare Ruine (A4130/06) der ehemals mittelalterlichen Burg und späteren preußischen Festung erhebt sich über einem 75 m hohen Steilabfall. Erhalten blieben die in den Sandstein gehauenen Kasematten. Ein Besuch dieses Denkmals lohnt sich nicht nur wegen dessen historischer Bedeutung, sondern auch wegen der schönen Sandsteinformation, deren Lagerungsverhältnisse sich hier anschaulich präsentieren.

Regenstein

Einen Besuch wert sind außerdem die „Sandhöhlen“ in dem „Heers“ genannten

„Sandhöhlen“ im Heers am Fuß des Regensteins.

Kiefernwaldgebiet nordöstlich des Regensteins (A4130/07). Der durch Verwitterungseinflüsse aufgelockerte, weiche, weiße Sandstein wurde hier über und unter Tage abgebaut. Früher fand das besonders fein- und gleichkörnig ausgebildete Material Verwendung als Streu- und Scheuersand.

Arkose von Siebigerode

Dieser Name bezeichnet feldspatreiche Sandsteine, die gelegentlich innerhalb der mächtigen permosilesischen Ablagerungen am östlichen Harzrand (Saale-Trog) und am Kyffhäuser auftreten. Hier wollen wir als Beispiel den sogenannten Siebigeröder Sandstein betrachten, der zu den ungefalteten „Mansfelder Schichten" des Oberkarbons zählt. Diese bis 400 Meter mächtige Serie besteht aus dickbankigen, rot-braun bis violett-grau gefärbten, mittel- bis grobkörnige Sandsteinen, die wegen hoher Feldspatanteile zu den Arkosen zählen. Hauptkomponenten sind scharfkantiger Quarz, kaolinisierter Kalifeldspat und feinschuppiger Hellglimmer, der die Schichtflächen belegt, sodass sich glimmerreichere Varietäten gut spalten lassen. Das Bindemittel besteht aus Quarz, Kaolinit und Eisenoxiden.

Im Mansfelder Land nutzte man diesen festen Werkstein gerne für Treppen, Fenstergesimse oder Grenzsteine. Stark verkieselte Partien dienten früher auch für die Herstellung von Mühlensteinen. Zwischen Siebigerode und Mansfeld liegen mehrere ehemalige Steinbrüche, die von der B86 gut zu erreichen sind. Im Mühlsteinbruch von Blumerode (A4534/06), nordwestlich von Siebigerode, ist das auffällig geschichtete Gestein mit Einlagerungen von silifizierten Hölzern gut aufgeschlossen.

Pelitische Gesteine

Sehr feinkörnige, klastische Sedimentgesteine heißen **Pelite**, sie bestehen größtenteils aus wasserhaltigen Schichtsilikaten (Tonmineralen), Quarz, kohliger Substanz sowie etwas Karbonat und Eisensulfiden. Vom Silur bis zum Perm sind solche tonigen Gesteine in fast allen geologischen Formationen vertreten, als Tonschiefer im gefalteten Grundgebirge und als mehr oder weniger geschichteter Tonstein in den Molassebecken und den jüngeren Deckschichten des Harzvorlandes.

Arkose aus dem Mühlsteinbruch Blumerode bei Hettstedt (Handstückbreite 9 cm).

Mitteldevonischer Tonschiefer („Wissenbacher Schiefer")

Durch die tektonische Einengung während der variszischen Faltung erfuhren die vorwiegend tonigen Ablagerungen durch die unter gerichtetem Druck erfolgte Kristallisation von plättchenförmigen Tonmineralen und Hydroglimmern (Illite) eine ausgeprägte Schieferung.

Einhergehend mit der Versenkung kam es außerdem zu einer im Westharz nur sehr schwachen metamorphen Überprägung.

Schichtung und Schieferung sind bei Sedimentgesteinen zwei wichtige Gefügemerkmale, die manchmal ähnlich erscheinen, doch streng zu trennen sind.

Dunkelgraue bis schwarze Tonschiefer des „Oberharzer Devonsattels" prägen das Gebiet südlich von Goslar. Im sogenannten Goslarer Trog erreichen die über einen langen Zeitraum in einem küstenfernen Milieu ruhig abgelagerten, pelitischen Sedimente Mächtigkeiten von 1.000 Metern. Bekannt unter der stratigrafischen Bezeichnung Wissenbacher Schiefer (Eifelstufe des Mitteldevons) ist dieses Gestein eng mit der alten Kaiserstadt Goslar verknüpft, zum einen als Trägergestein der weltberühmten Rammelsberger Lagerstätte (A4128/07), zum anderen als Baumaterial, das seit dem Mittelalter zur Dachdeckung und Fassadenverkleidung genutzt wurde und bis heute das Bild der Altstadt prägt.

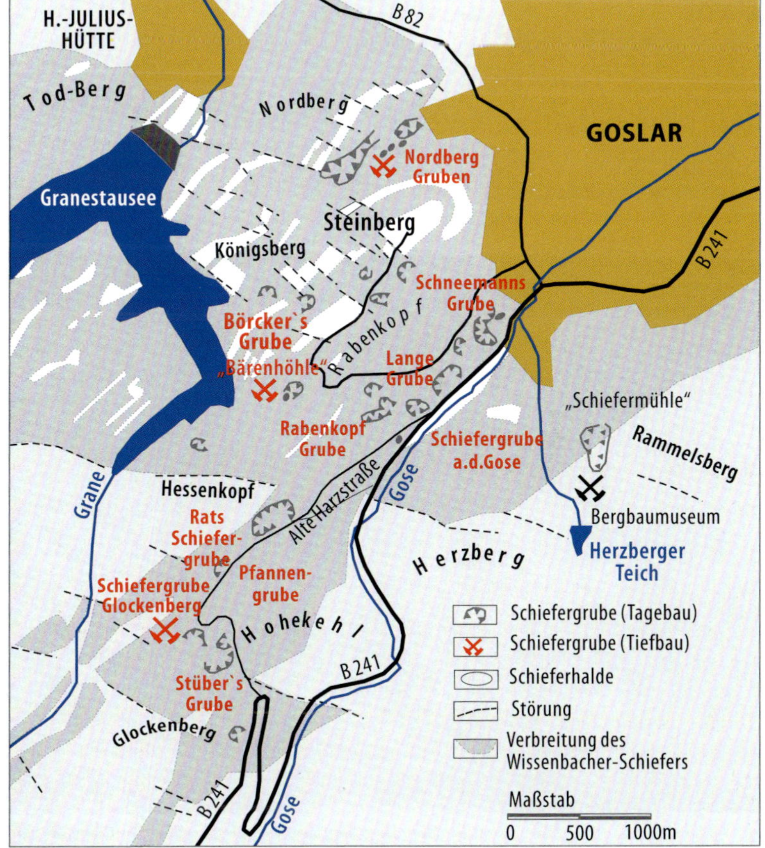

Lageskizze der Abbaustätten von Dachschiefer bei Goslar.

Erlengrotte – ein ehemaliger Schieferabbau am Weinberg (A4128/04) bei Goslar.

ss
sf

Am Abbaustoß sind die Richtungen von Schichtung (ss) und Schieferung (sf) des Sedimentgesteins gut zu unterscheiden.

Tonschiefer mit Pyritlage vom Glockenberg bei Goslar (Handstückbreite 15 cm).

Ratsschiefergrube (A4128/05)
Die bedeutendste historische Dachschiefer-Abbaustätte, die früher dem Rat der Stadt Goslar unterstand und bis etwa 1870 betriebenen wurde, liegt direkt an der von Goslar hinauf in den Oberharz führenden „Alten Harzstraße". Trotz einer inzwischen „urwaldartigen" Vegetation lassen sich die Abbauwände mit ihren stufenförmigen Strossen noch erkennen und sind für trittsichere Besucher relativ gut zu erreichen. Der weitgehend ungestörte, dunkelgraue Tonschiefer ließ sich entlang der Schieferung zu ebenmäßigen Platten spalten, die als Wand- und Dachschiefer früher im ganzen Harz und

Die Ratsschiefergrube bei Goslar in einem Stahlstich nach Ripe um 1860.

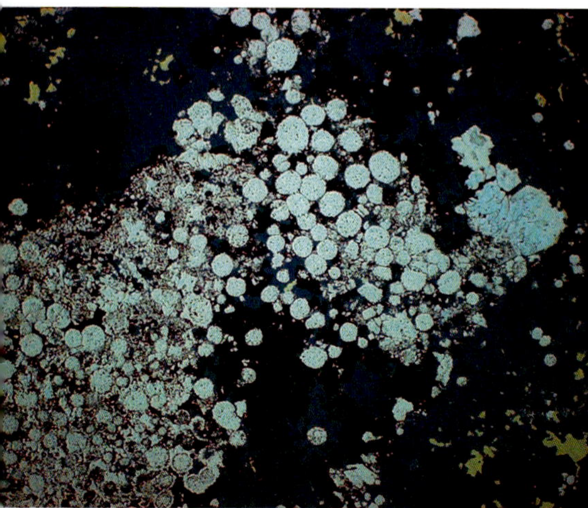

Sedimentär gebildeter Pyrit in kugeligen Aggregaten, sogenannte Framboiden; hier neben Zinkblende (grau) und Kupferkies (gelb) im Banderz der Rammelsberger Lagerstätte (Anschliffbild im senkrechten Auflicht, lange Bildkante 1,2 mm).

seinem Vorland begehrt waren. Eindrucksvoll sind die Mengen des jenseits der Straße aufgehaldeten Abraums, die fast das ganze Tal einnehmen.

Der makroskopisch homogen erscheinende Tonschiefer zeigt nach Renner (1986) folgende durchschnittliche Zusammensetzung: 52 % Illit, 14 % Chlorit, 29 % Quarz, 2 % Calcit, 3 % Albit und geringe Anteile von organischem Kohlenstoff sowie von Pyrit, der lagenweise auch stärker angereichert sein kann.

In den feinsandigen Varietäten ist entsprechend mehr Quarz enthalten und in karbonatreicheren Zonen Calcit oder Ankerit. Da die Sedimentation unter reduzierenden Bedingungen erfolgte, liegt ein Teil des Eisens sulfidisch gebunden in Form von Pyrit und/oder Markasit vor. Typisch sind kleine kugelig-schalige Gebilde, sogenannte Framboide, die in traubenförmigen Aggregaten angereichert sein können (Abbildung oben). Pyrithaltige Partien mussten ausgesondert werden, sie sind zur Dach- oder Fassadenverkleidung unbrauchbar, da die rasch verwitternden Sulfide braune Flecken oder Löcher hinterlassen.

Pyritreiche, knollige Konkretionen (Durchmesser der Knolle 15 cm) aus dem Wissenbacher Schiefer (Erzbergwerk Rammelsberg).

Der Rammelsberg – ein Erzvorkommen der Superlative (A4128/07)

Die anfangs ruhige Sedimentation von Sanden und Tonen innerhalb des „Goslarer Trogs“ wurde im Mitteldevon örtlich durch submarine Eruptionen von basaltischem Material (Aschentuffe, Pillowlaven, subvulkanische Lagergänge) unterbrochen.

Wenn auch nicht direkt, so steht die Bildung der innerhalb einer mächtigen Tonschieferfolge liegenden Erzlagerstätte Rammelsberg zumindest indirekt in Verbindung mit vulkanischen Aktivitäten. Das durch den tieferen Untergrund zirkulierende, vulkanisch aufgeheizte Salzwasser führte in gelöster Form Schwermetalle mit sich, die beim Austritt am Meeresboden als Sulfidschlamm ausgefällt wurden (synsedimentär-exhalative Erzbildung). Durch die nachfolgende Ablagerung toniger Sedimente entwässerte und kompaktierte das teilweise mit Tonschiefer rhythmisch wechselnd abgelagerte Material zu zwei scheibenförmigen Erzkörpern („Altes“ und „Neues“ Lager). Im Zuge der variszischen Faltung wurden diese stark deformiert und größtenteils überkippt. Das recht feinkörnige und kompakte Massivsulfiderz ist ein buntes Gemenge von Pyrit, Zinkblende, Bleiglanz, Kupferkies, Baryt, Quarz und Karbonatmineralen in stark wechselnden Anteilen. Mit einer Gesamttonnage von rund 30 Millionen Tonnen und durchschnittlichen Metallgehalten von rund 30 % (19 % Zink, 9 % Blei, 1 % Kupfer und 100 g/t Silber) zählt der bis 1988 abgebaute Rammelsberg zu den größten kompakten Buntmetallkonzentrationen weltweit.

Diesem bereits in frühgeschichtlicher Zeit bekannten Erzvorkommen

Förderschacht des ehemaligen Erzbergwerks Rammelsberg – heute Teil des Bergbaumuseums

Feingestreiftes, kupfer- und zinkreiches Lagererz – sogenanntes Melierterz (Bildbreite 12 cm)

verdankt die Kaiserstadt Goslar ihre große mittelalterliche Bedeutung, von der bis heute das Stadtbild zeugt. 1992 erhielten die komplett bewahrten und museal genutzten Tagesanlagen des Erzbergwerks zusammen mit der Altstadt von Goslar das Prädikat UNESCO-Weltkulturerbe.

Rhythmische Wechsellagerung von tonigen Sedimenten und karbonatreichen Sulfiden, sogenanntes Banderz (Bildbreite 12 cm).

Rote Tonschiefer (Cypridinenschiefer)

Die oberdevonischen Tonschiefer können bisweilen auch in graugrüner oder roter Färbung vorliegen. Ein Beispiel ist der Cypridinenschiefer, der nach einem zu den Ostracoden (Muschelkrebsen) zählenden Mikrofossil benannt wurde. Im Bereich des Oberharzer Devonsattels und des Diabaszuges sind die fein geschichteten, durch diffus verteiltes Eisenoxid markant gefärbten Tonschiefer recht verbreitet und in frischen Aufschlüssen recht auffällig. Bemerkenswert ist die Rote Klippe am Hang des Ecksbergs südlich des Ochsentals, unweit vom Südende des Innerstestausees (A4126/14), die ihren Namen feinplattigen, intensiv rot gefärbten Tonschiefern der Hemberg-Stufe verdankt.

Unterkarbonische („Kulm"-)Tonschiefer („Alaunschiefer")

Während des Unterkarbons bildeten sich verbreitet schwarze bis dunkelgraue Tonschiefer, die im nordwestlichen Oberharz 50 bis mehr als 100 Meter mächtig sind (Goniatites-Stufe). Im höheren Kulm gehen diese in die oben bereits beschriebene

„Wechsellagerung“ mit Grauwacken über, wo sie die tonigen, siltigen bis feinsandigen Zwischenlagen bilden. Diese bei der Faltung stark beanspruchten Tonschiefer sind im Allgemeinen wenig verwitterungsbeständig und zerbröckeln unter Forsteinwirkung zu einem splittrigen Grus.

Posidonienschiefer mit Muschelabdruck vom Sternplatz bei Seesen (Bildbreite 8 cm).

Roter Tonschiefer (sog. Cypridinenschiefer) aus dem Oberdevon vom Ecksberg bei Lautenthal (Handstückbreite 12 cm).

Eine Pyrit führende, kohlenstoffreiche, schwarze Abart (Sapropelit), die sich bei der Verwitterung auffällig braun verfärbt, wird auch **Alaunschiefer** genannt. Dieser Name ist allerdings auch für Schwarzschiefer anderer geologischer Perioden (Kambrium, Silur) gebräuchlich. Sie bildeten sich unter reduzierenden Bedingungen aus einem faulschlammartigen Sediment. Da solche Gesteine sowohl Sulfidschwefel als auch aluminiumreiche Tonminerale enthalten, dienten sie früher zur Gewinnung des Kaliumaluminiumsulfats „Alaun“, einem Salz, das zum Gerben, Färben oder bei der Papierherstellung Verwendung fand. Hierzu musste das gebrochene Material in Scheiterhaufen erhitzt („geröstet“) und anschließend mit Wasser ausgelaugt werden. Nach Zugabe von Holzasche (Kaliumträger) gewann man durch Eindampfen und Auskristallisieren den zuckerkörnigen Alaun.

Posidonienschiefer ist die stratigrafische Bezeichnung für recht kohlenstoffreiche Tonschiefer, die massenhaft Reste von mehrere Zentimeter großen Muscheln (posidonia becheri) enthalten und die Goniatites Stufe (Kulm III) des Unterkarbons einleiten. Ein guter Aufschluss liegt zwischen Lautenthal und Seesen an einer Forststraße nördlich des Sternplatzes (A4126/05)

Für die Kulmtonschiefer ermittelte Mattiat (1960) folgende Zusammensetzung: 20 % Quarz, 25 % Feldspat-Detritus, 25 % Glimmer, 30 % Chlorit. Der durchschnittliche Kohlenstoffgehalt beträgt 0,7 %. Außerdem enthält das Gestein 0,4 % Schwefel, der an Pyrit gebundenen vorliegt.

Kupferschiefer

Das nach seinem prominentesten Vorkommen am südöstlichen Harzrand auch *Mansfelder Kupferschiefer* genannte Gestein ist eigentlich gar kein „Schiefer“, sondern ein durch kohlig-bituminöse Beimengungen schwarz gefärbter, feingeschichteter Tonmergel. Vor etwa 257 Millionen Jahren lagerte sich dieser Faulschlamm als erster durchgehender, mariner Horizont an der Basis des Zechsteins (oberes Perm) auf der variszischen Molasse ab. Seine Bekanntheit verdankt das nur 0,2 bis 0,4 Meter mächtige Sediment den stellenweise beachtlichen Mengen darin enthaltener, sulfidisch gebundener Bunt- und Edelmetalle. Auf einer Fläche von circa 600.000 km² unterlagert das Flöz weite Teile Deutschlands, Polens, der Niederlande und Englands.

Obwohl der gesamte Kupferschiefer deutlich erhöhte Buntmetallgehalte zeigte, wiesen nur wenige Regionen abbauwürdige Vererzung auf. So beschränken sich Kupfergehalte von mehr als 0,3 % auf nur ein Prozent der Gesamtfläche. Diese Gebiete liegen insbesondere an den Rändern des variszischen Grundgebirges.

Das herausragende Lagerstättengebiet von Mansfeld und Sangerhausen repräsentiert die mit Abstand bedeutendste Kupfer- und Silberlagerstätte Deutschlands. Produziert wurden bis zur Einstellung des Bergbaus 1990 2.629.000 Tonnen Kupfermetall und 14.200 Tonnen Silbermetall (Jankowski 1995, Landesamt für Geologie und Bergwesen Sachsen-Anhalt 2007).

Anstehender Kupferschiefer findet sich nur in seiner schmalen Ausbisszone unmittelbar am südlichen und östlichen Harzrand, von wo das Flöz durchschnittlich mit 3–8° nach Süden beziehungsweise Südosten einfällt. Fundmöglichkeiten bieten zahlreiche Halden, die von seiner früheren Gewinnung zeugen. Das Gestein besteht aus dünnen, alternierenden Lagen karbonatischen, tonigen und organischen Materials. Die hohen Metallgehalte konzentrieren sich gewöhnlich auf die unteren 10–15 cm (*feine Lette, grobe Lette* und *Kammschale* genannt). Kupferträger sind Kupferkies ($CuFeS_2$), Bornit (Cu_5FeS_4), Chalkosin (Cu_2S), Covellin (CuS) und das Fahlerz Tennantit $Cu_3AsS_{3,25}$), die

Abdruck eines Fisches im Kupferschiefer vom Südharzrand bei Bad Sachsa (Bildbreite 25 cm).

Das 30 cm mächtige Kupferschieferflöz untertage im Röhrigschacht bei Sangerhausen. Das Liegende bildet hier ein gebleichter Sandstein des Rotliegenden.

neben Pyrit und anderen Sulfiden meist fein verteilt auftreten. Bekanntes Leitfossil ist der volkstümlich als „Kupferschieferhering" bezeichnete Fisch „Paläoniscus freieslebeni". Unmittelbar im Hangenden folgt der Zechsteinkalk, der selbst wieder von einer mächtigen Evaporitsequenz überlagert wird. Die Ablagerung des Kupferschiefers erfolgte wahrscheinlich im Bereich einer Gezeitenmarsch (*Sebkha*), die sich entwickelte,

Tektonisch zerscherter Kupferschiefer mit Harnischstreifung und gangförmigen Kluftfüllungen mit Calcit, Kupferkies und Bornit (Handstückbreite 15 cm).

als das Meer flach über die Wüstensande des Rotliegenden transgredierte. Die Vererzung selbst ist allerdings jünger und das Produkt komplexer hydrothermaler Prozesse.

Gute Gelegenheiten zum Kennenlernen des Kupferschiefers samt der Begleitgesteine bietet das Erlebniszentrum Bergbau Röhrigschacht Wettelrode (A4532/05) bei Sangerhausen und das kleine Besucherbergwerk und Geotop „Lange Wand" bei Ilfeld (A4530/05).

Erlebniszentrum Bergbau Röhrigschacht Wettelrode

Das 1987 eröffnete Bergwerksmuseum Röhrigschacht bietet im übertägigen Teil verschiedene Ausstellungen zu Geologie, Mineralogie und Montangeschichte sowie ein ausgedehntes Freigelände mit zahlreichen technischen Exponaten. Das untertägige Schaubergwerk befindet sich auf der 1. Sohle in knapp 300 Metern Tiefe und zeigt die Lagerstätte samt der verschiedenen, bis 1990 angewandten Abbaumethoden. Im Rahmen von Sonderführungen werden außerhalb des Besucherbereichs auch Befahrungen des Altbergbaus angeboten. Eine auch für Gesteinsfreunde lohnende Attraktion sind zwei durch den Bergbau aufgeschlossene, große Gipskarsthöhlen (Elisabethschächter Schlotte und Segen Gottes Schlotte (=Marienglasschlotte)), wofür allerdings eine gute körperliche Kondition erforderlich ist.

Der Röhrigschacht war vormals der Hauptwetterschacht des Bergwerks Thomas-Münzer, von dem die gewaltige spitze Kegelhalde „Hohe Linde" (Geopark Landmarke 12) zeugt.

Über Tage erschließt ein am Museum beginnender, 4 Kilometer langer **Altbergbaupfad** die historische Bergbaulandschaft und führt unter anderem zu einer archäologischen Grabung am „Ausgehenden" des Kupferschieferflözes. Die hier dauerhaft freigelegten, mit Erläuterungstafeln versehenen, 4–5 m tiefen Schächte und Abbaue geben Zeugnis von den ersten Anfängen des Bergbaus vor mehr als 500 Jahren.

Die erste Erwähnung eines Kupferbergwerks bei Sangerhausen stammt von 1388. Schon Ende des 14. Jahrhunderts waren die oberflächennahen Erze vollständig verhauen und man ging mit flachen Schächten und ersten Flözstrecken zum Tiefbau über, der zunehmend voranschritt. Am Ende erreichte der Kupferschieferbergbau in der Sangerhäuser Mulde eine Tiefe von 950 Metern.

Besucherbergwerk Röhrigschacht

Weithin sichtbarer Zeuge des Kupferschieferbergbaus: Halde „Hohe Linde" des Thomas-Münzer-Schachtes bei Sangerhausen.

Mergelstein („Flammenmergel")

Zu den pelitischen Gesteinen im weiteren Sinn zählt auch die Gruppe der Mergel, die sich durch unterschiedlich hohe Kalkanteile auszeichnen. Bei hohen Karbonatgehalten spricht man von Kalkmergel, bei hohen Tongehalten von Tonmergel. Verwitterter Mergel ergibt sehr fruchtbare Böden, weshalb das gemahlene Gestein in der Landwirtschaft als Bodenverbesserer genutzt wird. Schlechte Böden, denen es an kalkigen Bestandteilen fehlt, sind „ausgemergelt". Als Hauptrohstoff für die Zementherstellung sind gute Vorkommen von Mergelgesteinen sehr gefragt.

Am nördlichen Vorharz tritt verbreitet der zur Unterkreide (Alb) zählende Flammenmergel auf. Dieser gelbe bis ocker gefärbte, schwach sandige Tonmergelstein ist durchzogen von dunkelgrauen bis schwarzen, schlierenartigen Flammen. Das vorwiegend kieselig gebundene Gestein weist eine recht hohe Härte auf. Die markant „geflammte" Textur des ursprünglich als kalkiger Tonschlamm abgelagerten Sediments beruht auf Wühlspuren grabender Würmer (Bioturbation). In die Hohlräume eingeschwemmte Nadeln von Kieselschwämmen ergeben bei der Verwitterung die dunklen Schlieren. Aufschlüsse gibt es im Lutterer Sattel (A4126/16), wo der Flammenmergel Mächtigkeiten von einigen Dutzend Metern aufweist, sowie am Kahnstein bei Langelsheim (A4128/36).

Flammenmergel von Langelsheim (Handstückbreite 12 cm)

7.2 Chemische und biogene Karbonatgesteine

Bei den chemischen Sedimentgesteinen werden die in gelöster Form transportierten Verwitterungsprodukte bei Überschreiten des Löslichkeitsprodukts in Folge von Verdunstung oder Temperaturänderung ausgefällt. Wichtige Vertreter dieser Gruppe sind Kalk- und Dolomitgesteine sowie die Salzgesteine.

Sind Organismen mittelbar oder unmittelbar an der Ablagerung beziehungsweise Ausfällung beteiligt, so spricht man von biogenen Sedimentgesteinen. Hierzu zählen die **Fossilkalksteine** (Muschelkalke, Korallenkalke, Algenkalke), die **Kieselgesteine** (Radiolarite) und die **Kohlengesteine**. Fließende Übergänge bestehen auch hier zwischen den beiden einerseits und mit den klastischen Sedimenten andererseits.

Hauptkomponenten sind die Minerale Calcit ($CaCO_3$) und Dolomit ($CaMg(CO_3)_2$), nur in seltenen Fällen auch Aragonit und Siderit. Kalksteine, die im Wesentlichen aus Calcit bestehen, finden wir verbreitet im Harz selbst wie auch im mesozoischen Deckgebirge des Harzvorlandes.

Anorganische Kalkgesteine

Karbonatgesteine sind im Gegensatz zu Silikatgesteinen verhältnismäßig gut wasserlöslich. Diese Löslichkeit erhöht sich beträchtlich dadurch, wenn das Wasser nicht rein ist, sondern gelöstes Kohlendioxid enthält, einen niedrigen pH-Wert (zum Beispiel durch Huminsäuren) aufweist und relativ kalt ist. Regenwasser, das durchs Humus sickert, nimmt Kohlensäure auf und vermag auf seinem Weg durch einen klüftigen Kalkstein Calciumcarbonat in Form von „Bicarbonat" zu lösen und zu transportieren. Chemisch läuft dabei vereinfacht folgende Reaktion von links nach rechts ab:

$$\underset{\text{Kalkstein}}{CaCO_3} + \underset{\text{Kohlensäure}}{CO_2 + H_2O} \rightarrow \underset{\text{gelöstes „Bicarbonat"}}{Ca^{2+} + 2(HCO_3^-)}$$

Unter günstigen Umständen kann ein Liter Wasser mehr als 0,2 g Kalk auflösen. Die durchströmten Klüfte erweitern sich im Laufe der Zeit zunehmend und lassen in geologischen Zeiten nicht selten gewaltige Höhlensysteme entstehen.

Tropfsteinbildung in der Kameruner Höhle bei Rübeland.

Tritt das an „Bicarbonat" gesättigte Wasser an einer Quelle im Tal wieder ans Tageslicht, so erwärmt es sich zumindest im Sommer und Kohlendioxid entweicht. Das „Bicarbonat" zerfällt und die Gleichung verläuft jetzt von rechts nach links. Feinkörniger Calcit scheidet sich Schicht für Schicht nahe der Austrittsstelle als Quellsinter (*Travertin*) aus. Ähnliches geschieht, wenn das Wasser in luftgefüllte Hohlräume tropft und Kohlendioxid freigesetzt wird. An der Austrittsstelle und dort wo der Tropfen auftrifft, kristallisiert Calcit aus und lässt Tropfstein in Form von Stalaktiten, Stalagmiten oder Bodensinter entstehen.

Aus dem Meerwasser können sich gewaltige Mengen von Kalk ausscheiden. Die Bildung beschränkt sich in der Regel auf flache Meeresteile (Schelfbereiche, Schwellengebiete). Bei Wassertiefen von mehr als etwa 4000 m kann keine Kalkausscheidung mehr stattfinden, da Tiefseewasser mit steigendem Druck und sinkender Temperatur vermehrt Kohlendioxid aufnimmt und dadurch sämtliches organisch gebildete Calciumcarbonat (Schalen) auflöst („Calcit-Kompensationstiefe"). Verstärkt dort, wo Meeresströmungen kaltes, bicarbonatreiches Tiefseewasser in den flachen Schelfbereich der Kontinente transportieren, führt die Erwärmung zur Ausscheidung von Kalkschlamm.

Sinterkruste auf Kalkstein; angeschliffenes Handstück vom Winterberg (Bildbreite ca. 10 cm)

Devonischer Mergelkalk („Kramenzelkalk")

Eine eigentümlich löchrige Verwitterungsoberfläche kennzeichnet den sogenannten Kramenzelkalk. Dieser alte, aus dem böhmischen entlehnte Name steht für ein sehr inhomogenes, oberdevonisches Gestein, bestehend aus Kalkknollen oder Kalkbändern in einer tonigen Matrix. Es zählt zu den pelitisch-karbonatischen Mischgesteinen und entspricht grob gemittelt einem Mergel (siehe Seite 186). Die Bildung erfolgte im Flachmeer durch wechselnde Ablagerungen von Kalk- und Tonschlämmen.

Während die lagig angereicherten, knollenförmigen Kalkkonkretionen leicht ausgewaschen werden und Löcher hinterlassen, modelliert sich die festere, tonig-mergelige Matrix reliefartig heraus und lässt markante lamellare Muster entstehen.

Einige Vorkommen im Bereich des Oberharzer Devonsattels sind in den Tälern von Innerste und Oker stellenweise gut aufgeschlossen.

Hierzu zählt der geologische Lehrpfad am Bielstein bei Lautenthal (A4126/07), der dem Steilufer der Innerste folgt. Auch im Okertal am Romkerhaller Wasserfall und weiter talabwärts steht Kramenzelkalk an, der hier, beeinflusst vom nahen Okergranit, kontaktmetamorph überprägt vorliegt (siehe Kapitel 8.2).

Kramenzelkalk mit der typisch zelligen Oberfläche; Aufschluss am Bielstein bei Lautenthal.

Die oberdevonischen Kalkknollen-Tonschiefer zeigen nach MÜLLER & STRAUSS, (1987) folgende modale Durchschnittszusammensetzung:

	Kalkknollen	Schiefermatrix
	n=8	n=15
Calcit	68	12
Quarz	13	24
Chlorit	8	27
Glimmer/mit	8	23
Feldspat	3	4

Bituminöser Kalkstein („Kellwasserkalk")

Diese stratigraphische Bezeichnung steht für einen dunklen, fossilreichen, mergeligen Kalkstein aus dem unteren Oberdevon (Adorf), der zwei markante, nur 5–15 Zentimeter mächtige Bänke bildet. Der Name und die erste Beschreibung gehen auf Adolph Roemer um 1850 zurück, der die zahlreichen darin vorkommenden Fossilien, zum Beispiel Goniatiten untersuchte. Später fand sich dieser, mit organischem Kohlenstoff stark angereicherte Kalkstein auch in der Eifel, im Sauerland und anderswo auf der Erde, wo marines Oberdevon abgelagert wurde. Der Kellwasserhorizont ist gewissermaßen ein Stein gewordener Friedhof, der von einem der größten Massensterben der Erdgeschichte zeugt. Als Zeitmarke bildet er die Grenze zwischen den Unterstufen Frasnium und Famennium. Damals, vor 373,5 Millionen Jahren, verschwanden innerhalb relativ kurzer Zeit mehr als 50 % der Arten, die damals die Flachmeere bewohnten, darunter die bekannten Trilobiten. Man spricht von einem „ozeanisch anoxischen Ereignis", das in die englischsprachige Fachliteratur als *Kellwasser-Event* eingegangen ist. Welcher Art

Steinbruch an der Okervorsperre bei Altenau; Typlokalität des Kellwasserkalks.

das Ereignis war, bleibt umstritten, jedenfalls war es kein abrupter Vorgang, wie ein Meteoriteneinschlag (Impakt) oder eine Vulkankatastrophe, sondern möglicherweise eine Klimawandlung, die zum „Umkippen" des Meeres durch Anreicherung von giftigem Schwefelwasserstoff oder Methan im Flachwasser führte. Einige Wissenschaftler sehen den Auslöser in einem kosmischen „Gammablitz", in dessen Folge Atmosphäre und Ozean aus dem Gleichgewicht gerieten. Lediglich die Lebewesen der Tiefsee blieben größtenteils verschont.

Die Typlokalität im Kellwassertal (A4128/23) liegt 2 Kilometer nördlich von Altenau an der Vorsperre des Okerstausees. Ein kleiner Kalksteinbruch am Uferweg ist als Geotop ausgewiesen und zeigt im unteren Teil die beiden gut aufgeschlossenen Bänke, hier in einer komplizierten Sattelstruktur (MÜLLER & FRANZKE 2014).

Nur mit der Lupe erkennbar sind die zahlreichen Mikrofossilien, insbesondere die nur wenige Millimeter großen Ostracoden. Die schwarze Farbe belegt den hohen Anteil von inkohltem organischen Material, das sich vor allem in den tonigen Lagen (Schwarzschiefer) konzentriert. Gut aufgeschlossen ist das Gestein auch am Bielstein bei Lautenthal (A4126/07).

Biogene Kalksteine

Ein breites Spektrum von reinen, sehr unterschiedlich ausgebildeten Kalksteinen, größtenteils biogenen Ursprungs, entstand im Bereich großer Riffkomplexe, die sich während des Mitteldevons auf vulkanischen Untiefen im tropisch-warmen Meerwasser entwickelten. Kennzeichnend für solche Vorkommen ist der allgemeine Fossilienreichtum, der die einstigen Lebensgemeinschaften widerspiegelt. Hauptsächliche Riffbildner waren Korallen, die in Symbiose mit zahlreichen anderen, oft ebenfalls Kalk produzierenden Organismen lebten, bis das „Kellwasser-Ereignis“ die Ökosysteme zerstörte und ein totes Riff hinterließ. Vereinfachend spricht man von **Korallenkalk** oder, in mannigfach umgelagerter, dichter Form, von **Massenkalk**. Hervorragende Beispiele bieten die weiter unten betrachteten, industriell genutzten Kalksteinvorkommen des Iberg-Winterberg-Massivs bei Bad Grund und des Elbingeröder Komplexes im Mittelharz.

Schalentrümmer-Kalkstein („Schillkalk“)

Ein sehr schönes Beispiel eines solchen, leicht mergeligen Schalentrümmer-Kalksteins gibt der im Unterdevon (Unterems-Stufe) gebildete *Princeps-Kalk* (Alberti 1963). Das zu den sogenannten „Älteren Herzynkalken“ zählende Gestein formt innerhalb der Blankenburger Zone einzelne, nur wenige Meter mächtige, linsenförmige Körper, die im Südwestharz am Großen Knollen auftreten.

Der mittelgraue, recht körnige Kalkstein besteht größtenteils aus den Schalenresten von Meeresbewohnern, wie Trilobiten, Brachiopoden (vor allem *Spirifer herzyniae*), Muscheln und Crinoiden (Jahnke 1971) und repräsentiert den einstigen Boden eines Flachmeeres. Die Zwischenräume sind mit tonhaltigem Kalkschlamm verfüllt und verfestigt. Die aktuelle Entstehung solcher Schillkalke lässt sich im norddeutschen Wattenmeer gut beobachten, wo durch Gezeitenströmungen in bestimmten Zonen Muschelreste angereichert und später von Schlick und Sand überdeckt werden.

Im Großen Rothäusertal am Nordosthang des Großen Knollens findet sich dieses früher auch als Kalkgrauwacke bezeichnete Gestein nur in kleinen, frei geschürften Ausbissen inmitten eines dichten Laubwaldes (A4328/27).

Massig ausgebildete Herzynkalke etwa gleichen Alters gibt es auch im östlichen Teil des Gebirges (Harzgeröder Zone).

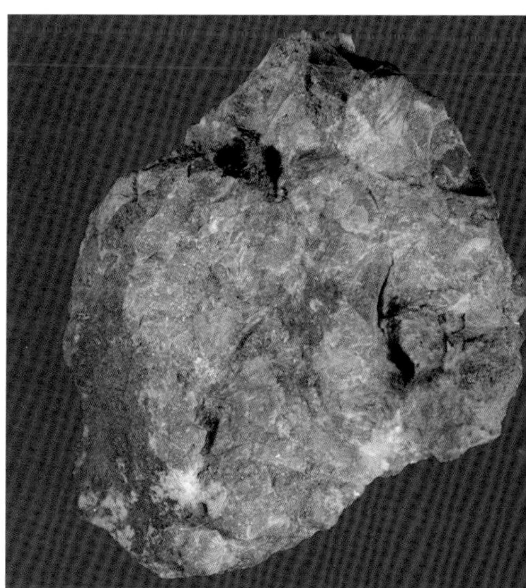

Fossilreicher Princepskalk vom Großen Knollen (Handstückbreite 10 cm)

Riffkalksteine vom Iberg– Winterberg (A4126/08)

Nach dem Ausklingen des untermeerischen Vulkanismus herrschte viele Millionen Jahre lang relative Ruhe am Meeresboden, sodass sich auf Schwellen ausgedehnte Atolle mit Riffmächtigkeiten von zum Teil mehr als 500 Metern entwickeln konnten. Auf allmähliche Absenkungen des Meeresbodens reagierten die Kolonien, indem sie entsprechend nach oben wuchsen, um sich in ihrer, vom Sonnenlicht abhängigen, optimalen Lebenszone in 20–30 m Tiefe zu behaupten.

Typisch für diesen Lebensraum ist eine große Artenvielfalt, wie die Beispiele aus den heutigen äquatorialen Breiten (zum Beispiel das Great Barrier Reef vor der australischen

Ostküste) belegen. Es ist schon erstaunlich, dass die Kalkskelette winziger, kolonienbildender Polypen gemeinsam mit den Schalenresten anderer Meeresbewohner derart gewaltige Strukturen schaffen können. Das Resultat ist ein chemisch ausgesprochen reiner, kompakter Kalkstein, der kaum eine Schichtung zeigt und daher als Massenkalk bezeichnet wird. An den Außenkanten der Riffe ließ die zerstörerische Brandung mehr oder weniger groben Schutt entstehen. In den flachen Lagunen im Inneren der Atolle hingegen lagerte sich feiner, von Meeresströmungen gut klassierter Korallensand ab.

Der Iberg-Winterberg-Komplex – eine spannende Riffgeschichte

Als geologischer Exot darf der allseits von Grauwacken, Ton- und Kieselschiefern der Clausthaler Kulmfaltenzone umgebene und durch Störungen davon abgegrenzte Kalksteinklotz des Iberg-Winterberg-Massivs bezeichnet werden. Ausgiebige geologische Untersuchungen ergaben, dass es sich um ein ehemaliges Atoll handelt, das heute einer circa 1,6 km² großen Fläche ausstreicht. Der harte Kalkstein zeigt manchmal schroffe Verwitterungsformen, wie die Felsennadel des Hübichensteins (direkt an der B 242 bei Bad Grund, A 4126/09).

Der in den 1930er Jahren aufgenommenen industriellen Kalksteingewinnung ist bereits ein Viertel der natürlichen Oberfläche des Massivs zum Opfer gefallen. Das Material aus dem Winterberg-Tagebau der Fels-Werke GmbH wird größtenteils im Kalkwerk Münchehof verarbeitet.

Der Geowissenschaftler betrachtet den raschen Abbaufortschritt stets mit einem lachenden und einem weinenden Auge, denn einerseits bietet die enorme Aufschlusshöhe einen ausgezeichneten Einblick in den Riffaufbau und gestattet eine Rekonstruktion der komplexen Entwicklungsgeschichte (Franke 1973, Knappe 2014), andererseits sind alle diese schönen Aufschlüsse, die es ohne den Steinbruchbetrieb nicht gäbe, auch schnell wieder zerstört!

Die Mächtigkeit des circa 5 km² großen Atolls lässt sich auf mindestens 600 Meter schätzen, wobei von einer durchschnittlichen Absenkungs- und Zuwachsrate von 0,06 mm /Jahr ausgegangen werden kann. Das aktive Riff existierte unter Annahme einer kontinuierlichen Absenkung etwa 10 Millionen Jahre lang.

Eine Besonderheit ist die bereits im Unterkarbon erfolgte Verwitterung und Verkarstung des damals mehr als 150 m hoch aus dem Meer ragenden toten Riffs. Die dabei entstandenen Spalten und Höhlen füllten sich während der nachfolgenden Absenkung im Unterkarbon erst mit Schlammkalken (Mikrite) und dann mit klastischen Sedimenten (Tonschiefer, Grauwacke). Die anhaltenden Schüttungen ließen schließlich das gesamte Riff unter den mächtigen Ablagerungen des Oberharzer „Flysch-Troges" versinken. Der Faltung widersetzte sich der starre, kompetente Kalksteinklotz erfolgreich. Stattdessen wurde er durch die tektonische Beanspruchung innerlich zerschert und zerbrochen, sodass heute ein Netzwerk aus kleinen und großen Störungen den Berg durchzieht. Später mehrfach wieder aktiviert, zirkulierten zeitweilig eisenreiche Thermalwässer auf den Gangstörungen oder in den nicht vollständig gefüllten, älteren Karsthohlräumen. Es entwickelte sich „hydrothermaler Karst", teilweise unter Verdrängung (Metasomatose) des Kalksteins unter Neubildung von Siderit ($FeCO_3$). Dieser Spateisenstein und der später durch Verwitterungseinflüsse daraus entstandene Brauneisenstein (FeOOH) wurden vom Mittelalter bis in die zweite Hälfte des 19. Jahrhunderts bergmännisch gewonnen und am Harzrand (Gittelde, Ortsteil Teichhütte) verschmolzen.

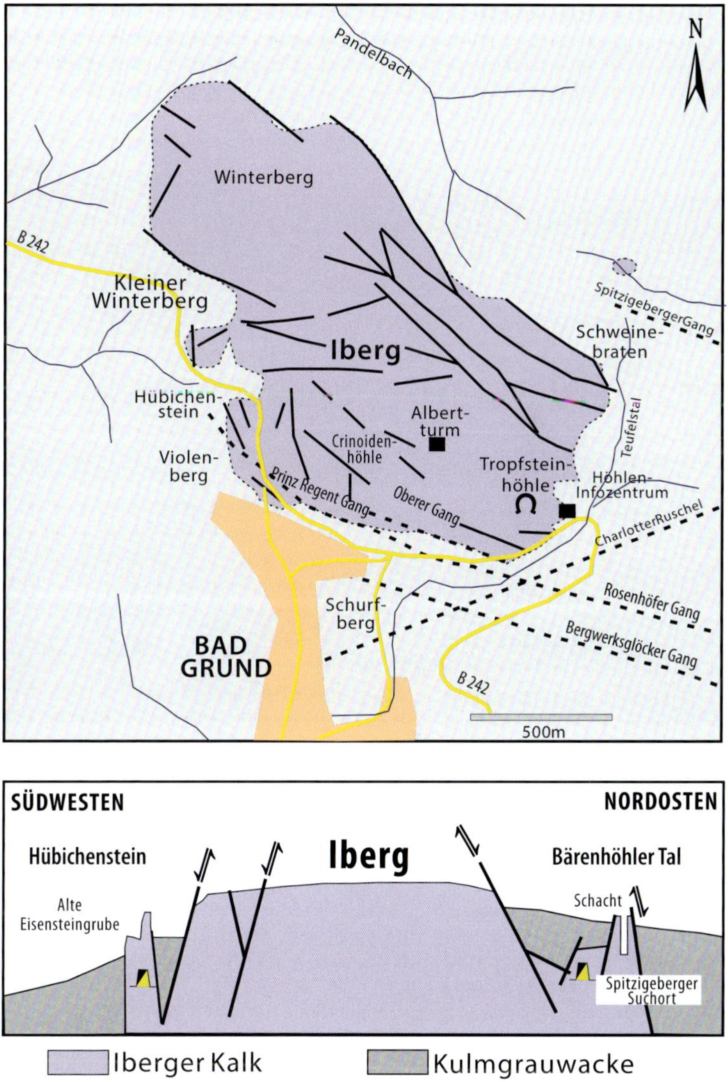

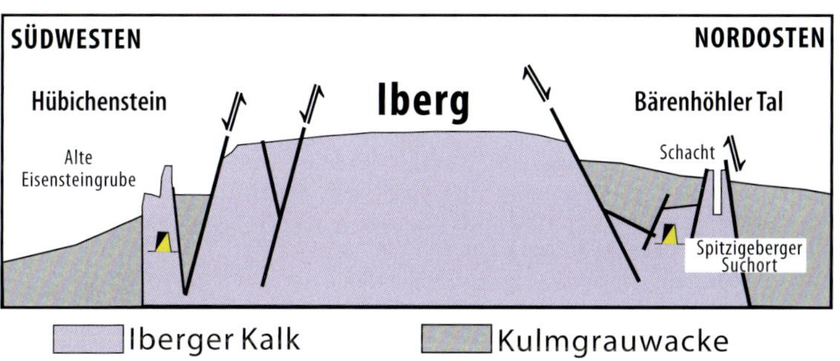

Schematische Karte und Profilschnitt durch den Iberg-Winterberg-Komplex (nach Bode 1911)

Im jüngeren Tertiär, als die fortschreitende Abtragung das Kalksteinvorkommen wieder freilegte, begann am Iberg eine dritte Verkarstung. Hierzu trug die bei der Oxidation des Eisencarbonats freigesetzte Kohlensäure ganz wesentlich bei. Bis heute entstanden kilometerlange und mehr als 100 m tiefe Höhlensysteme, die den variszisch angelegten Klüften und Gangstörungen folgen. Am bekanntesten ist die vom Höhlenerlebniszentrum an der B242 aus touristisch erschlossene Iberger Tropfsteinhöhle (A4126/10).

Blick in den Kalksteintagebau Winterberg (2014)

Massenkalk

Der massige Kalkstein, der zu 96–98 % aus Calcit besteht, ist durch geringe bituminöse Beimengungen hellgrau gefärbt. Dort, wo die Korallenstöcke weitgehend erhalten geblieben sind, lassen sich stellenweise stärkere Anreicherungen von Impsonits (einem sogenannten Pyrobitumen) beobachten. Bei dieser in Nestern oder als feiner Imprägnation auftretenden, schwarzen, asphaltartig glänzenden Substanz handelt es sich um „inkohlte" Kohlenwasserstoffe, die vermutlich bereits vor der Harzfaltung in die porösen Riffkalke einwanderten.

Für paläontologisch interessierte Gesteinsfreunde bieten die fossilreichen Kalksteinvarietäten ein reiches Studienfeld. Am häufigsten ist die Koralle *Phillipsastrea*, die besonders bei Schnitten quer zur Wachstumsachse sehr schöne sternförmige Strukturen zeigt. Ins Auge fallen auch die gelegentlich gut erhaltenen Reste der zu den Schwämmen zählenden, kolonienbildenden Stromatoporen, die runde oder auch wellig geschichtete Formen zeigen und vornehmlich dem Bereich des Riffsaums entstammen. Von den oft begleitenden Kalkalgen zeugen dunkelgraue, schlierig gebänderte Partien. Überall im Riff lebten Schnecken, Muscheln und Brachiopoden. Weit verbreitet sind die Reste von „Seelilien" in Form von stängeligen *Crinoiden*.

Am Südhang des Iberges, östlich vom Hübichenstein (A4126/09) steht teils brekziöser, teils konglomeratartiger **Riffschuttkalk** an.

Die den Kalkstein massenhaft durchsetzenden Klüfte und Gängchen sind ganz überwiegend mit weißem, grobspätigem Calcit gefüllt. Bei der Zerkleinerung des Haufwerks entstehen daraus auffällig ebenmäßige Spaltrhomboeder, die sich im Westharz verbreitet auf Forstwegen finden lassen, wo Mischgut vom Winterberg als Fahrbahnbelag verwendet wird.

Korallenkalk mit einer gut erhaltenen Kolonie „Phillipsastrea“ vom Iberg (Bildbreite 5 cm).

Stromatoporenkalk mit konzentrischen Formen durchzogen von kristallisiertem Calcit (Bildbreite 50 cm).

Goniatitenkalk

Zu den Besonderheiten des Winterbergs zählen fossilreiche, kalkige Spaltenfüllungen, die im bereits toten und von der Brandung zernagten Riff während des obersten Devons und des frühen Unterkarbons entstanden. Stellenweise ließen sich regelrechte „versteinerte Friedhöfe“ mit massenhaften Überresten von Goniatiten und Crinoiden beobachten.

Goniatitenkalk aus einer Spalte des „Paläokarsts“ im Iberg-Winterberg-Massiv (Handstückbreite 14 cm).

Schlammkalk (Mikrit)

Zu den jüngsten Gesteinen des Riffkomplexes zählt ein massiger, dunkelgrauer Kalkstein von sehr feinkörniger, homogener Textur, hervorgegangen aus einem ehemaligen Kalkschlamm (Mikrit), der in die Spalten des toten Riffs eingespült wurde. An einigen Stellen im Tagebau finden wir dieses Gestein in Form von wenige Zentimeter bis einige Meter mächtigen, scharfbegrenzten „Pseudogängen“, sogenannte *neptunian dykes*.

Die Kalksteine des Elbingeröder Komplexes

Die mit Abstand bedeutendsten Kalksteinvorkommen des Harzes liegen südlich und östlich von Elbingerode, wo sie morphologisch eine Hochfläche formen. Wie beim Iberg-Winterberg-Komplex handelt es sich um devonische Korallen- beziehungsweise Massenkalke, entstanden als Ablagerungen einer „urzeitlichen Südsee“. Auch hier findet eine industrielle Gewinnung des sehr reinen Kalksteins in großen Tagebauen statt.

Links und rechts der tief in die Kalksteintafel eingeschnittenen Bode bildeten sich zahlreiche Karsthöhlen; insbesondere im Umfeld des landschaftlich schön gelegenen Ferienortes Rübeland. Die ehemalige Eisenhüttensiedlung entwickelte sich früh zu einem beliebten Ausflugsziel. Besuchermagneten sind die Hermanns- und die Baumannshöhle (A4330/09 und A4330/08), die beiden größten und schönsten, touristisch erschlossenen Tropfsteinhöhlen des Harzes.

Industrielle Kalksteingewinnung

Kalk stellt heute einen wichtigen Grundstoff für praktisch jeden Bereich des täglichen Lebens dar, vom Auto bis zum Zuckerwürfel ist kein Produkt denkbar, das ohne Calciumcarbonat entstehen könnte. Im Gegensatz zu vielen Metallen kann Kalk, ist er einmal „verbraucht", nicht durch Recycling zurückgewonnen werden.

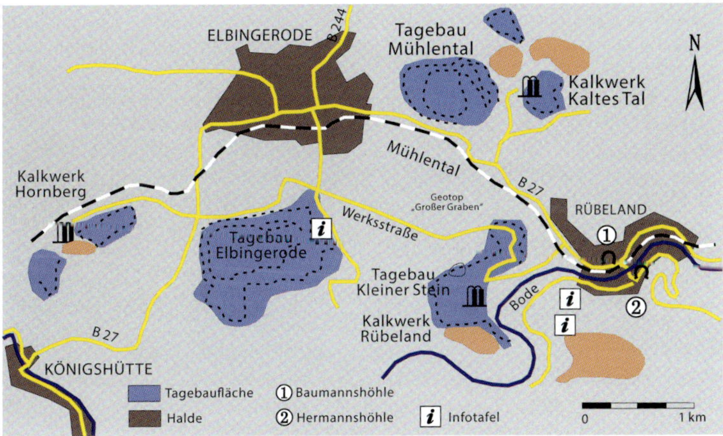

Die Anlagen der Kalksteinindustrie im Raum Elbingerode.

Modernes Kalkwerk bei Rübeland mit Schachtöfen und Eisenbahnverladung.

Große wirtschaftliche Bedeutung haben die von der Fels-Werke GmbH betriebenen Tagebaue im Harz, in denen jährlich rund 3 Millionen Tonnen Kalkstein abgebaut werden. Größte einzelne Gewinnungsstätte ist der Tagebau Elbingerode.

Der Kalkstein dient als Zuschlagstoff bei der Stahlerzeugung, zur Herstellung von Hydratkalken, als Rohstoff für die Chemie und zur Kohleentschwefelung in Großfeuerungsanlagen. In den Anlagen von Rübeland und Hornberg werden im Jahr rund 600.000 Tonnen hochwertige Kalkprodukte hergestellt.

Da das Betreten des Betriebsgeländes der Fels-Werke GmbH ohne besondere Erlaubnis nicht gestattet ist, kann der Besuch öffentlich zugänglicher Aussichtspunkte empfohlen werden. Für den Tagebau Elbingerode ist ein solcher von der Ortsmitte aus gut erreichbar und bietet einen hervorragenden Überblick (A4330/05).

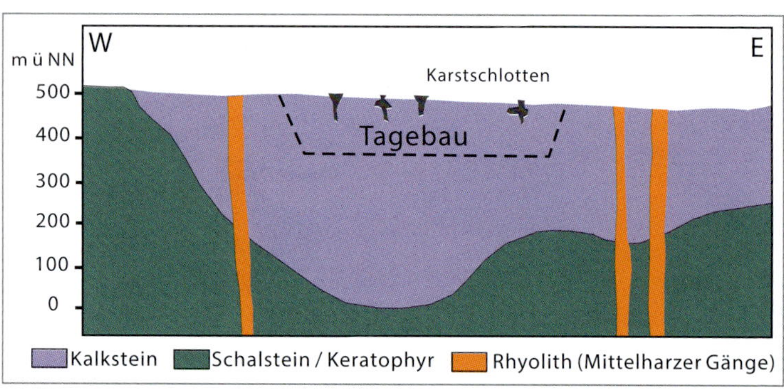

Profilschnitt durch den Kalksteintagebau Elbingerode.

Blick in den Kalksteintagebau Elbingerode.

Massenkalk vom Garkenholz

Zu den bekanntesten Geotopen im Elbingeröder Komplex zählt das Garkenholz, wo zwischen 1885 und 1945 gebankte Massen- und Riffschuttkalke zur industriellen Nutzung (Branntkalk) gewonnen wurden. Die heute stark zugewachsenen Abbaue des einst bedeutenden Kalkwerks liegen nördlich der B27 zwischen Rübeland und Hüttenrode (Parkplatz „Blauer See", A4330/13). Markantestes Zeugnis der Abbautätigkeit ist der gern auch von Touristen besuchte „Blaue See", der heute die Reste der tiefsten Abbaustrosse einnimmt. Die Färbung, die allerdings nur im Frühjahr wirklich blau ist, später durch vermehrtes Algenwachstum in türkisgrün übergeht, beruht auf feinsten Calcitpartikeln, die das Licht streuen.

Im vorderen, westlichen Bereich (Damm) steht leicht rosa gefärbter Riffschuttkalk an, der reichlich Reste von Korallen und Stromatoporen enthält. Dieser repräsentiert das einstige Außenriff, das vom Wellenschlag der Brandung aufgearbeitet wurde. Für die weiter östlich gelegene, einstige Lagune sind feinkörnige, meist kaum geschichtete Kalksteine typisch. Sie wurden größtenteils als Kalksande (Kalkarenite) abgelagert.

Bunte Riffschuttkalksteine

Während der graue Massenkalk für den Gesteinsfreund kaum etwas Bemerkenswertes zu bieten hat, stellen die bunten Riffschuttkalke mit ihren vielfältigen Gefügen und einer lokal reichhaltigen Fossilführung interessante Studienobjekte dar.

Der „Blaue See" bei Hüttenrode – ein ehemaliger Kalksteintagebau.

Unter Handelsnamen wie „Elbingeröder oder Rübeländer Marmor" wurden die brekzienartigen und mehr oder weniger eisenschüssigen Gesteinsvarietäten früher an verschiedenen Stellen abgebaut und als Werk- und Dekorsteine verwendet.

Gesteinskundlich betrachtet handelt es sich um Kalksteine, da sie nur diagenetisch verfestigt wurden und keinerlei metamorphe Überprägung aufweisen. Steinmetze und Bildhauer bezeichneten jeden polierbaren Kalkstein als „Marmor"; so blieb dieser seit Jahrhunderten eingebürgerte Name bis heute erhalten.

Die Kalksteinbrekzien (Riffschutt) entstanden in der Brandungszone am Riffaußenrand. Markant sind die durch fein verteilten Hämatit rot gefärbten karbonatischen Bindemittel. Unsichtbar bleibt der darin ebenfalls enthaltene mikrokristalline Quarz, der sich durch seine abrasive Wirkung höchst negativ bei der Gesteinsbearbeitung bemerkbar machte. Beide Minerale sind vermutlich als Detritus eingetragen worden. Die Bildung erfolgte während des Frühstadiums der Riffentwicklung, als im Gefolge des ausklingenden Vulkanismus in nicht allzu großer Entfernung Hydrothermen noch rotes Eisenoxid und Kieselsäure ausschieden. Später, vermutlich einhergehend mit der Harzfaltung, füllten sich Risse und Fiederklüfte mit mobilisiertem Calcit.

„Krockstein – Marmor"

Das bemerkenswerteste Vorkommen dieser bunten Kalksteinbrekzien liegt am Krockstein im Ortsteil Kreuztal der Eisenhüttensiedlung Neuwerk. Der Abbau ging hier am felsigen Steilufer der Bode und auf der gegenüberliegenden Seite am Weißen Stahlberg um. Am Krockstein ist die steilstehende und überkippte Schichtenfolge des Neuwerker Sattels gut aufgeschlossen. Hier weisen die unteren 5 Meter des Riffschuttkalks erhöhte Hämatitgehalte auf, was den Zusammenhang mit der ausklingenden vulkanosedimen-

Blick auf den schroff zur Bode hin abfallenden Krockstein bei Neuwerk-Kreuztal.

tären Eisenerzbildung belegt. Am Weißen Stahlberg südwestlich der Bode wurde in unmittelbarer Nachbarschaft Eisenstein und „Marmor" im Tiefbau gewonnen.

Die ehemaligen Brüche oben am Krockstein (A4330/10) erreicht man über einen schmalen Pfad, der hinter der ehemaligen Marmormühle von der B 27 abzweigt. Die

Alter „Marmor"-Abbau am Krockstein, über dem Stolleneingang ist das steil stehende Lager des sehr grobklastischen, rötlich gefärbten Riffschuttkalkes gut zu erkennen.

„Marmor"-Platte vom Krockstein im frischen Bruch (Bildbreite 40 cm).

Angeschliffener „Marmor" vom Krockstein (Bildbreite 15 cm)

steilen, zum Teil überhängenden Wände der beiden unteren Abbaustätten bieten ausgezeichnete Aufschlüsse der eisenschüssigen Kalksteinbrekzie. Die Größen der teils eckigen, teils leicht abgerundeten Fragmente variieren zwischen einigen Zentimetern und mehreren Dezimetern. Besonders deutlich zeigen angeschliffene Handstücke, wie im dichten kalkigen Bindemittel kleine Nester oder filigrane Netzwerke von tafelförmigen Hämatitkriställchen eingelagert sind. Die ausgedehnte Abraumhalde des großen obersten Bruches bietet reichlich Gelegenheit zum Aufsammeln von Proben. Die Attraktivität des Krocksteiner „Marmors" beruht auf dem kontrastreichen, bunt gemaserten Gefügebild, dessen Farbspektrum von grau und gelblich weiß über rosa, rot und rotbraun bis zimtbraun reicht.

„Harzer Marmor"

Die teils bunten, teils abwechslungsreich gemaserten Kalksteine einiger Fundstellen im Raum Elbingerode erfreuten sich als Dekorstein früher großer Beliebtheit. Aus dem Krocksteiner Vorkommen ließen sich wegen der starken tektonischen Überprägung kaum ungestörte größere Blöcke gewinnen. Bereits im 14. Jahrhundert soll im Gebiet von Neuwerk durch die Mönche des Klosters Michaelstein „Marmel" abgebaut worden sein. Ein Indiz dafür sind verschiedene, aus „Marmor" hergestellte, mittelalterliche Taufsteine.

Die Blütezeit der Werksteingewinnung zwischen 1715 und 1889 fußte auf einer mit Wasserkraft betriebenen „Marmormühle" (Kreutzmühle) am Fuß des Krockstein, die der Braunschweiger Kunsthändler Delion errichten ließ. Diese verfügte über

Schneid-, Schleif-, Polier-, Drechsel- und Bohrwerke. Wie die historische Abbildung zeigt, wurden die quaderförmigen Blöcke auch von Hand gesägt. Als Schneid- und Schleifmittel diente Quarzsand.

Nach einem Verkaufsverzeichnis von 1725 (Gebhardt 2015) umfasste die einstige Produktpalette quadratische und ovale Tischplatten, Kamineinfassungen, Altarblätter, Epitaphe, Postamente, Leuchter, Urnen, Ofenfüße, Reibschalen, Schreibzeuge, Pfeifenköpfe, et cetera.

Zu den Besonderheiten zählten ein 1747 für den Braunschweiger Herzog in Auftrag gegebener Marmorsarg und daraus gefertigte Zylinderwalzen für eine französische Tapetenfabrik. Einen Großauftrag erteilte der preußische König Friedrich II, als für den „Marmorsaal" von Schloss Sanssouci Platten und Schmuckelemente aus Elbingeröder Marmor gewünscht wurden. Diese lieferte der „Marmorbruch" Hartenberg. Auch für die Innenausschmückung des in den 1890er Jahren erbauten Berliner Doms fand Material von hier Verwendung.

1872 übernahm die AG Harzer Werke zu Rübeland die Marmormühle. Wegen nur geringer Vorräte und wachsender Konkurrenz, insbesondere durch den preiswerteren „Lahn-Marmor", kam die Produktion bald zum Erliegen.

Stich aus Harzansichten, Marmorabbau bei Kreuztal im späten 18. Jahrhundert.

„Hartenberger Marmor"

Von der Dekorsteingewinnung am Büchenberg Sattel zeugt eine als Geotop ausgewiesene tiefe Pinge („Marmorbruch") am Hartenberg, unweit der gleichnamigen Ferienhaussiedlung und dem Dreiherrenstein (A4330/15). Der vorherrschend rötlich, bräunlich und beige gefärbte Kalkstein wirkt durch fein verteilte bituminöse Substanz teilweise auch dunkelgrau bis schwarz. Er zeichnet sich durch filigrane, teilweise gefleckte oder gestreifte Strukturen mit vielfältigen diffusen Übergängen aus. Das Gefüge spricht für eine tektonische Zerscherung (Kataklasit) und eine nachfolgende Rekristallisation.

Tektonisch stark überprägter, „bunter“ Kalkstein vom „Marmor“-Bruch Hartenberg (Handstückbreite 15 cm).

Der Steinbruch diente offenbar als Motiv für das 1812 entstandene Gemälde *„Grabmale alter Helden“* des berühmten Romantikers Caspar David Friedrich (1774–1840).

Oolithischer Kalkstein („Rogenstein“)

Sehr verschiedene Kalksteinarten bietet das nördliche Harzvorland. Durch sein besonderes Erscheinungsbild ist dieser rötliche, aus circa 0,5–5 Millimetern großen Kügelchen bestehende Kalkstein unverwechselbar. Der alte Name Rogenstein beschreibt die an Fischeier erinnernde Textur recht treffend. Das während der Trias entstandene Gestein gehört zur Serie des Unteren Buntsandsteins und findet sich verbreitet im südlichen, nördlichen und östlichen Harzvorland. Der recht robuste Kalkstein diente lokal als wichtiger Bau- und Werkstein. In-

Der „Marmor“-Bruch Hartenberg wurde von Caspar David Friedrich im Gemälde „Grabmale alter Helden“ 1812 dargestellt. Das Original befindet sich in der Hamburger Kunsthalle.

An angewitterten Mauersteinen lässt sich der oolithische Rogenstein gut studieren.

nerhalb der aus einem Wechsel von sandigen und tonigen Ablagerungen bestehenden Abfolge bildet der Rogenstein verschiedene, bis mehrere Meter mächtige Bänke. Die kugeligen Bestandteile des meist roten, rotbraunen oder auch beigen Gesteins bestehen aus Calcit und werden Ooide genannt. Sie belegen eine Bildung in warmen, stark bewegten Flachmeeren. Die Fällung des Calciumcarbonats erfolgte um ein Detritusteilchen als Kern herum unter ständiger Drehung, wodurch konzentrisch-schalig aufgebaute Kugeln wuchsen. Gebunden ist das Ganze durch Calcit sowie tonige und kieselige Bestandteile (Chalcedon) in unterschiedlichen Mengen. Letztere verleihen dem Gestein eine beträchtliche Härte und Festigkeit, weshalb es sich sogar zur Herstellung von Pflaster- und Bordsteinen eignete.

Klassischer Lieferant für Rogenstein als Baumaterial ist seit dem Mittelalter der Harlyberg nördlich von Goslar. Guter Ausgangspunkt für einen Ausflug in den aus Gesteinen der Trias bestehenden Höhenrücken ist der Parkplatz am Klosterkrug von Wöltingerode. Ausführliche Exkursionsbeschreibungen geben Frank et al. (1985).

Eine hervorragende Möglichkeit zum Kennenlernen der verschiedenen Gefügevarianten des Rogensteins bietet der von einer Mauer umgebene, historische Klosterkomplex von Wöltingerode, wie auch die Klosterkirche selbst (A4128/37). Die Geländeaufschlüsse sind eher dürftig. Im Bärental, unmittelbar nördlich von Wöltingerode, zeugen Geländeeinschnitte vom ehemaligen Rogensteinabbau. Dieser ist hier aber nur in Form von Rollstücken zu finden. Den einzigen guten Aufschluss von anstehendem Oolithkalk innerhalb der rund 30 Meter mächtigen Hauptrogensteinzone bietet ein alter Steinbruch am Komturberg, einen Kilometer nordöstlich von Weddingen, an der Westseite des Bergrückens (A4128/38). Neben einer 3,5 Meter mächtigen Zone von hellem,

Das Klostergut Wöltingerode ist größtenteils aus Rogenstein gebaut.

feinoolithischen Rogenstein lässt sich hier auch eine rötliche Varietät des Oolithkalks in etwa einen Meter dicken Bänken beobachten.

Geschichtete Kalksteine der Trias („Muschelkalk")

Die mittlere Abteilung der Trias erhielt wegen der Dominanz von geschichteten, fossilreichen Kalksteinen diese Bezeichnung. Die Schichten umfassen vorherrschend mittelgraue manchmal auch ockergelb mergelige Karbonatgesteine von feinplattiger bis grobbankiger Ausbildung.

Zahlreiche Beobachtungsmöglichkeiten bietet der nördliche Vorharz, so beispielsweise der Kamm und der nördliche Teil des Harlybergs. Hier gibt es grauen, plattigen Wellenkalk, in den Bänke von durch Ocker (Limonit) markant gefärbten Gelbkalken eingeschaltet sind.

Ein auch als Mauerstein nutzbares Gestein ist der zum oberen Muschelkalk zählende Trochitenkalk, der hellgelb gefärbt ist und massenhaft versteinerte, ringförmige Stielglieder von Seelilien (Encrinus liliiformis) und Schalenresten von Muscheln, Schnecken, et cetera enthält.

Das etwas poröse Gestein besteht zu circa zwei Dritteln aus biogenen Komponenten und zu einem Drittel aus kalkigem Bindemittel.

Kalkmergel des oberen Jura (Malm)

Der Höhenrücken des Langenberges, der zwischen Oker im Westen und Bad Harzburg, Ortsteil Schlewecke, im Osten dem Harz vorgelagert ist, liegt im Bereich der markanten Überkippungszone, quasi im Zentrum der „klassischen Quadratmeile der Geologie".

Die angewitterte Oberfläche dieses „Trochitenkalks“ zeigt, dass dieses Sedimentgestein überwiegend aus zerbrochenen Stielgliedern von Seelilien besteht (Handstückbreite 15 cm).

Im früheren Tagebau des Kalkwerks Oker sind die kalkig-mergeligen Gesteine des Weißen Jura (Malm) gut aufgeschlossen. Die invers stehenden, mit circa 70° zum Harz hineinfallenden Schichtflächen bilden die von weitem sichtbaren, hohen, hellen Wände. Vor rund 150–160 Millionen Jahren lagerte sich eine Wechselfolge von Kalkschlämmen, Tonen und Mergeln auf dem Boden eines festlandsfernen Flachmeeres ab.

Feinkörniger bis dichter, weißer bis hellgrauer Kalkstein und Kalkmergel zählen zur Kimmeridge-Stufe, während die durch ihre Eisenschüssigkeit gelblich braun gefärbten und reichlich Fossilien führenden Schichten des sogenannten Korallenoolith zur Oxford-Stufe gehören. Diese dickbankigen, aus kleinen Kalkkügelchen und reichlich Schalenresten von Korallen und Muscheln bestehenden mittelkörnigen Gesteine weisen einen Dolomitgehalt von etwa 15% auf. Die besonders eisenreichen Schichten des unteren Korallenooliths wurden weiter östlich bei Göttingerode bis Anfang der 1960er Jahre von der Grube *Hansa* als Eisenerz im Tiefbau gewonnen.

Bekanntheit erlangte der Langenberg seit Ende der 1990er Jahre durch sensationelle Funde einer Vielzahl versteinerter Saurier-Knochen („Europasaurus“), sowie (Zwerg)-Krokodile, Flugsaurier und Fußabdrücke von Dinosauriern. Ein Teil der Funde wird im Dino-Park Münchehagen präpariert und ist dort ausgestellt.

Der östliche Teil des aufgelassenen Abbaugeländes (gute Aussicht vom Kamm des Langenbergs A 4128/11) ist über einen Fußpfad ab der von Göttingerode nach Harlingerode führenden Kreisstraße erreichbar (siehe auch A 4128/12).

Plänerkalkstein (Oberkreide) am Kahnstein

Die rückenartige Erhebung des Kahnstein nordöstlich von Langelsheim fällt nach Westen steil zur Innerste ab. Entlang der von Langelsheim nach Jerstedt führenden Landstraße ist die innerhalb der Aufrichtungszone steil gestellte Abfolge der Kreideformation

Korallenoolith vom Steinbruch Langenberg bei Oker, durch geringe Eisenhydroxidgehalte bräunlich gefärbt (Handstückbreite 12 cm).

gut aufgeschlossen. Als helle Felskante gut erkennbar stehen hier zur Oberkreide zählende, graue, mergelige Kalksteine der Cenoman-Stufe an, auf die wiederum Plänerkalksteine (Turon-Stufe) in weißer als auch hellroter Ausbildung folgen. Diese werden im Steinbruch Langelsheim der Rohstoffbetriebe Oker GmbH & Co. (A4128/36) abgebaut. Das feinkörnige, gut geschichtete Gestein zerfällt bei der Verwitterung zu einem unebenen, scherbig-plattigen Schutt.

Weiter südlich am Ortsausgang von Langelsheim (Zufahrt zu den Fischteichen) beginnt das Kreideprofil mit Hils-Sandstein (siehe Seite 169) der Unterkreide, der diskordant auf Tonen des Unteren Jura (Lias) liegt. Danach folgen geringmächtiger Minimus-Ton und grau-gelblich gefleckter Flammenmergel (siehe Seite 186). Verschiedene kleine, heute stark zugewachsene Brüche zeugen von früherer Abbautätigkeit.

Auf der spornförmigen Spitze des Kahnsteins befand sich die Hindenburg, eine im 10. Jahrhundert errichtete Befestigungsanlage, die später im Zusammenhang mit der mittelalterlichen Verhüttung Rammelsberger Blei- und Kupfererze stand. Im 16. Jahrhundert wurde hier die Frau-Sophienhütte betrieben. Von der jahrhundertelangen Erzverhüttung zeugen massenhaft plattige Schlacken am Fuß des Bergrückens, westlich der Landstraße. Auch für Botanikfreunde ist der Kahnstein ein lohnendes Ziel, denn neben einer artenreichen Kalkflora haben sich auf den Schlackenhaufen Schwermetallrasen mit erzanzeigenden Pflanzen entwickelt, wobei im Frühsommer besonders die rosa blühende Hallersche Grasnelke ins Auge fällt.

Eisenschüssiges Kalksteinkonglomerat (Oberkreide, Mittelsanton)

Ein gelblich braunes Kalksteinkonglomerat zeugt am östlichen Ausläufer des Langenberges von einem Vordringen des Oberkreidemeeres (oberes Mittelsanton) auf die mit der einsetzenden Harzaufrichtung bereits schräg gestellten Kalksteinschichten

Helle Plänerkalke im Steinbruch am Kahnstein bei Langelsheim.

Eisenhaltiges Kalksteinkonglomerat von Göttingerode (Handstückbreite 20 cm)

des Kimmeridge (siehe oben). Dieses findet sich in einem stark zugewachsenen, alten Abbaugebiet („Steinbruch 2") nördlich von Göttingerode als senkrecht stehende Mauer. Das grobkörnige, bräunlich gelbe Gestein führt Bruchstücke von Juraammoniten und oft lagige Anreicherungen von Geröllen aus dichtem, tonigen Brauneisenstein. Das Bindemittel besteht aus leicht eisenschüssigen Karbonaten.

Der verlassene Steinbruch liegt östlich der von Göttingerode nach Harlingerode führenden Kreisstraße (A4128/12).

Dolomite

Dolomitisierung

Sedimentärer Dolomit(stein) unterscheidet sich von Kalkstein durch den Einbau von Magnesium an Stelle von Calcium. Dieser Vorgang, der in der Regel erst sekundär während der Diagenese erfolgt und mehr oder weniger vollständig abläuft, wird Dolomitisierung genannt. Im Meerwasser gelöstes Magnesium reichert sich in den Porenlösungen an und verdrängt teilweise das karbonatisch gebundene Calcium. Im Idealfall besteht das veränderte Gestein dann vollständig aus dem Mineral Dolomit, das die Formel $CaMg(CO_3)_2$ hat und 30,4 % CaO sowie 21,7 % MgO enthält.

Diesen Namen verbindet vermutlich jeder mit der gleichnamigen Berglandschaft in den Südalpen, wo dieses Gestein reichlich vorkommt und zuerst beschrieben wurde. Für die Benennung dieses Minerals und Gesteines sowie auch der Südtiroler Berge stand der französische Geologe und Mineralogie Deodat Gratet de Dolomieu (1750–1801) Pate. Dieser machte sich unter anderem um die geologische Erforschung der Südalpen verdient und erkannte, dass der dortige „Kalkfels" beträchtliche Mengen „Magnesia" beinhaltet.

Im Gegensatz zu Kalkstein fühlt sich die Gesteinsoberfläche der meist zuckerkörnigen Dolomite auffällig rau an. Grund für diesen Effekt ist eine hohe Porosität, denn mit dem teilweisen Austausch von Calcium durch Magnesium vollzieht sich eine Volumenabnahme von bis zu 13 %. In seinen Poren vermag Dolomit flüssige und gasförmige Kohlenwasserstoffe aufzunehmen und bildet so ein wichtiges Speichergestein für Erdöl und Erdgas.

Schroff herausgewitterter Dolomit am Römerstein bei Steina.

Einen Anhaltspunkt hierfür geben die im Südharzer Zechsteingürtel verbreiteten „Stinkdolomite", die beim Anschlagen nach „Heizöl" riechen. Im Gegensatz zu Kalksteinen führen vollständig dolomitisierte Gesteine nur selten Fossilien, denn die damit einhergehende Umkristallisation bewirkte eine weitgehende Zerstörung solcher Relikte. Bei der Verwitterung erhält das meist gelblich graue Gestein eine Oberfläche, die an fein gegerbtes Wildleder erinnert. Eine Eigenschaft, die das recht feste Gestein bei Felskletterern äußerst beliebt macht. Dolomitische Gesteine sind gefragte Rohstoffe, die wegen ihres Calcium- und Magnesiumgehalts beispielsweise als Dünger (Waldkalkung) zu gebrauchen sind.

Massiger Dolomit bei Scharzfeld

Eine große Verbreitung haben dolomitische Gesteine im Südharzer Zechsteingürtel, wo er sich insbesondere in Schwellenregionen des tropisch-warmen Meeres bildete. Eine markante Zone (Oberharz-Schwelle) lag damals im Gebiet zwischen Herzberg und Tettenborn. Der hier teilweise unmittelbar auf dem gefalteten Grundgebirge abgelagerte „Hauptdolomit" erreicht Mächtigkeiten von bis zu 50 Metern. Teilweise handelt es sich auch um einstige Riffe von kolonienbildenden Organismen wie Kalkalgen und Moostierchen, die flache Lagunen besiedelten.

Am Harzrand bei Scharzfeld ließ die Verwitterung schroffe Felsformationen entstehen, die morphologisch „Miniatur-Dolomiten" ähneln. Anschauliche Dolomitaufschlüsse bietet der Südteil des Steinbergs mit dem Naturdenkmal Steinkirche (A4328/20), einer künstlich erweiterten Höhle, die schon in der Steinzeit als Lagerplatz und Kultstätte diente.

Dolomit ist, ähnlich wie Kalkstein (wenn auch etwas weniger stark), in Wasser löslich und verkarstet von Klüften aus. Eindrucksvolles Zeugnis bietet die touristisch erschlossene Einhornhöhle (A4328/21) unweit von Scharzfeld, die durch fließendes Wasser geschaffen wurde.

Unmittelbar südlich von Scharzfeld wird Dolomit zur industriellen Nutzung in einem großen Steinbruch abgebaut (A4328/22). Der helle, feinkörnige Dolomit ist nahezu bitumenfrei und erscheint meist massig oder plattig gebankt. Das zur Rheinkalk HDW GmbH gehörende Werk liefert magnesiumhaltige Kalkprodukte für die chemische Industrie und die Landwirtschaft (Düngekalk).

Massiger, etwas poröser Dolomit von Scharzfeld (Handstückbreite 12 cm)

Mauer aus zellig-kavernösem Dolomit am Kloster Walkenried.

Zechsteindolomit diente als Baumaterial für das Zisterzienser Kloster Walkenried im Südharz.

Riffdolomit

Die dolomitischen Gesteine der ehemaligen Bryozoenriffe, die im Wesentlichen aus Matten von Kalkalgen mit Einschaltungen von Bryozoen (koloniebildende Moostierchen) hervorgegangen sind, bilden nicht selten Schuttbrekzien. In einem kleinen Steinbruch bei Bartolfelde (A4328/23) ist ein solcher Riffdolomit aufgeschlossen, der

Riffdolomit auf Brandungskliff aus Tanner Grauwacke bei Bartolfelde.

Typische Riffschuttbrekzie: Grauwackebruchstücke von Riffdolomit verbacken

auf einem Brandungskliff aus Grauwacke liegt und die Situation an der Schwelle im damaligen Zechsteinmeer anschaulich widerspiegelt.

Zu den lohnenden Geotopen der Region zählt die markant gezackte Felsformation des Römersteins, circa 0,8 km nördlich von Nüxei (B243) im Raum Bad Sachsa (A4328/24). Dieses aus reinem Dolomit bestehende, kleine, etwa konzentrisch gebaute Riff sitzt auf vulkanischem Untergrund, vermutlich einem Rhyolithschlot. Es gilt seit dem 19. Jahrhundert als berühmter Fundpunkt für Zechsteinfossilien. An den Felswänden haben sich die Strukturen der hier reichlich vorhandenen Stromatolithe reliefartig herausmodelliert.

Plattiger Dolomit

Kompakter, ebenmäßig gebankter Dolomit diente früher als regional wichtiger Bau- und Werkstein. Alte Abbaugebiete befinden sich zwischen Nüxei und Osterhagen, südwestlich der an der alten B243 stehenden „Branntweineiche" (A4328/25). Die vorzugsweise genutzte, circa 3,5 Meter mächtige Werksteinbank lag unter einer ebenso dicken Zone von verkarstetem Dolomit. Dieser minderwertige, zellig-kavernöse Dolomit fand lediglich als Material zum Bau grober Mauern Verwendung. Der hellbräunliche bis beigegraue Werkstein ist sehr rein (99 % Dolomit), zeigt eine nur schwach erkennbare Schichtung und enthält bemerkenswert viele Stylolithen (Lösungssuturen). Mit einer Wasseraufnahme von nur 4 % weist der Nüxeier Dolomit eine bemerkenswerte Dichtheit auf, ist recht verwitterungsbeständig und sogar polierfähig. Früher wurden daraus Produkte für den Innenausbau gefertigt und als „Nüxeier Marmor" vertrieben. Das zu Quadern verarbeitete Gestein diente unter anderem als Baumaterial für das Walkenrieder Kloster und die Kirche von Zorge.

Aufgelassener Steinbruch im Zechsteinkalk am Solhopberg bei Seesen.

Der bankig ausgebildete Kalkstein ist leicht dolomitisiert und stark vertikal geklüftet.

Stinkdolomit

Am Harzrand nordwestlich von Herzberg tritt ein plattiger, stratigrafisch zur Z2-Folge (Staßfurt-Serie) zählender Dolomit mit Mächtigkeiten von 20–50 Metern auf. Wegen reichlich organischer Anteile (Bitumen), die sich beim Anschlagen leicht verflüchtigen und „brenzlig" riechen, wird das Gestein als Stinkdolomit bezeichnet. Die Ablagerung erfolgte in einem schlecht belüfteten Flachmeer unter reduzierenden Bedingungen, wobei sich Kohlenwasserstoffe entwickelten.

Bei Ührde südwestlich von Osterode wird der feinkörnige, ockerbraune Dolomit für Düngezwecke, als Wegebaumaterial und zur Herstellung von Ofensteinen für die Stahlherstellung abgebaut (A4326/09). Dieser liegt hier unter einer 18 Meter mächtigen Gipsschicht („Basalanhydrit"), die ebenfalls zur Staßfurt-Serie zählt und hier sowie weiter nordwestlich bis hin zum Lichtenstein an verschiedenen Stellen gewonnen wird.

Brauner, plattiger Dolomit überlagert weißen Gips am Trogstein bei Tettenborn.

7.3 Kieselgesteine

„Kieselige" Gesteine sedimentären Ursprungs, die fast ausschließlich aus dichtem Quarz beziehungsweise Chalcedon (SiO_2) bestehen, wurden früher ganz allgemein „Kieselschiefer" genannt. Heute sollte dieser Name nur mehr als stratigrafische Bezeichnung verwendet werden. Die Gesteine sind zwar meist plattig gebankt, jedoch nicht geschiefert. Beim Anschlagen entstehen scharfkantige Stücke mit muscheligen Bruchflächen. Sehr feinkörnig-dichte Varietäten werden wegen des „hornartigen" Gefüges auch als Hornstein bezeichnet. Dieser darf allerdings nicht mit dem manchmal ähnlich aussehenden Hornfels, der kontaktmetamorphen Ursprungs ist, verwechselt werden.

Die im Oberdevon und Unterkarbon verbreitet gebildeten, vorherrschend schwarzgrauen Kieselgesteine werden als **Lydite** bezeichnet. Rötlich und grünlich gefärbte Abarten heißen auch **Adinole**. Dieser Name wird heute aber vornehmlich für feingebänderte, kieselige Gesteine metasomatischer Bildung verwendet.

Zur Entstehung von Kieselgesteinen gibt es verschiedene Anschauungen. Denkbar wäre eine rein chemische Fällung im Zusammenhang mit hydrothermal-exhalativen Vorgängen, wie sie im Zusammenhang mit dem Diabasvulkanismus stattfanden (MUCKE 1973). Ein Beispiel sind die eisenreichen Vulkanochemite (siehe Kapitel 5.3).

Für den überwiegenden Teil dieser Gesteine lässt sich allerdings keine Beziehung zum untermeerischen Vulkanismus feststellen. Vielmehr handelt es sich um biogene Sedimente, ehemalige Tiefseeschlämme, die hauptsächlich aus den kieseligen Skeletten und Schalen von Meeresorganismen sowie untergeordneten tonigen Beimengungen bestehen. Eine wesentliche Rolle dabei spielen Einzeller, sogenannte Strahlentierchen (Radiolarien), die insbesondere zu Beginn des Unterkarbons in den Becken der variszischen Geosynklinale gute Lebensbedingungen vorfanden. Ablagerungen von Radiolarienschlämmen sind auch heute noch prägend für festlandsferne Tiefseebecken, wo die Sedimentationsraten oft weniger als 10 Zentimeter pro Jahrtausend betragen.

Während der Diagenese rekristallisierten die Lydite, wobei die primär aus Opal (wasserhaltiges, amorphes SiO_2) bestehenden, bis 200 µm großen Skelette der Kieselalgen sich über Tief-Cristobalit in mikrokristallinen Quarz oder Chalcedon umwandelten, was zur nahezu vollständigen Zerstörung der primären Gefüge führte. Nur in Ausnahmefällen lassen sich Reste von Mikroorganismen elektronenmikroskopisch nachweisen. Die unterschiedlichen, oft feinlagig-rhythmisch wechselnden Färbungen beruhen auf geringen Beimengungen von kohliger Substanz, Eisenoxiden und Serizitlagen. Akzessorisch treten Pyrit und Dolomit in Erscheinung (HOSS 1957).

Übergänge gibt es zu pelitischen Gesteinen, Tuffiten und Vulkanochemiten.

Lydit („Kulmkieselschiefer“)

Eine weite Verbreitung zeigen die unterkarbonischen Kieselgesteine im westlichen Harz. Wobei es sich vorwiegend um Lydite handelt, die in Mächtigkeiten von manchmal mehr als 50 Metern auftreten (Stufe II des Kulms).

Einen hervorragenden Aufschluss (A4126/07) von gefalteten schwarzen Kieselschiefern bietet der Geologische Lehrpfad am Bielstein bei Lautenthal. Direkt hinter der Schule zeigt das in einem aufgelassenen Steinbruch anstehende Gestein einen markanten „Spitzfaltenbau“ mit Amplituden von einigen Metern und lässt sich auf rund 100 m Länge studieren. Typisch für das sehr spröde Verhalten des Gesteins sind feine Risse radial zu den Falten, die mit mobilisiertem weißen Quarz verheilt sind.

Ganz ähnliche Faltenbilder zeigt der Kieselschiefer unweit des Sternplatzes an dem von hier in Richtung Schnapsplatz nach Norden führenden Forstweg (siehe A4126/05).

Eine weitere gute Studienmöglichkeit besteht in Altenau am Mühlenberg, wo Kulmkieselschiefer einen felsigen Sporn zwischen den Tälern der Großen und der Kleinen Oker bildet (A4128/25). Der vom Tal der Großen Oker (B 498) aus über einen steilen Pfad erreichbare Gipfel bietet eine schöne Aussicht auf die ehemalige Bergstadt.

Für die Westharzer Lydite, die SiO_2-Gehalte von rund 90 % aufweisen, nennt HOSS (1957) folgende durchschnittliche Zusammensetzung: 82,2–84,5 % Quarz, 8,2–10,6 % Illit, 1,5–3,5 % Chlorit, 1,1–2,8 % Albit, 2,7–2,9 % Karbonate, Pyrit und Sonstige.

Gefalteter Kieselschiefer am Bielstein bei Lautenthal.

Adinol mit feiner Bänderung vom Hüttenteich in Lerbach (A4326/05) (Handstückbreite 12 cm).

Zu den Kieselgesteinen zählt auch silifiziertes Holz. Dieses etwa 20 cm lange Stück aus dem Rotliegenden wurde bei Appenrode im Südharz gefunden.

Exkurs zu den „Kieseln“

Das in Norddeutschland mit Abstand verbreitetste Kieselgestein ist **Flint,** auch **Feuerstein** oder **Silex** genannt. Er tritt ursprünglich massenhaft in der nordeuropäischen Kreideformation auf, wo sich in der bekannten „Schreibkreide“ (anstehend zum Beispiel auf der Insel Rügen) aus den Resten von Kieselschwämmen kleine und große knollige Konkretionen gebildet haben, die im Gegensatz zum weichen Kreidekalk sehr resistent sind und sich als Verwitterungsreste anreichern. Für seine flächenhafte Verbreitung als „Geschiebe“ sorgte das nordische Gletschereis während der letzten beiden Kaltzeiten. Auch während der Elster-Kaltzeit vor etwa 380.000 Jahren konnten die mit Schutt beladenen Eisströme das Bollwerk Harz nicht überschieben. Die Gletscherfront reichte im Ostteil des Gebirges bis zur Höhe von Friedrichsbrunn. Weiter südlich fehlen die charakteristischen „Feuersteinkiesel“ in den Harzer Bachgeröllen. An den Verlauf der „Feuersteinlinie“, die im Gebiet des Nordharzes und seines Vorlandes die Südgrenze der Inlandvereisung beschreibt, erinnern verschiedene Eiszeit-Denksteine, zum Beispiel in Wernigerode, in Friedrichsbrunn und am Lühner Torplatz in Blankenburg.

7.4 Kohlen

Durch hohe Anteile von organischem Kohlenstoff brennbare Gesteine heißen **Kaustobiolithe**. Das Auftreten von Steinkohlen beschränkt sich im Harz auf die Schichten des Permosilesiums. Bis ins frühe Rotliegende herrschte ein tropisch-feuchtes Klima, das in sumpfigen Niederungen für einen üppigen Pflanzenwuchs sorgte. Die nach ihrem Absterben durch Schlammströme überdeckten Pflanzen gerieten unter Luftabschluss

Kohlenstoffreicher Brandschiefer mit Schachtelhalmresten vom Rabensteiner Stollen bei Ilfeld (Handstückbreite 15 cm).

und verwandelten sich allmählich in Braunkohle, die später durch Überlagerung von Sedimenten und Vulkaniten entwässerte und zu Steinkohle wurde. Im Ilfelder Becken gibt es bis zu drei Flöze, die durch kohlenstoffreiche Tonsteinlagen (sogenannter „Brandschiefer") voneinander getrennt sind. Die Kohlen führende Stufe weist eine Mächtigkeit von etwa 20 Metern auf, wobei die eigentliche Steinkohle nur wenige Dezimeter dick ist. Alle drei Flöze zusammen genommen überschreiten kaum einen Meter Gesamtmächtigkeit. Es handelt sich um eine geschichtete Streifenkohle, bestehend aus Mattkohle mit Streifen von Glanzkohle. Der Anteil von klastischen Beimengungen (Ton- und Schluff), die nach der Verbrennung als Asche zurückblieben, beträgt 20–50 %. Wegen des geringen Heizwertes war die Südharzer Kohle weder zur Erzverhüttung noch als Schmiedekohle geeignet. Verwendung fanden die in Sülzhayn, Ilfeld und Neustadt im 18. und 19. Jahrhundert abgebauten Kohlen vor allem auf den Salinen im südöstlichen Harzvorland sowie in den Kornbrennereien von Nordhausen.

Die einzigen Aufschlüsse von anstehender frischer Kohle bietet das Steinkohlen-Besucherbergwerk Rabensteiner Stollen bei Netzkater an der B 4 nördlich von Ilfeld (A4330/30).

Die Halden am Bergwerk enthalten reichlich schwarzen, tonigen und siltigen Brandschiefer, zum Teil mit schönen Pflanzenabdrücken von Farnen und Schachtelhalmgewächsen.

Ein anderes, bis 1862 betriebenes Steinkohlenabbaugebiet liegt am Vaterstein (A4530/13) östlich von Neustadt. Die vom Bergbau hinterlassenen Pingen und ausgedehnten Halden sind, vom Grillplatz Zapfkuhle aus, auf dem durch das Felsentor (A4530/12) führenden Forstweg zu erreichen.

Eine ähnlich schlechte Steinkohle wurde auch im Raum Meisdorf-Opperode östlich von Ballenstedt abgebaut.

7.5 Evaporite

Diese auch als Eindampfungsgesteine bezeichnete Gruppe zählt zu den chemischen Sedimentgesteinen. Ihre Verbreitung im Harzgebiet beschränkt sich auf den Zechsteingürtel, der besonders am südlichen Gebirgsrand recht breit und gut aufgeschlossen ist. Hier findet man die klassische Schichtenabfolge, die beim „Eindampfen" eines flachen, zeitweise vom Ozean abgetrennten Binnenmeeres zurückblieb. Die Ablagerungen des Zechsteins umfassen vier Gruppen, genannt Werra-, Staßfurt-, Leine- und Aller-Serie, die von einem mehrfachen Vordringen und Verdunsten des Meeres zeugen. Neben dem nur an der Basis ausgebildeten Kupferschiefer und kalkigen beziehungsweise dolomitischen Karbonatgesteinen zeugen hiervon mächtige Sulfatgesteine (Gips, Anhydrit) und chloridische Salzgesteine (Stein- und Kalisalze). Während die zuerst genannten Gesteine am Harzrand anstehen, lassen sich die tagesnah vollständig aufgelösten Salze nur unter Tage finden. Gute Gelegenheit hierzu bietet das Erlebnisbergwerk Glückauf Sondershausen.

Gips- und Anhydrit

Die beiden eng miteinander assoziierten, monomineralischen Sulfatgesteine bestehen größtenteils aus den gleichnamigen Mineralen Gips ($CaSO_4 \cdot 2H_2O$) und Anhydrit ($CaSO_4$). Während Gips weiß und sehr weich ist (Härte 2, mit dem Fingernagel ritzbar!) zeigt Anhydrit eine graue, im ganz frischen Zustand auch hellblaue Farbe und hat eine Härte von 3–3 ½. Die relativ hohe Dichte von 2,9 g/cm^3 ist auffällig.

Durch Umkristallisierung kann das wasserhaltige Calciumsulfat als asbestartiger **Fasergips** Klüfte verheilen oder als glasklares **Marienglas** Hohlräume ausfüllen.

In Form schneeweißer Felsabbrüche prägt Gips mancherorts das Landschaftsbild des südlichen Harzrandes. Dabei kann es sich um natürliche Verwitterungsformen

Gipssteinbruch bei Appenrode am Südharzrand

handeln, meist aber rühren die auffälligen Abbruchkanten von der ehemaligen oder noch aktiven Gipsgewinnung her.

Eindrucksvolle Beispiele sind die sogenannten „Kalkberge", die sich als Geländestufe von Osterode bis Lasfelde-Katzenstein erstrecken (A4326/07), der Sachsenstein bei Bad Sachsa – Neuhof, der Kohnstein bei Niedersachswerfen und der Alte Stolberg südwestlich von Rottleberode. Die Verbreitung der Zechsteingipse erstreckt sich von Badenhausen ganz im Westen über Osterode bis etwa nach Aschenhütte bei Herzberg. Unterbrochen durch die sogenannte Oberharz-Eichsfeld-Schwelle im Zechsteinmeer, wo kein Gips abgelagert wurde, setzen sich die Sulfatgesteine von Bad Sachsa-Tettenborn fast durchgehend bis nach Sangerhausen im Osten fort. Die Mächtigkeiten der am Harzrand in drei Folgen auftretenden Sulfatgesteine (von unten nach oben: Werra-Anhydrit, Basalanhydrit der Staßfurt-Serie und Hauptanhydrit der Leine-Serie) schwanken zwischen 80 und 400 Metern.

Bei der Verdunstung des Meerwassers schied sich wasserhaltiges Calciumsulfat in Schlammform aus. Die Diagenese ließ daraus feinkörnigen Gipsstein entstehen, der unter dem Auflastdruck weiterer Ablagerungen und damit einhergehender Temperaturerhöhung sein Kristallwasser abgab und sich in wasserfreien Anhydrit verwandelte. Heute wissen wir, dass unter besonderen Umständen, etwa aus sehr salzigen Lösungen, Anhydrit auch direkt kristallisieren kann.

Nahe der Erdoberfläche nimmt Anhydrit wieder Wasser auf und verwandelt sich langsam zurück in Gips, was mit einer Volumenzunahme von rund 60 % verbunden ist und zu Quellungserscheinungen führt. Die im Untergrund liegenden Anhydritschichten

Anhydrit im Untertageaufschluss mit Rutschungsgefügen im Himmelsberg bei Woffleben (Bildbreite ca. 4 m).

sind an den natürlichen Ausbissen daher stets von einer mehrere Dutzend Meter dicken „Gipsrinde" umgeben.

Der früher auch „schwefelsaurer Kalk" genannt Gips bildete von alters her als Gipsmörtel einen wichtigen Baurohstoff. Heute umfasst die Produktpalette Stuck- und Modellgipse oder die für den Innenausbau unverzichtbaren Gipskartonplatten. Die vielfältige technische Nutzung beruht auf der Eigenschaft des Gipsmoleküls, bei 120–140 °C einen Teil des Kristallwassers abzugeben und sich in sogenanntes „Halbhydrat" zu verwandeln. Wird gebrannter Gips mit Wasser verrührt, so erstarrt dieser umgehend unter Kristallisation feiner Gipsnädelchen und härtet, abhängig von der Brandart, unterschiedlich schnell aus („Schnellbinder", „Stuckgipse").

Anhydrit findet technisch Verwendung zur Herstellung von Fliesenklebern, Fließestrichen, sowie als Zuschlag bei der Zementherstellung. Früher diente das Sulfatgestein auch als Rohstoff zur Darstellung von Schwefelsäure und Schwefel.

Anhydrit vom Kohnstein (Geopark Landmarke 7, A4530/03)
Frischer Anhydrit lässt sich nur in aktiven Abbaustätten oder untertägigen Aufschlüssen beobachten. Ein sehr großer Tagebaubetrieb liegt am Ostrand des Kohnsteinmassivs bei Niedersachswerfen. Die industrielle Anhydritgewinnung begann hier bereits 1917 durch die Firma BASF, die das Material als Rohstoff für ein Ammoniakwerk in Merseburg nutzte. Bis 1935 wurden circa 35 Millionen Tonnen Sulfatgestein gebrochen. Traurige Berühmtheit erlangte der Kohnstein in der Zeit des 2. Weltkriegs, als die Nationalsozialisten ihre Rüstungsproduktion zunehmend in den Untergrund verlegten. Tausende

Bläulich grauer, frischer Anhydrit im Steinbruch Appenrode (Bildbreite 3 m).

von KZ-Häftlingen und Zwangsarbeitern schufen im Kohnstein unter unmenschlichen Bedingungen ein großes Hohlraumsystem zur Fertigung von Raketen. Hieran erinnert die KZ-Gedenkstätte Dora-Mittelbau; neben einer Dauerausstellung zur Geschichte des Lagers werden hier auch Führungen durch das Gelände und in die Stollenanlagen angeboten.

Am Ostrand der Oberharz-Eichsfeld-Schwelle hatte der Werra-Anhydrit mit bis zu 400 Metern seine größte Mächtigkeit. Am Schwellenhang kam es verbreitet zu ausgedehnten subaquatischen Rutschungen des teils noch plastischen, teils bereits verfestigten Sulfatgesteins. So zeigt insbesondere der unter Tage aufgeschlossene Anhydrit vielfach Turbiditgefüge, die für Trübestromablagerungen sprechen. Im Himmelsberg bei Woffleben, wo es ebenfalls eine große untertägige Produktionsstätte aus der Kriegszeit gibt, bildet der Anhydrit unter anderem extrem grobe Brekzien mit Klasten von mehreren Kubikmetern Größe (Olisthostrome). Leider sind diese Aufschlüsse nicht öffentlich zugänglich.

Schlangengips – eine besondere Spielart der Natur

In dieser merkwürdigen Form findet sich Gips stellenweise im Raum Walkenried, Ellrich und Woffleben auf. Das Gestein, dessen ausgeprägte Schichtung bisweilen durch Anreicherung bituminöser Bestandteile zum Ausdruck kommt, weist wenige Millimeter bis einige Dezimeter große, dreidimensionale Wellenstrukturen auf. Diese stehen sehr eng und bilden im Querschnitt markante Schlangenlinien. Ein bekannter Fundpunkt ist der Gipssteinbruch Appenrode am Nordrand des Himmelsbergs (A4530/01).

Die Bildungsumstände sind noch nicht befriedigend geklärt. Die klassische Theorie, der hier nicht widersprochen werden soll, geht von einer Quellfaltung aus, die erfolgte, als sich der Anhydrit durch Wasseraufnahme, zunächst beschränkt auf einige Schichten, in voluminöseren Gips verwandelte. Der Quelldruck bewirkte infolge der noch starken Gesteinsauflast eine Stauchung der Schichten.

Am Karstwanderweg zwischen Werna und Appenrode liegt das Naturdenkmal „Kelle“ (A4530/02), das einen lohnenden Aufschluss von verkarstetem Gips bietet. In einem tiefen Erdfall ist eine große Halle als Rest einer ausgedehnten Höhle angeschnitten. Weiter südwestlich liegt ein von selbst renaturierter Gipsabbau. An einzelnen Blöcken hat die vom Regenwasser bewirkte Gipsauflösung filigrane Formen hinterlassen.

Klastische Gefüge und filigrane Bänderungen im vergipsten Anhydrit von Appenrode.

Schlangengips im angeschliffenen Handstück, etwa 20 cm breit.

Alabaster aus der Rüdigsdorfer Schweiz

Dieser für den Harz ungewöhnliche Name bezeichnet ein Landschaftsschutzgebiet nördlich von Nordhausen, das mit ausgeprägten Karsterscheinungen im vergipsten Anhydrit der Werraserie aufwarten kann. Die Tafeln des Karstwanderweges weisen auf die Sehenswürdigkeiten dieses recht naturnahen Lebensraumes hin. Ein aufgelassener Steinbruch an der von Krimderode nach Rüdigsdorf führenden Landstraße schließt eine feingeschichtete Wechsellagerung von, durch Ton- und Karbonatbeimengungen, grauem Gips und weißem Alabaster auf (A4530/04). Diese sehr reine mikrokristalline Gipsvarietät entsteht durch Sammelkristallisation, wobei die fein verteilten Verunreinigungen verdrängt werden. Auffällig sind 20–40 cm große, schneeweiße Alabasterkugeln, die lagenweise Einschaltungen bilden. Dieser Gefügetyp wird auch als **Stratobolit** bezeichnet. Der besonders saubere Gips wurde lokal für Spezialzwecke, zum Beispiel medizinische Anwendungen, genutzt. Dichter **Alabaster** diente, wie auch Marmor, zur Bildhauerei, vor allem zur Herstellung billiger Imitate. Wegen der geringeren Härte lässt dieses Material sich leichter bearbeiten als Karbonatgesteine, ist aber gegenüber Wasser nur wenig beständig.

Sehenswerte Gipsaufschlüsse hat das am Karstwanderweg liegende kleine Dorf Questenberg im Südostharz (A4532/01) zu bieten. Es versteckt sich im schluchtartig eingeschnittenen Durchbruchstal der Nasse nordöstlich von Roßla. In der steilen Felswand des Questenberges, auf dessen Gipfel ein keltisches Sonnensymbol (die Queste) steht, sind lagenweise angereicherte Alabasterkugeln von Medizinballgröße aufgeschlossen. Am nördlichen Ortsausgang zeigen die sogenannten Gletschertöpfe die freiliegende Karstoberfläche (Strudellöcher, Schlotbildungen). Der guten Aussicht wegen ist eine Besteigung des ganz aus Gips bestehenden Questenberges sehr zu empfehlen.

Die Kelle – Erdfall mit dem Rest einer großen Gipshöhle bei Appenrode.

Filligraner Mikrokarst – von Regenwasser zerfressener Gipsblock am Himmelsberg bei Woffleben (Bildbreite etwa 60 cm).

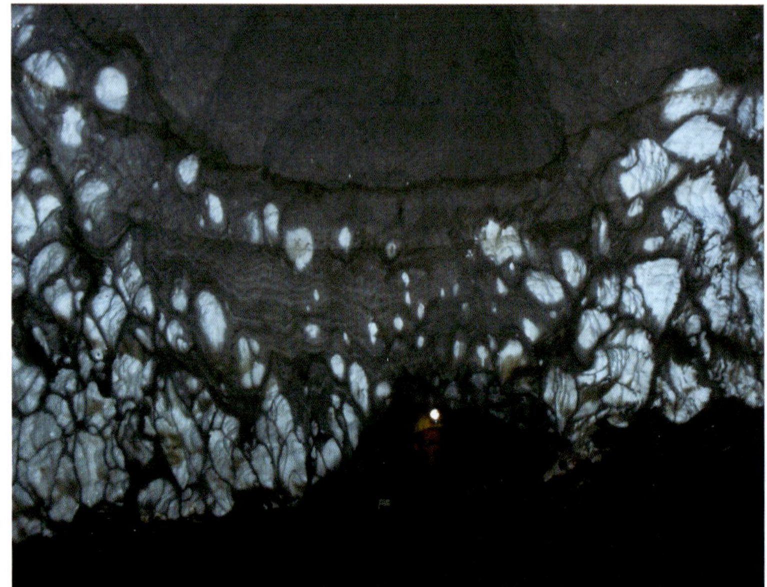

Weiße Alabasterkugeln in dunkelgrauem Anhydrit in der Elisabethschächter Schlotte bei Sangerhausen (Bildbreite ca. 3 m).

Gipskarst von Weltklasse – der Karstwanderweg

Gips zählt zu den wasserlöslichen Salzen. Ein Liter kaltes Wasser vermag rund 2 g Calciumsulfat aufzunehmen, das sich ähnlich wie Zucker im Tee löst. Aus diesem Grund gibt es überall dort, wo Gipsgestein der Verwitterung ausgesetzt ist, Karstphänomene wie Höhlen, Erdfälle, Dolinen, starke Quellen, Bachschwinden, Flussversickerungen und Trockentäler. Der Südharzer Zechsteingürtel bietet eins der größten zusammenhängenden Gipskarstgebiete Europas. Im Gegensatz zu den verbreiteten Karbonatkarstgebieten, ist ein Sulfatkarst mit einer solchen morphologischen Vielfalt eine große Ausnahme. Die Dramatik der unterirdischen Auslaugung verdeutlicht das Beispiel der Rhumequelle südlich von Herzberg. Jährlich entspringen hier 62 Millionen Kubikmeter Wasser, das in gelöster Form 40.000 Tonnen Gips und 17.000 Tonnen Kalk aus dem Südharz über die Weser in die Nordsee schickt.

Der Gipskarst ist landschaftlich außerordentlich reizvoll und stellt bezüglich Fauna und Flora bemerkenswerten Lebensraum dar, den es zu schützen gilt. Leider hat der seit rund 120 Jahren betriebene industrielle Gipsabbau bereits viel davon zerstört oder stark beeinträchtigt. Nur wenige, längst als Naturschutzgebiete ausgewiesene Areale, wie das Hainholz bei Düna oder das Himmelreich bei Walkenried, sind noch intakt. Weite Teile sind als FFH-Gebiet und Biosphärenreservat ausgewiesen.

Von den zahlreichen Höhlen, darunter bemerkenswerte Großhöhlen wie Jettenhöhle und Marthahöhle bei Düna, Himmelreichhöhle bei Walkenried und die Heimkehle bei Uftrungen, ist nur letztere für den Besucherverkehr touristisch erschlossen. Als weitere Schauhöhle zählt die im Zechsteindolomit liegende Einhornhöhle bei Scharzfeld dazu.

Die zahlreichen Sehenswürdigkeiten sind seit 1996 durch den **Karstwanderweg** erschlossen, der einen geowissenschaftlichen Schwerpunkt hat und sich über drei Bundesländer erstreckt (Beschilderung: schwarzes K auf weißrotweißem Grund). Im Westen beginnt er in Bad Grund (Niedersachsen), führt jenseits der ehemaligen innerdeutschen Grenze durch den Landkreis Nordhausen (Thüringen) und endet in Pölsfeld bei Sangerhausen (Sachsen-Anhalt) im Osten. Der insgesamt 233 km lange Weg besteht aus mehreren parallelen Teilrouten und umfasst circa 200 Erläuterungstafeln, womit er derzeit der längste Themenweg Deutschlands ist.

Gipskarstlandschaft von Questenberg – erschlossen durch den Südharzer Karstwanderweg.

8 Metamorphe Gesteine

Diese Gruppe von Gesteinen ist das Produkt der sogenannten **Metamorphose**, worunter man Gesteinsumwandlungen durch Wärmezufuhr und Druckveränderungen versteht. Bereits vorhandene Gesteine geraten durch tektonische Vorgänge, etwa durch die Versenkung im Zuge einer Gebirgsbildung, in Bereiche, wo erhöhte Drücke und Temperaturen herrschen, wobei es zu einer mehr oder weniger vollständigen Umkristallisation beziehungsweise einer Neubildung des Mineralbestandes kommt. Dieses geschieht sehr langsam durch Festkörperreaktionen unter Mitwirkung fluider Phasen. Im Großen und Ganzen bleibt die chemische Zusammensetzung des Gesteins dabei aber erhalten! Die Metamorphose verläuft *isochemisch* oder *„stoffkonservativ"*; abgesehen von fluiden Phasen wird nichts zu- oder abgeführt. Die Veränderungen betreffen ausschließlich den Mineralbestand und das Gefüge.

Das Ausgangsmaterial wird als **Edukt** bezeichnet. Die aus magmatischen Gesteinen hervorgegangenen Metamorphite nennt man **Orthogesteine**. Aus Sedimentiten entstehen **Paragesteine**.

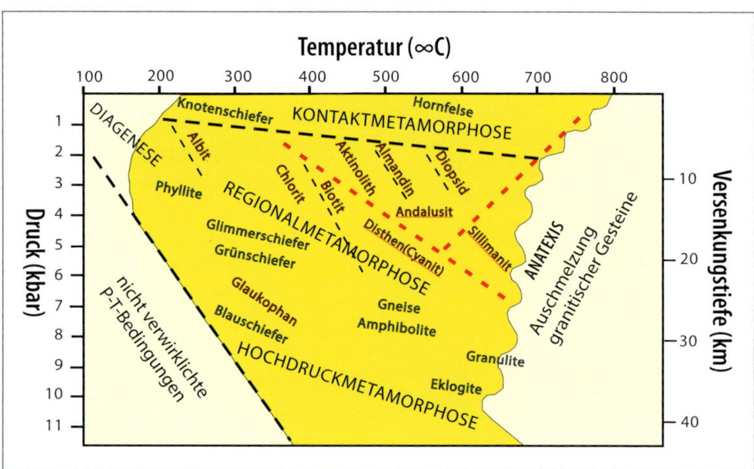

Die unterschiedlichen Arten der Gesteinsmetamorphose im Druck-Temperatur-Diagramm nach W*INKLER*. *Die Temperatur nimmt, je nach geothermischem Gradienten, zur Tiefe hin durchschnittlich um 30°C je km zu. Der Auflastdruck des Gebirges (allseits wirkender hydrostatischer Druck) beträgt pro Kilometer Deckgebirge etwa 250–300 bar. Weitere Faktoren sind der durch tektonische Bewegungen verursachte „gerichtete Druck" („Stress") und der von fluiden Phasen (hochgespannte Gase und Dämpfe, H_2O, CO_2) ausgehende Druck.*

Es lassen sich folgende Hauptarten von Metamorphose unterscheiden:

Die **Regionalmetamorphose** betrifft große Areale und erfolgt meist dort, wo im Verlauf von Gebirgsbildungen (Orogenese) ausgedehnte Gesteinskomplexe längere Zeit tief versenkt wurden. Ein typisches Beispiel sind die in den Kernzonen vieler Gebirge auftretenden *„Kristallinen Schiefer"*, wie beispielsweise Phyllite, Glimmerschiefer und Gneise.

Die **Kontaktmetamorphose** ist nur lokal im unmittelbaren Umfeld („Kontaktzone") von größeren Tiefengesteinskörpern (Plutonen) wirksam. Die von der Größe der Intrusion und deren Temperatur sowie der Tiefenlage abhängige Breite der Kontaktaureole beträgt etwa 1–3 km. Von Bedeutung ist hier nur die Temperaturkomponente! Typische Gesteine sind dichte massige **Hornfelse** in der inneren Kontaktzone und **Flecken- und Fruchtschiefer** im äußeren Bereich.

Die **Versenkungsmetamorphose** (zum Teil auch Hochdruckmetamorphose) kennzeichnet ehemalige Subduktionszonen (konvergente Plattengrenzen), wo die auf ozeanischer Kruste abgelagerten Sedimente relativ schnell, verbunden mit einer nur mäßigen Temperaturzunahme, in große Tiefen gelangten und hohen Drücken ausgesetzt waren. Typisch hierfür sind Blauschiefer (Glaukophanschiefer), wie sie beispielsweise in den südlichen Alpen im Wallis und Tessin anzutreffen sind.

Die sogenannte **Metasomatose** stellt einen Sonderfall dar, denn hier werden im Kontaktbereich zu magmatischen Körpern durch hochgespannte Gase oder fluide Phasen wesentliche Stoffmengen zu- beziehungsweise abgeführt; sie verläuft „allochemisch". Betroffen davon sind vor allem reaktionsfähige Gesteine, wie Kalke und Dolomite, die dabei abhängig von der Temperatur starke Veränderungen erfahren und sich zum Beispiel in Skarne verwandeln.

Die meisten Regionalmetamorphite sind „geschiefert", weisen also eine „Paralleltextur" (Foliation) auf, verursacht durch die Kristallisation von blatt- oder stengelförmigen Mineralen, wie Glimmer oder Hornblende unter der Wirkung eines gerichteten Drucks. Man spricht von einem „s-Gefüge". Mit steigender Metamorphose vergrößern sich die Abstände der Schieferungsflächen:

Phyllit → ***Glimmerschiefer*** → ***Gneis***
(<1 mm) *(einige mm)* *(bis mehrere cm)*

Mit zunehmendem Metamorphosegrad unterscheiden sich bei einer „normalen" Regionalmetamorphose folgende Fazien:

Fazies	Saures Edukt	Basisches Edukt
1. Zeolithfazies Wasserreiche Tonminerale verschwinden, Neubildung von Zeolithen, wie Laumontit	**Serizitphyllit**	**Chloritschiefer**
2. Grünschieferfazies Zusammenbrechen der Zeolithe, Entwässerung, Neubildung von Albit, Chlorit, Biotit, Epidot, Granat (manganhaltig)	**Glimmerschiefer**	**Grünschiefer**
3. Amphibolitfazies Chlorit und Biotit werden instabil, Neubildung von Hornblende und calciumreichen Plagioklasen, Almandin sowie Pyroxen	**Gneis**	**Amphibolit**
4. Granulitfazies wasserhaltige Minerale verschwinden, Hochdruckminerale wie Pyrop, Disthen	**Granulit**	**Eklogit**
Aufschmelzung (Anatexis)	**Saure Migmatite**	**Basische Migmatite**

Minerale sind in der Regel nur unter ganz bestimmten physikalisch-chemischen Bedingungen stabil. Bei der Metamorphose stellen sich nach den Gesetzen der Thermodynamik, wenn die Zeit es erlaubt, chemische Gleichgewichte ein. In Abhängigkeit von Druck und Temperatur reagieren völlig verschiedene Ausgangsgesteine von etwa gleicher chemischer Zusammensetzung zu identischen Mineralbeständen.

Sehr wichtig bei der Betrachtung solcher Vorgänge ist hierbei der Begriff „**Fazies**": *„Eine metamorphe Fazies umfasst eine Anzahl von metamorphen Gesteinen und deren Mineralparagenesen, die unter gleichen physikalisch-chemischen Bedingungen entstanden sind."*

Bei der Regionalmetamorphose unterscheiden wir die niedriggradige **Zeolithfazies** von der mittelgradigen **Grünschieferfazies,** der noch höheren **Amphibolitfazies** und der **Granulitfazies** als höchster Stufe.

Wasserreiche Schichtsilikate („Tonminerale") beispielsweise, die typisch für pelitische Sedimente sind, werden bei Temperaturen von circa 350 °C instabil und verwandeln sich unter teilweiser Abgabe von Wasser in Glimmer. Aus einem Tonschiefer entsteht dadurch ein Phyllit oder Glimmerschiefer, was mit einer merklichen Kornvergrößerung verbunden ist.

Die Grenze zwischen Diagenese und Metamorphose ist fließend und liegt bei rund 200 °C. Den Übergangsbereich bezeichnet man als „anchimetamorph". Bei Temperaturen oberhalb von 700 °C kommt es in größeren Tiefen zur **Aufschmelzung** (Anatexis), wobei sich zuerst Material verflüssigt, das etwas Wasser enthält und vom Chemismus her einem Granit entspricht. Teilaufschmelzungen lassen sogenannte **Migmatite** entstehen, die Gefügemerkmale sowohl von Metamorphiten als auch von Magmatiten aufweisen. Durch anhaltende und weiträumige Anatexis können sich große Schmelzmassen bilden, die, wie der Kreislauf der Gesteine zeigt, als neue Magmen aufsteigen können. Solche durch Recycling entstandenen Granite werden heute als S-Typ-Granite charakterisiert. Hierzu zählen beispielsweise unsere Harzer Vorkommen.

Monomineralische Edukte wie Kalk- oder Sandsteine weisen bei der Metamorphose mangels Reaktionspartner kaum Mineralneubildungen auf. Hier führt lediglich eine Sammelkristallisation zu einer Kornvergrößerung und stärkeren Kornverzahnung. Aus einem Kalkstein entsteht ein Marmor, ein Sandstein wird zu einem Quarzit.

Zur Benennung der Metamorphite

Im Gegensatz zu den Magmatiten gibt es hier erfreulich wenige Eigennamen. Hauptkriterien sind der Mineralbestand und das Gefüge:

- » Regionalmetamorphite mit geregeltem Gefüge werden unter Voranstellung der jeweiligen Hauptminerale ...**-phyllit**, ...**-schiefer**, oder ...-**gneis** genannt. Beispiele: Chloritphyllit; Biotit-Glimmerschiefer; Granat-Hornblende-Gneis. Dunkle, hornblendereiche Gesteine heißen **Amphibolite**.
- » aus magmatischen Edukten gebildete Metamorphite erhalten die Vorsilbe **Ortho-...**, Beispiel: Orthogneis.
- » aus sedimentären Edukten gebildete Metamorphite erhalten die Vorsilbe **Para-...**, Beispiel: Paragneis.
- » Die Vorsilbe **Meta-...** kennzeichnet nur schwach umgewandelte Gesteine Beispiele: Metabasalt; Metatuffit, Metagrauwacke.
- » dichte, nicht geschieferte (meist kontaktmetamorphe) Gesteine heißen ...**felse.** Beispiele: Tonschiefer-Hornfels, Kalksilikatfels

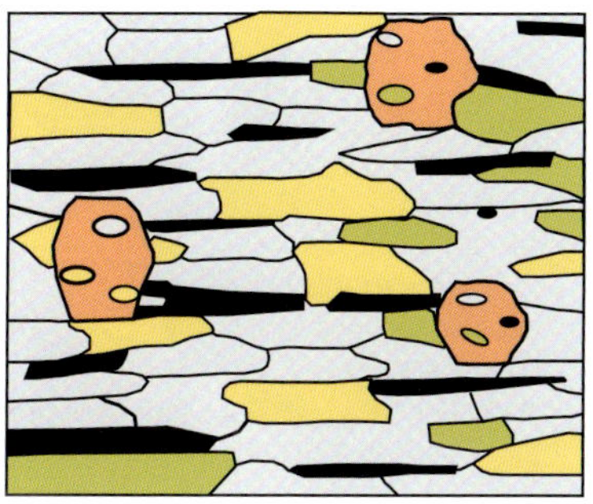

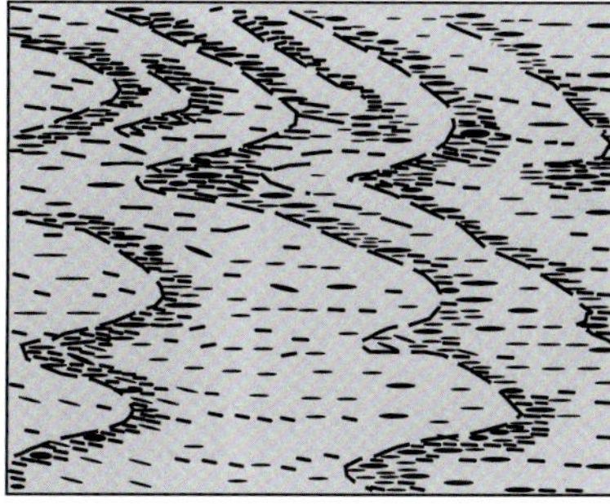

Typische Gefüge „Kristalliner Schiefer". Links: ein Glimmerschiefer mit einem ausgeprägten „s-Gefüge" durch die eingeregelten Glimmerplättchen (schwarz) in einer Quarz-Feldspat-Grundmasse, quer dazu sind idiomorphe Granate (orange) „gesprosst". Rechts: ein Phyllit mit einer feinen „Zick-Zack-Fältelung".

Unter den Bedingungen der „Amphibolitfazies" können beispielsweise aus ganz unterschiedlichen, chemisch aber ähnlich zusammengesetzten Gesteinsarten, die gleichen Metamorphite hervorgehen, wie folgendes Beispiel zeigt:

Ausgangsgestein		Metamorphit
„saure Edukte: Grauwacke, Granit, Rhyolith	→	**Gneis**
„basische Edukte": eisenschüssiger Mergel, Gabbro, Basalt	→	**Amphibolit**

8.1 Regionalmetamorphe Gesteine

Im Harz, der ein vergleichsweise hohes Stockwerk des variszischen Gebirges repräsentiert, sind „kristalline Schiefer" als Produkt der Regionalmetamorphose im Gegensatz zum Erzgebirge oder zum Schwarzwald recht selten. Während die Gesteine des Westharzes nur geringe Veränderungen aufweisen, nimmt der Überprägungsgrad nach Osten hin zu und belegt größere Versenkungstiefen. Nach Friedel (2010) können für den Elbingeröder Raum Temperaturen von 250–300 °C und Drücke von etwa 5 kbar angenommen werden. Noch tiefer versenkt wurden die Ablagerungen weiter östlich in der **Wippra-Zone**, wo die Regionalmetamorphose die untere Grünschieferfazies erreichte. Stärkere metamorphe Umwandlungen weist im Harz nur die **Eckergneisscholle** auf. Noch höhergradige Metamorphite treten am Nordrand des Kyffhäusergebirges zutage. Sie bilden eine hochgewölbte Scholle von tieferem Krustenmaterial und sind ein Teil der „mitteldeutschen Kristallinschwelle".

Metamorphite der Wippra-Zone

Die etwa 30 km lange und 5 km breite metamorphe Zone von Wippra besteht aus phyllitischen Tonschiefern, Quarziten, Metagrauwacken und Grünschiefern, die stratigraphisch vom Ordovizium über das Silur bis ins Devon reichen. Mit der Versenkung erfuhr dieser Teil des Harzes bei etwa 400 °C und Drücken von 2–3 kbar eine durchgreifende metamorphe Überprägung. Eine zusammenfassende Beschreibung geben Franzke & Schwab (2011).

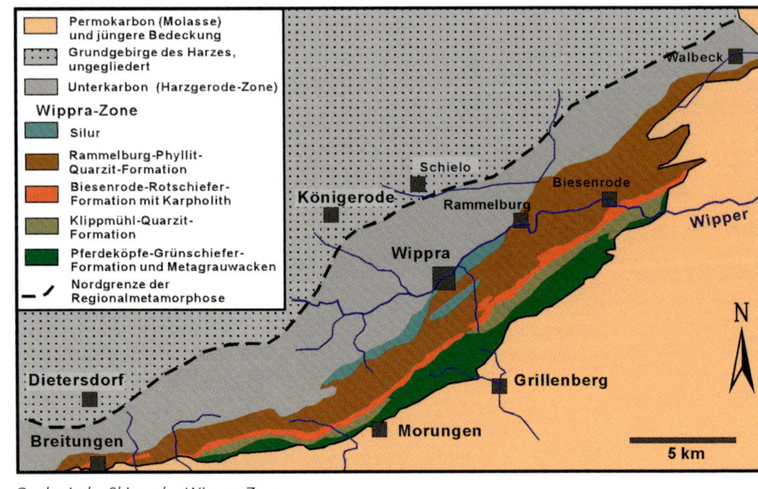

Geologische Skizze der Wippra-Zone

Phyllitaufschluss an der Klippmühle bei Biesenrode

Phyllitische Tonschiefer und Quarzite im Tal der Wipper
Von nicht metamorphen Tonschiefern unterscheiden sich die hier auftretenden, phyllitischen Gesteine durch einen von feinen eingeregelten Glimmerplättchen hervorgerufenen, seidigen Glanz und eine auffällige Feinfältelung. Als typisch kann auch die Ausbildung von zwei Schieferungen gelten, verursacht durch wechselnde Beanspruchungsrichtungen während der Versenkung.

Östlich von Biesenrode, entlang der durchs Wippertal nach Vatterode führenden Straße, sind in den felsigen Partien der Berghänge Wechsellagerungen von quarzitischen Gesteinen und phyllitischen Tonschiefern aufgeschlossen. Gute Studienmöglichkeiten bestehen im Bereich der ehemaligen Klippmühle (A4534/1) und westlich der Wipper am Bahnhaltepunkt

Gräfenstuhl/Klippmühle (Tafel des Geoparks). Hier befindet sich die Typlokalität des ins untere Ordovizium gestellten *„Klippmühl-Quarzits"*, der mit 480–490 Millionen Jahren zu den ältesten Harzgesteinen zählt (A4534/2). Die grauen, violettroten und grüngrauen phyllitischen Tonschiefer sind intensiv deformiert und bilden markante Kniefalten. Hauptminerale sind Serizit, Chlorit, Albit und Quarz. Die bankigen, darin eingeschalteten, Serizit führenden, feinkörnigen Quarzite erscheinen grau, grünlich grau und rötlich. Ursprünglich handelte es sich um tonige, schluffige und sandige Ablagerungen eines Flachmeeres.

Karpholithschiefer im Sengelbachtal (A4534/3)
Eine Besonderheit der Wippra-Zone ist das verbreitete Auftreten des sonst ziemlich seltenen, wasserhaltigen Mangan-Aluminium-Silikats **Karpholith** – auch Strohstein genannt. Das strohgelbe, auch grünlich gelbe oder gräulich grüne, faserige bis grobstrahlige Mineral erscheint makroskopisch stets in Begleitung von derbem, milchigem Quarz, in Form von bis zu einigen Dezimetern großen Knauern und Wülsten. Das Auftreten beschränkt sich südlich von Biesenrode am Südhang des Wippertals auf eine nur etwa 100 m breite Zone von milden phyllitischen Tonschiefern, die teilweise durch feine Hämatitdurchstäubung rot eingefärbt sind. Edukte waren Pelite, in denen sich lokal, durch Lösungen aus benachbarten Vulkaniten, Mangan, Eisen und Magnesium anreicherten. Die widerstandsfähigen Quarz-Karpholith-Aggregate wittern heraus und lassen sich im Wald oder auf den Feldern als Rollstücke aufsammeln. In der Nachbarschaft treten in den chloritreichen Metapeliten auch metamorphe Neusprossungen von Chloritoid (Ottrelith) in Form von dunkelgrünen kleinen Stäbchen und Büscheln auf.

Karpholith von Biesenrode (Breite des Handstücks 25 cm)

Grünschiefer im ehemaligen Steinbruch „Pferdeköpfe" bei Wippra.

Grünschiefer und Metabasalte

Innerhalb der Wippra-Zone treten auch Einschaltungen von basaltischen Vulkaniten und Pyroklastiten auf, die heute im Wesentlichen als Grünschiefer vorliegen. Bekannter Aufschluss ist der ehemalige Steinbruch „Pferdeköpfe" an der L 230 unweit der Passhöhe (Wasserscheide) zwischen dem Brombachtal / Wipper im Norden und dem Gonnatal im Süden (A4532/3, Tafel des Geoparks). Der Abbau galt einem circa 30 Meter mächtigen, linsenförmigen Lagergang von Metabasalt („Diabas-Grünschiefer"). Das graugrüne massige Gestein im Inneren des Bruchs weist größtenteils noch den primär aus Pyroxen und Plagioklas sowie untergeordnet Titanit und Apatit bestehenden magmatischen Mineralbestand auf und zeigt ein ophitisches Gefüge. Die am Nordrand des Steinbruchs (Zufahrt) anstehenden, gebänderten Tuffe haben sich unter durchgreifender Neubildung von Albit, Aktinolith, Epidot, Klinozoisit und Stilpnomelan in typische, deutlich foliierte Grünschiefer umgewandelt. Die Mineralgesellschaft deutet auf Temperaturen von etwa 400 °C (Untere Grünschieferfazies) hin.

Körniger Grünschiefer von den „Pferdeköpfen" (Breite des Handstücks 12 cm)

Mikroskopisch lässt sich außerdem eine „retrograde" Überprägung feststellen. Bei der späteren Hebung unter abklingenden Druck- und Temperaturbedingungen, begleitet von tektonischer Scherbeanspruchung wurden Epidot und Klinozoisit durch Karbonat und Quarz ersetzt; gleichzeitig wandelte sich Aktinolith unter Wasseraufnahme in Chlorit um.

Grobkörnige Metaspilite an der Rammelburg (A4534/04)
Der mit Felsklippen durchsetzte, steil nach Osten zum Wippertal abfallende Burgberg der Rammelburg besteht weitgehend aus Metaspiliten. Am Fahrweg, der der Wipper folgt, stehen gut erhaltene Kissenlaven an, die belegen, dass es sich hier ursprünglich um effusive Bildungen handelte. In einem kleinen Steinbruch, 20 m hoch am Hang, ist ein grobkörniger Lagergang von „Metabasalt" aufgeschlossen.

Felsen aus Metaspiliten im Wippertal am Fuß der Rammelburg.

Gesteine der Eckergneisscholle

Der Name Eckergneis steht nicht für eine bestimmte Gesteinsart, sondern für eine ganze Serie unterschiedlich zusammengesetzter Metamorphite, die als rund 7 km² große Scholle gewissermaßen einen Fremdkörper im Nordharz bildet. Der beschreibende Name geht auf den großen Harzgeologen LOSSEN (1889) zurück. Ursprung und Werdegang dieser stets rätselhaften Formation waren wiederholt Gegenstand kontroverser Diskussionen (MÜLLER & STRAUSS 1987, MOHR 1993). Erschwert wurde die Forschung nach dem 2. Weltkrieg durch die innerdeutsche Grenze, die, hier der Ecker folgend, diese Einheit fast mittig teilte.

Die nach geophysikalischen Messungen etwa 400 Meter mächtige, plattenförmige Eckergneis-Scholle wurde vermutlich einhergehend mit Intrusion der Harzburger Basite im Oberkarbon tektonisch aus dem Untergrund aufgeschoben. Später nahm unmittelbar östlich und südöstlich davon der Brockenpluton Platz, sodass dieser exotische Bock heute vollständig von Intrusivgesteinen umschlossen ist.

Dominierende Gesteinsarten sind feinkörnige, eng verfaltete, quarzreiche Gneise, Glimmerschiefer und Glimmer führende Quarzite mit sehr wechselnden Mineralbeständen. Sehr untergeordnet finden sich darin auch dunkle Einschaltungen von Amphibioliten. Hauptkomponenten der hellen Gesteine sind Quarz (60–80 %), Biotit (bis 20 %), Plagioklas (bis 10 %), Cordierit (bis 40 %) und serizitisierter Kalifeldspat (bis 5 %). Untergeordnet ließen sich stellenweise auch Andalusit, Disthen, Sillimanit und Korund nachweisen. Die recht variabel zusammengesetzten, dunklen Metamorphite führen zusätzlich zu den bereits genannten Mineralen Amphibole (Gredit und Magnesiohornblende), Pyroxene (eisenreichen Hypersten als Ortho- und Salit als Klinopyroxen) sowie almandinreichen Granat. Kennzeichnend für alle Gesteine ist eine strenge Einregelung der Minerale, was eine metamorphe Kristallisation unter einem starken gerichteten Druck belegt.

Der feinlagige Bau und die Mineralgesellschaft mit viel Quarz und aluminiumreichen Silikaten, wie Cordierit und Andalusit, sprechen für sedimentäre Edukte, wie Sande, Schluffe und Tone. Bei den dunklen Einlagerungen handelte es sich ursprünglich vermutlich um basaltische Tuffe oder Tuffite.

Die marinen Ablagerungen erfuhren im Rahmen der variszischen Gebirgsbildung zunächst eine mittelgradige Regionalmetamorphose und anschließend, durch die magmatischen Intrusionen, zusätzlich eine kontaktmetamorphe Überprägung. Diese zeichnet sich durch einen teilweisen Verlust der Kornregelung aus. So zeigt der rekristallisierte Quarz ein richtungsloses Mosaik; das Kontaktmineral Andalusit ist typisch „gesprosst" und ursprünglich regionalmetamorph gebildete Minerale wie Cordierit und Feldspat wurden von Chlorit und Muskovit verdrängt. In der Kontaktnähe entwickelten sich Gneishornfelse. Somit handelt es sich beim „Eckergneis" um ein *polymetamorphes Gestein*.

Unterschiedliche Interpretationen der an Zirkonen ermittelten radiometrischen Daten führten zu kontroversen Ansichten bezüglich des Alters und der Entwicklungsgeschichte des Eckergneises. Statt eines früher postulierten präkambrischen Edukts, das vor rund 560 Millionen Jahren eine (kadomische) Regionalmetamorphose erfuhr, sprechen die meisten der heute vorliegenden Befunde für ein paläozoisches Alter (Devon-Karbon) der Ausgangsgesteine. Diese gerieten während der variszischen Gebirgsbildung in eine Tiefe von rund 20 km und wurden unter starker „Durchbewegung" bei Temperaturen von über 600 °C und Drücken von mehr als 4 kbar (Untere Amphibolitfazies) zu schiefrigen Gneisen verwandelt.

Gute Gelegenheiten zum Kennenlernen der unterschiedlichen Gesteinsarten bieten die Ufer des Eckerstausees (A4128/34), der nahezu vollständig vom Eckergneis umgeben

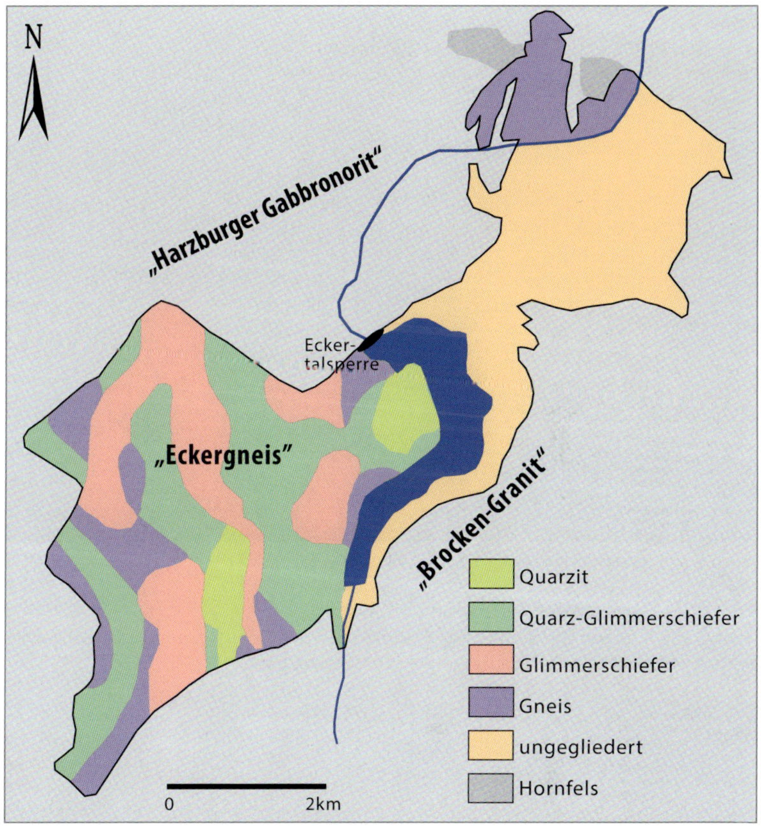

Vereinfachter Aufbau der Eckergneisscholle

ist. Empfehlenswert ist ein von der Stauermauer aus über den Scharfenstein in Richtung Brockengipfel führender Wanderweg, der den Kontakt zum flach überlagernden Granit quert.

Gemäß dem teils schiefrigen, teils gneisigen Planargefüge lässt sich das Gestein zu unebenen Platten zerspalten. Typisch ist auch die Ausbildung von Spitzfalten mit Wellenlängen von weniger als einem Meter. Verbreitet können in den Aufschlüssen unregelmäßig eingeschaltete Quarzlinsen und rundliche Quarzknauern beobachtet werden, die metamorphe Mobilisate darstellen.

Die seltenen Amphibolite lassen sich mit etwas Glück am Südende der Eckerstausees im Bereich des Diebesstiegs beobachten.

Im oberen Abschnitt des Radautals, 600 Meter südlich der Kolebornskehre, nahe einer Brücke, befindet sich der Kontakt zwischen den Harzburger Basiten und dem Eckergneis (A4128/33). Die anstehenden Felsen bestehen aus grauen, schiefrigen Biotit-Cordierit-Quarz-Hornfelsen.

Typischer Eckergneis vom Ostufer des Eckerstausees (Breite des Handstücks 10 cm).

Kristalline Gesteine des Kyffhäusers

Hochgradig metamorph veränderte Gesteine der Mitteldeutschen Kristallinschwelle sind am Nordrand des Kyffhäusergebirges aufgeschlossen.

Blick von Norden auf den Kyffhäuser mit dem weithin sichtbaren Denkmal.

Das Kyffhäusergebirge

(nach WAGENBRETH 1990)

Im südöstlichen Harzvorland, zwischen Nordhausen und Sangerhausen, erhebt sich der fast vollständig von Laubwald bedeckte Kyffhäuser etwa 170 m hoch über die Goldene Aue, eine fruchtbare Senke, die beide Gebirge trennt. Höchste Erhebung ist der 477 m hohe Kulpenberg.

Vom tektonischen Bau ähnelt die nur 13 km lange und 6 km breite Gebirgsscholle dem großen Bruder Harz, allerdings finden sich hier einige Gesteinsarten, die es dort nicht gibt, sodass dieser Landstrich auch in petrografischer Hinsicht für den „steinreichen Harz" eine schöne Ergänzung bildet. Der schroffe Nordrand folgt einer großen Verwerfung, an der die Kyffhäuserscholle etwa 1.000 m hoch herausgehoben wurde. Am Fuß der Berge ist metamorphes Grundgebirge (Gneise, Amphibolite) aufgeschlossen, worin auch Gabbros, Diorite und Granite stecken. Dieses zählt zur sogenannten **„Mitteldeutschen Kristallinschwelle"**, einem Aufbruch von tief versenkten und stark umgewandelten Krustengesteinen, die vor etwa 475 Millionen Jahren im unteren Ordovizium abgelagert wurden. Hierzu zählen auch die, gewissermaßen ein höheres, schwächer metamorph überprägtes Stockwerk darstellenden, phyllitischen Schiefer der Wippra-Zone im benachbarten Südostharz.

Die Höhen des Kyffhäusers bestehen aus roten Konglomeraten, Sandsteinen und Arkosen des Oberkarbons, die hier Mächtigkeiten von 500–600 Metern aufweisen. Die fast immer rot gefärbten Gesteine wurden als Baumaterial für die dortigen mittelalterlichen Burgen und das bekannte, 1890–1896 errichtete Kyffhäuser-Denkmal (A4532/07) verwendet.

Wie der Harz bildet auch der Kyffhäuser eine Pultscholle und taucht im Süden bei Bad Frankenhausen flach unter die Evaporite des Zechsteins ab. Markantes Gestein ist Gips, der eine ausgeprägte Karstlandschaft mit großen weiße Felsen, Erdfällen und Höhlen formt.

Ausgangspunkte zum Kennenlernen dieser Gesteine sind die Wanderparkplätze an der Rothenburg (Abzweigung von der von Kelbra nach Bad Frankenhausen führenden B 85) und an der Jugendherberge zwischen Kelbra und Tilleda.

Gute Aufschlüsse bieten verschiedene aufgelassene Steinbrüche im Borntal (A4532/08) und im Steintal (A4532/10).

Ausführliche Aufschlussbeschreibungen sind dem geologischen Führer von FRANTZKE & SCHWAB (2011) zu entnehmen.

Diese Zone ist gekennzeichnet durch eine ausgesprochen bunte Lithologie, hauptsächlich bestehend aus Paragneisen verschiedener Zusammensetzung, Silikatmarmoren und Orthoamphiboliten (ursprünglich basaltische Lagergänge). In diese hinein sind in großer Tiefe zuerst dioritische und später granodioritische und granitische Schmelzen intrudiert. Die Metamorphose erreichte etwa 700 °C bei 5–7 kbar Druck. Typisch für alle diese Gesteine ist eine Überprägung durch tektonische Scherbeanspruchung, die zu einer vorwiegend duktilen Verformung der Grenzbereiche führte.

Biotit-Plagioklas-Gneise

Diese grauen, oft fein gebänderten Gneise stehen besonders im Bereich der Ruine Rothenburg (A4532/09) und auf dem nordwestlich davon liegenden Bergsporn (Som-

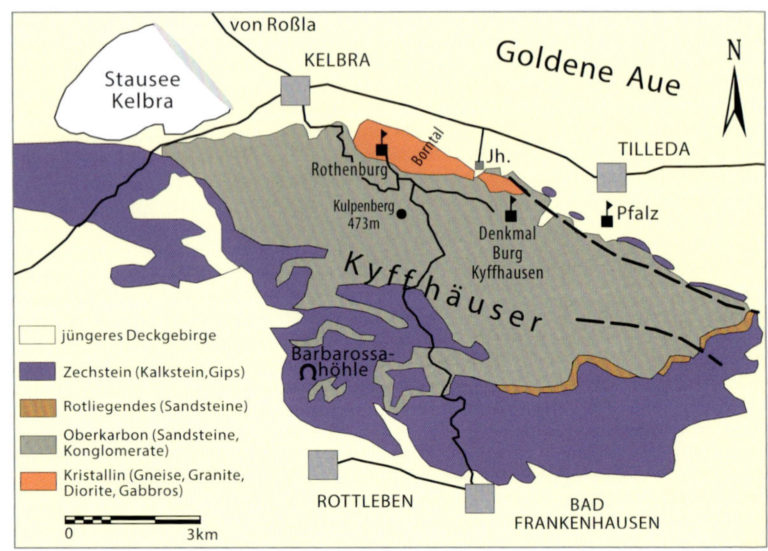

Vereinfachte geologische Übersichtsskizze des Kyffhäusergebirges (nach Geologischer Karte 1:200.000 Blatt Goslar)

Alter Steinbruch im Borntal, in dem Gneis abgebaut wurde.

Granitgneis mit deutlicher Foliation aus dem oberen Teil des Borntals.

Rötlicher, syenitischer Gneis aus dem Borntal am Kyffhäuser-Nordrand (Breite des Handstücks 12 cm).

Grobkörniger Hornblende-Dioritgneis aus dem unteren Teil des Borntals (Handstückbreite 20 cm).

merklippen) an. Die Plagioklase bilden in die Foliation eingeregelte Porphyroblasten. In der Nachbarschaft treten auch dunklere Biotit-Hornblende-Gneise auf.

Dioritische Gneise

Diese lassen sich vor allem in den alten Steinbrüchen an der Westseite des oberen Steintals, östlich von der Rothenburg, beobachten. Der Mineralbestand umfasst Plagioklas, untergeordnet in bestimmten Zonen auch Kalifeldspat, Hornblende und Biotit. Bereichsweise zeigen rot gefärbte Plagioklase eine ausgeprägte Blastese. Diese entstanden aus Dioriten, die gleich nach der Platznahme unter duktiler Verformung rekristallisierten und später zerschert wurden. Im Verlauf einer späteren retrograden Überprägung hat sich auf Kosten von Plagioklas grüner Epidot neugebildet und verdrängt Chlorit ältere Hornblende und Biotit.

Syenitische Gneise

An der Westseite des oberen Borntals (A4532/08) stehen oberhalb des obersten der alten Steinbrüche grobkörnige rote Gneise syenitischer Zusammensetzung an. Sie enthalten viel roten Kalifeldspat, aber nur relativ wenig Plagioklas und Quarz, wodurch sie sich von den, in der Nachbarschaft und weiter unten im Tal vorkommenden, grauen Granitgneisen unterscheiden. Die dunklen Bestandteile, hauptsächlich Hornblende und Biotit, zeichnen in dünnen Bändern angereichert die ausgeprägte Foliation nach. Von Störungen (Scherzonen) ausgehende, hydrothermale Alterationen haben stellenweise zur Epidotbildung geführt, erkennbar an pistaziengrünen Riss- und Zwickelfüllungen.

In einem großen alten Steinbruch weiter unten im Tal sind hellgraue, manchmal auch rötliche, fein- bis mittelkörnige, Muskovit führende Granitgneise mit einer engen Foliation (<1 mm) aufgeschlossen. In der Ostwand dieses Bruches steht ein grobkörniger Hornblendediorit an.

8.2 Kontaktmetamorphe Gesteine

Die Kontaktmetamorphose tritt im Gegensatz zur Regionalmetamorphose nur recht engräumig im Umfeld von magmatischen Intrusionen auf. Die in ein recht hohes Krustenstockwerk eingedrungenen, relativ kleinen Harzer Plutone weisen Kontaktzonen von kaum mehr als 1 km Breite auf. Eine etwas ausgedehntere Kontaktaureole hat sich lediglich um den höher temperierten Harzburger Basitkomplex gebildet.

Die mit der Abgabe gewaltiger Mengen von Wärmeenergie verbundene Erstarrung des Magmas vollzog sich wegen der geringen Wärmeleitfähigkeit der Silikate sehr langsam und dauerte schätzungsweise 1–1,5 Millionen Jahre.

Ein verbreitetes kontaktmetamorphes Gestein im Harz ist **Hornfels**, der je nach seinem Ausgangsmaterial (Edukt) Tonschiefer-, Kieselschiefer- oder Grauwacke-Hornfels sein kann.

Hornfelse zeigen eine ungerichtet-körnige („granoblastische“) Textur. Zuvor geschichtete oder geschieferte Gesteine werden „entregelt“, das heißt die „s-Gefüge“ verschwinden. Feinkörnige Ausgangsgesteine erfahren eine Kornvergröberung und -verzahnung. So verwandelt sich ein relativ weicher, plattig spaltender Tonschiefer in einen harten, splittrig brechenden Tonschiefer-Hornfels.

Bei einer nur niedriggradigen Umwandlung in einiger Entfernung vom Kontakt macht sich die Metamorphose bei tonigen Ausgangsgesteinen oft durch die bevorzugte Sprossung einzelner Minerale (zum Beispiel Cordierit und Andalusit) bemerkbar. Es entwickelt sich ein porphyroblastisches Gefüge, das sogenannte **Flecken-, Frucht-** oder **Knotenschiefer** kennzeichnet. Im Harz sind diese meist nur mikroskopisch erkennbar.

Blick vom 926 m hohen Hornfelskegel der Achtermanns Höhe (A4328/10) zum Wurmberg über die Kontaktzone des Brockengranits.

Der scharfe Kontakt zwischen dem glatten Granit (unten) und dem kleinklüftigen Hornfels (oben), der hier fast horizontal liegt, ist an den Hoheklippen besonders anschaulich.

Die Hoheklippen über dem Goetheplatz am Rehberger Graben, eine klassische Stätte der geologischen Forschung im Harz.

Petrografischer Leckerbissen: Granit-Hornfels-Kontaktstück vom Rehberg, gefunden als Geröll im Bachbett der Oder. Sammlung Bergwerksmuseum Grube Samson, St. Andreasberg.

Hornfelse bei St. Andreasberg

Am Südwestrand des Brockenplutons haben sich kulmische Grauwacken und Tonschiefer innerhalb der Kontaktaureole in dichte Hornfelse verwandelt. Bei einem höheren Anteil von Tonmineralen reagieren zum Beispiel Chlorit + Muskovit + Quarz bei 530 °C und 1 kbar Druck unter Neubildung von Cordierit + Biotit miteinander. Weitere Hornfelsminerale sind Plagioklas, Andalusit, Epidot und Aktinolith. Aufgrund des feinkörnigen Gefüges sind die genannten Minerale nur mikroskopisch zu identifizieren.

Zu den bekanntesten Geotopen des Harzes zählt der **Goetheplatz** (A4328/09) mit den Hoheklippen über dem Rehberger Graben, wo der messerscharf ausgebildete Kontakt zwischen **Grauwackehornfels** und Granit exzellent aufgeschlossen ist.

Tonschieferhornfels

Dieses dichte, schwarze Gestein ist an der Schneewittchenklippe auf der Höhe des Sonnenberges, südlich vom Parkplatz am Weghaus, oberhalb der Alpinskianlage aufgeschlossen. Bemerkenswert sind die schönen Faltengebirge in den einst tonigen Sedimenten der „Siebermulde“.

Kieselschieferhornfels

Der Kieselschieferhornfels zeigt eine enge Klüftung und fällt durch seine helle Verwitterungsfarbe auf. Westlich von St. Andreasberg im oberen Teil des Siebertals und in der Langen Schluft am Sonnenkopf (A4328/18) bildet das Gestein markante Felsformationen.

Kalksilikathornfelse und Silikatmarmore im Okertal

Aus devonischen Kalksteinen und Mergeln haben sich im Kontaktbereich der Harzer Plutonite häufig Silikat führende Marmore und Kalksilikathornfelse gebildet. Der Mineralbestand kann entsprechend der Zusammensetzung des Eduktes sehr variieren. Wesentliche Ausgangskomponenten sind karbonatische Minerale (Calcit, manchmal Dolomit), Tonminerale, Quarz und gelegentlich auch oxidische Eisenminerale, die in den sedimentären Ablagerungen wechsellagernd oder gemischt auftreten können.

Eine gute Gelegenheit zum Studium solcher Gesteine bietet die Kontaktzone des Okergranits, die entlang des der Oker folgenden Wanderweges zwischen Romkerhalle und Waldhaus gut aufgeschlossen ist. Ein schönes Beispiel ist die Raboklippe (A4128/20) südlich von Romkerhalle, die sich direkt oberhalb der von Oker nach Altenau führenden Straße als schroffer Grat erhebt. Die herumliegenden Blöcke bestehen aus marmorisiertem, mitteldevonischen Kalkstein und führen als markante metamorphe Neubildung lagenweise angereicherten gelblich grünen Hydrogrossular (wasserhaltiger

Die schroffe Raboklippe im Okertal besteht aus kontaktmetamorphen devonischen Kalken, genauso wie der benachbarte Felsen des Romkerhaller Wasserfalls.

Wechsellagerung von dunklem Tonschieferhornfels und marmorisiertem Kalkstein mit neugesprossten Kristallen von gelblich grünem Hydrogrossular aus dem Oker-Grane-Stollen (Handstückbreite 20 cm).

Calcium-Aluminium-Granat), der meist fleckig erscheint, aber auch bis zu 5 mm große, zonargebaute Kristalle (sogenannte Blasten) bildet. Weitere metamorphe Minerale sind Diopsid, Epidot, Zoisit, Chlorit, Prehnit und Vesuvian (Dreizler 1960).

Schöne gebänderte Stücke lieferte der vordere Abschnitt des 1970 fertiggestellten, 7,3 km langen Oker-Grane-Stollens, dessen Einlaufmundloch schräg gegenüber vom „Romkerhaller Wasserfall" (A4128/21) liegt.

Dem Okertal abwärts folgend, findet man überall Blöcke von kontaktmetamorphen Kramenzelkalken, leicht erkennbar an ihrer auffällig löchrigen Oberfläche. Durch diese unterscheiden sie sich leicht von den vorherrschenden schwarzen Tonschieferhornfelsen.

Marmore und Kalksilikatgesteine im Radautal

Innerhalb der Kontaktzone der hochtemperierten Harzburger Basite haben sich in den kalkigen und mergeligen Sedimenten des Devons recht ausgefallene Mineralparagenesen entwickelt. Besonders interessant sind die hochgradig überprägten Schollen solcher Gesteine, die als „exogene Einschlüsse" innerhalb der Basite vorkommen und beim Betrieb des Gabbrosteinbruchs im Radautal (A4128/29) wiederholt aufgeschlossen wurden. Zusammenfassende Beschreibungen liegen von Fromme (1927), Quakenack (1967), Koritnig (1968) und Müller & Strauss (1987) vor.

Marmor

Dieser metamorphe Kalkstein ist vorherrschend von reinweißer Farbe und sehr grobkristallin mit bis zu 10 mm großen Calcitkörnern. Nebenbestandteile sind dunkelrotvioletter Spinell in bis 1 mm großen Oktaedern, grünlicher, calciumreicher Granat, Vesuvian, farbloser Forsterit (Magnesium-Olivin) und als Seltenheit mattgelblicher Chondrodit. Zu den Besonderheiten zählen farbloser Dolomit und Periklas (Magnesiumoxid), der infolge späterer hydrothermaler Prozesse größtenteils in Brucit (Magnesiumhydroxid) umgewandelt vorliegt und auffällige dunkelgraue Knötchen bildet. Der magnesiumreiche Olivin ist oft serpentinisiert. Die magnesiumreiche Gesellschaft entstand vermutlich aus Dolomit, der sich bei Temperaturen von rund 700–800 °C zersetzte (Metz 1968). Denkbar wäre auch eine Magnesiumaufnahme (Metasomatose) aus der Gabbroschmelze.

Grobkörniger Marmor mit Einschlüssen von Kalksilikatfelsen aus dem Gabbro-Steinbruch (Handstückbreite 15 cm).

Kalksilikathornfels mit Granat und Vesuvian (Handstückbreite 12 cm)

Silikatmarmor

Diese grauen bis dunkelgrauen, mittelkörnigen Gesteine enthalten in sehr unregelmäßiger Verteilung 10–15% nichtkarbonatische Minerale. Diese bewirken bisweilen einen gelblichen, grünlichen oder rötlichen Farbeindruck. Vorherrschend vertreten sind Mischkristalle der Granate Andradit und Grossular, Vesuvian, gelegentlich auch Spinell, sowie lagenweise konzentriert kleine schwarze Magnetitoktaeder und etwas Pyrit.

Granat-Vesuvian-Fels

Diese in der Regel dichten Kalksilikatfelsen führen nur wenig Karbonat (Calcit), dafür aber reichlich rötlich braunen und gelblichen Vesuvian. Dieser ist in dieser Verwachsungsform leicht mit dem ähnlich aussehenden Granat zu verwechseln. Unauffällig sind hellgrünlich grauer Diopsid und gelegentlich weißer Wollastonit. Hinzu können sich auch grüngelber Epidot, farbloser Zoisit und weißer Prehnit gesellen.

Bemerkenswert sind die gelegentlich auftretenden, nesterförmigen Anreicherungen von grobkörnigem, fast schwarz wirkendem Granat. Nach KORITNIG (1968) handelt es sich um einen Titangranat (mit circa 16% TiO_2), der merkliche Mengen von Zirkonium enthält und als Schorlomit zu bezeichnen ist. Dieser ist zonar gewachsen und umschließt Andradit.

Grobkörniger Wollastonitmarmor, das weiße Calciumsilikat zeigt einen typischen, stengeligen Habitus (Handstückbreite 15 cm).

Wollastonit-Hornfels
Einschlüsse von zuckerkörnigen, weißen bis hellgrauen Gesteinen führen neben Calcit und Quarz oft reichlich weißen Wollastonit, der durch seine stengelig-strahligen, manchmal bis mehrere Zentimeter großen Kristalle auffällt. Das weiße Calciumsilikat bildet sich oberhalb von 600 °C aus der Reaktion von Quarz und Calciumcarbonat unter Abgabe von Kohlendioxid. Edukte sind in der Regel Gemenge aus Sand und Kalk (zum Beispiel Karbonat führende Sandsteine).

Diabas-Hornfels
Durch die Kontaktmetamorphose in unmittelbarer Nähe zu den Harzburger Basiten haben sich die devonischen Vulkanite und Tuffe des Oberharzer Diabaszuges in recht unterschiedlich ausgebildete Horn- und Granofelse verwandelt. Während die massigen Vulkanite nur mäßige Umwandlungen aufweisen, zeichnen sich die ähnlich zusammengesetzten Pyroklastite aufgrund ihrer Feinkörnigkeit und großen Oberfläche durch vollständige Mineralneubildungen aus. Auf Kosten von Chlorit erfolgte die Neubildung von rotbraunem Biotit und brauner Hornblende. Weitere Minerale metamorpher Entstehung sind Epidot, Aktinolith, Axinit, Plagioklas und Diopsid. Klassische Untersuchungen hierzu liegen von RAMDOHR (1927) vor.

Bemerkenswert sind im Bereich der Spitzenbergsklippen gefundene Metamandelsteine, und Metatuffe, die dunkle, lebhaft glänzende, biotitreiche „Granofelse“ bilden. Das fleckige Erscheinungsbild beruht auf den ehemaligen „Mandeln“, deren helle Füllung größtenteils aus Epidot und Kalifeldspat besteht.

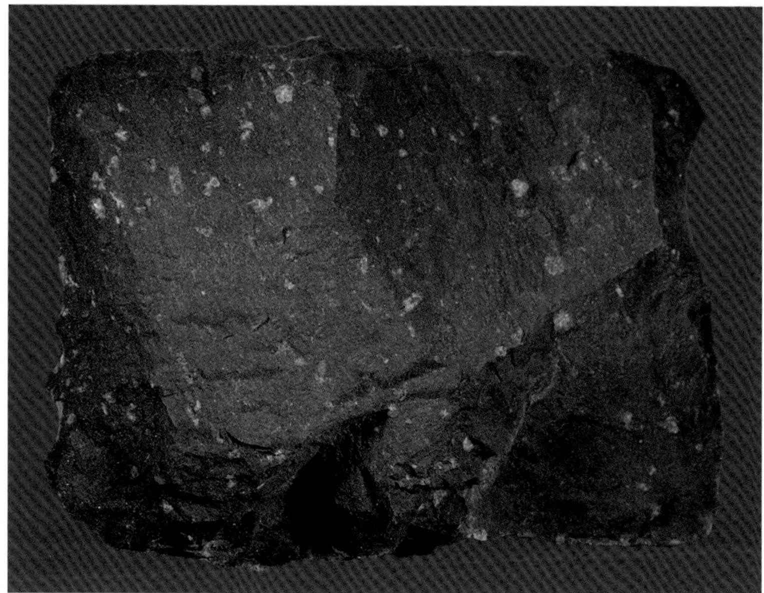

Biotit-Granofels, kontaktmetamorph aus Diabas gebildet, Fundort dieses Gesteins ist der Oker-Radau-Stollen (Handstückbreite 12 cm).

Spinell-Biotit-Fayalith-Gestein (früher „Glimmerperidotit") aus dem kalten Tal bei Bad Harzburg im Dünnschliff, oben mit parallelen und unten mit gekreuzten Polarisatoren aufgenommen. Spinell bildet kleine isometrische Körner von grünlich grauer Färbung (oben), Biotit ist braun, Fayalith ist rissig und zeigt hohe, bunte Interferenzfarben (unten).

Magnetitquarzit und Magnetit-Hornfels

Innerhalb der Kontaktaureole des Harzburger Basitkomplexes erfuhren auch die hämatitischen Eisenerze des Oberharzer Diabaszuges (siehe Kapitel 5.3) durchgreifende Veränderungen. Die allgemein „reduzierend" wirkende Metamorphose führte hier zu einer nahezu vollständigen Umwandlung von Hämatit in Magnetit, wobei ein Teil des Eisens von der dreiwertigen in die zweiwertige Stufe überging. Erhalten blieb bis in etwa 700 m Entfernung zum Gabbrokontakt der reichlich vorhandene Quarz, sodass die dichten schwarze „Felse", die untergeordnet auch Eisensulfide (Pyrit, Pyrrhotin) führen, als Magnetitquarzite zu bezeichnen sind. Höhere Anteile von silikatischen Komponenten wie Chlorit, Amphibole, Ilvait, Klinopyroxen und anderen leiten zu Magnetit-Hornfelsen über.

Fundmöglichkeiten bieten Halden der ehemaligen Spitzenberger Eisenerzgruben (A4128/28), die an der Zufahrtsstraße zum Diabassteinbruch Huneberg liegen.

Fayalith-Magnetit-Granofels

Eine höchst ungewöhnliche Mineralgesellschaft hat sich aus den oben beschriebenen, eisenreichen Gesteinen in unmittelbarer Nähe zum Gabbrokontakt im Bereich des Radautals entwickelt. Bei Temperaturen von 600–800 °C bildete sich durch die Reaktion von Quarz und Magnetit das eisenreiche Endglied der Olivin-Mischkristallreihe Fayalith. Die hier ausgebildeten Granofelse führen in unterschiedlichen Kombinationen Hornblende, Cordierit, Spinell, Granat, Biotit, Turmalin, Pyrrhotin und Pyrit.

Als Fundpunkt wird in FROMME (1927) die Pinge Riekensglück im Radautal bei Bad Harzburg beschrieben. Wegen der schlechten Aufschlussverhältnisse bestehen hier kaum Möglichkeiten zum Auffinden dieser Gesteinsart. Weitere kleine Vorkommen gibt es im Tiefenbachtal.

Eine ganz ähnliche Zusammensetzung zeigen Gesteine im benachbarten Kalten Tal, die früher als „Glimmerperidotite" bezeichnet wurden und Einschlüsse im Gabbronorit bilden. SOHN (1957) nennt eine Zusammensetzung von 30 % Olivin, 50 % Biotit, 10 % Cordierit und 10 % Spinell sowie etwas Pyroxen und Plagioklas. Nach der heutigen Auffassung handelt es sich um „unverdaute", aber hochgradig überprägte Eisenerze, die als Fremdeinschlüsse in die Schmelze gelangten.

Metasomatite

Nicht immer klar von den reinen Metamorphiten zu trennen sind Gesteine, die bei der metamorphen Umwandlung einen Stoffaustausch erfuhren, also Verdrängungsprodukte darstellen. So ist bei den oben beschriebenen, hochgradig überprägten Einschlüssen von karbonatisch-pelitischen Sedimentgesteinen im Gabbronorit von Bad Harzburg ein metasomatischer Einfluss sehr wahrscheinlich. Der Übergang zwischen „normalen" Kalksilikatgesteinen und **Skarnen**, die häufig grobkristallin ausgebildet sind, ist fließend und nicht immer sicher feststellbar. Die Skarnbildung vollzieht gewöhnlich bei hohen Temperaturen, beispielsweise unter pneumatolytischen Bedingungen, durch eine Zufuhr von Elementen in gasförmigem Zustand, zum Beispiel gebunden an Fluor oder Chlor. Geschieht dieses direkt am Rand einer auskristallisierenden Schmelze, so spricht man von einem Kontaktskarn. Wandern solche Gase oder auch hochthermale Lösungen entlang von Störungen ins Nebengestein ein, können sich auch in einiger Entfernung vom Magmenkörper Kalksilikatminerale bilden. In solchen Fällen handelt es sich um Reaktionsskarne.

Skarnartiges Kalksilikatgestein mit titanreichen schwarzen Granaten (Handstückbreite 15 cm)

Epidotfels (Epidosit)
Auffällig pistaziengrüne, körnige, Karbonat führende Epidotgesteine lassen sich in Form von Nestern oder Schlieren innerhalb des Bad Harzburger Gabbronorits beobachten. Sie bildeten sich wahrscheinlich infolge hydrothermaler Überprägung („Nachhall") aus calciumreichen Plagioklasen in der Nähe von Störungen oder Scherzonen. Epidot in frei auskristallisierter Form findet sich auf Klüften.

Körniger Epidotfels aus dem Radautal (Handstückbreite 14 cm)

Massiger, hydrothermal veränderter „Skarn" mit pistaziengrünem Nontronit aus dem Ostfeld der Grube Roter Bär/Sankt Andreasberg (Handstückbreite 10 cm).

Nontronitskarn

Verschiedene Kalksilikatfelse und -marmore können in der Grube „Roter Bär" bei Sankt Andreasberg (Lehrbergwerk Grube Roter Bär, A4328/14) besichtigt werden. Edukte sind Linsen von Kalksteinen und Mergeln, die in Wechsellagerungen mit mitteldevonischen Tonschiefern vorliegen und innerhalb der Kontaktzone des Brockengranits überprägt wurden. In der Nähe von Störungen haben sich stellenweise skarnartige Gesteine entwickelt, die eisenreiche Pyroxene, Granat, Vesuvian und Magnetit führen und später, unter hydrothermalen Bedingungen, weitgehend durch das gelblich grüne, wachsartig glänzende, eisenreiche Schichtsilikat Nontronit (Mineral der Montmorillonit-Gruppe) verdrängt wurden. Dieses Mineral kommt im Harz recht selten vor und tritt hier in Form von bis zu Dezimeter mächtigen Linsen und Nestern innerhalb von, durch Serizitbildung gebleichtem, Tonschiefer auf. Verschont von der hydrothermalen Umwandlung blieben die bis 2 mm großen idiomorphen Granate (hellgrüne Grossular-Andradit-Mischkristalle). Sie finden sich massenhaft lose in der feinkörnigtonigen Gesteinsmatrix.

Nontronitreiche Linsen in einem hydrothermal überprägten Skarn in der Grube Roter Bär/St. Andreasberg.

9 Literaturverzeichnis

Allgemeines zu Geologie und Gesteinskunde

BECKER, H. (2016): Die Gesteine Deutschlands Fundorte – Bestimmung – Verwendung. 321 S. Quelle & Meyer Verlag Wiebelsheim.

BELL, P. & D. WRIGHT (1987): Gesteine und ihre Mineralien finden und bestimmen. Kosmos Naturführer. 192 S., Stuttgart.

DIENEMANN, W & O. BURRE (1929): Die nutzbaren Gesteine Deutschlands und ihre Lagerstätten II. Bd. Feste Gesteine. 215 S., F. Enke Verlag Stuttgart.

FEHLER, A. (2017): Abriss zur Geschichte der Dünnschliff-Mikroskopie in Deutschland. Der Aufschluss Jg. 68, 45–55, Heidelberg.

HANN, H. P. (2016): Grundlagen und Praxis der Gesteinsbestimmung. 352 S. Quelle & Meyer Verlag Wiebelsheim.

JUBELT, R. & P. SCHREITER (1980): Gesteine Sammeln – Bestimmen – Vorkommen – Merkmale. 198 S., Enke Verlag Stuttgart.

LE MAITRE, R.W. (ED.) (2004): Igneous rocks: a classification and glossary of terms. 236 S., Cambridge Univerity Press, Cambridge.

MARESCH, W., H.-P. SCHERTL & O. MEDENBACH (2014): Gesteine: Systematik, Bestimmung, Entstehung. 2. vollst. neu bearb. Auflage, 359 S., Schweizerbart Verlag Stuttgart.

MARKL, G. (2015): Minerale und Gesteine. Mineralogie – Petrologie – Geochemie. 3. Auflage 610 S. Springer Spektrum Berlin, Heidelberg.

MURAWSKI, H & W. MEYER (2010): Geologisches Wörterbuch. Spektrum Akademischer Verlag, Heidelberg.

OCZLON, M.S. (2006): Terrane Map of Europe. Gaia Heidelbergensis 15, Heidelberg.

PAPE, H. (1988): Leitfaden zur Gesteinsbestimmung 4. Auflage 152 S., Enke Verlag Stuttgart.

PAPE, H. (1978): Der Gesteinssammler. Eine Anleitung zum Sammeln und Erkennen von Gesteinen und zum Aufbau einer Sammlung. 3. Auflage 99 S., Kosmos Handbuch, Stuttgart.

SCHUMANN, H. (1975): Einführung in die Gesteinswelt. 185 S., Vandenhoeck & Ruprecht, Göttingen.

SEBASTIAN, U. (2014): Gesteinskunde. Ein Leitfaden für Einsteiger und Anwender. 3. Auflage 212 S. Springer Spektrum Berlin, Heidelberg.

TRÖGER, W. E. (1935): Spezielle Petrographie der Eruptivgesteine. Ein Nomenklatur-Kompendium (Nachdruck 1969). Verlag der Deutschen Mineralogischen Gesellschaft, Stuttgart.

VINX, R. (2005): Gesteinsbestimmung im Gelände. 439 S., Spektrum Akademischer Verlag Elsevier München.

WALTER, R. (2003): Erdgeschichte. Die Entstehung der Kontinente und Ozeane. 5. Auflage Gruyter Berlin, New York.

WIMMENAUER, W. (1985): Petrographie der magmatischen und metamorphen Gesteine. 382 S. Enke Verlag Stuttgart.

Literatur zum Harz

BACHMANN, G. H. et al. (Hrsg.) (2008): Geologie von Sachsen-Anhalt, 689 S., Schweizerbart Verlag Stuttgart.

BEHME, F. (1909): Geologischer Führer durch die Umgebung der Stadt Clausthal im Harz. 2. Auflage, 221 S., Hannover.

BEHME, F. (1925): Geologischer Harzführer. 2. Teil: Die älteren Gebirgsschichten in der Umgebung von Clausthal im Harz. 3. Auflage, 64 S., 59 Abb., Hannover (Hahn).

BÜTHE, F. (1996): Struktur und Stoffbestand des Ilfelder Beckens – geodynamische Analyse einer intramontanen Rotliegend-Molasse. Braunschweiger geowiss. Arb. 20, Braunschweig.

DENGLER, H. (1957): Der Okergranit im Harz. – Geol. Jb. 72, 85–116, Hannover.

DAUBE, F. (1960): Die Bildung von Erzparagenesen im Zusammenhang mit dem initialen hercynischen Magmatismus. 159 S., Dissertation Bergakademie Clausthal.

DIETRICHS, J., T. MEYER & A.K. SCHUSTER (1987): Geologie und Mineralien des Diabas-Steinbruchs Huneberg im Harz. Emser Hefte Jg. 8 Nr. 3, 49–56, Haltern.

EHLING, A. et al. (2009): Wernigerode (Sachsen-Anhalt) In: Schroeder, J.H. (Hrsg.): Steine in deutschen Städten, 107–118, Brandenburg.

ERGIN, M. (1978): Über die Alkalirhyolithgänge im Gebiet des Großen Knollen, Harz. Der Aufschluss, Sonderband 28, 52–58, Heidelberg.

FRANK, W. H., W. HEIMHOLD & A. PILGER (1985): Geologie und Kulturgeschichte im Dreieck Goslar – Bad Harzburg – Harliberg. 2. Auflage, Clausthaler Geol. Abh. Sonderbände H 3, 271 S., Clausthal-Zellerfeld.

FRANKE, W. (1973): Fazies, Bau und Entwicklungsgeschichte des Iberger Riffes. Geol. Jb. Reihe A Bd. 11, 3–127. Hannover.

FRANZKE, H.J. & R. MÜLLER (2012): Harz – östlicher Teil mit Kyffhäuser Kristallin. – Sml. Geol. Führer, 104, 327 S., Bornträger, Stuttgart.

FRANZKE, H.J. & R. MÜLLER (2012): Exkursion in einem geologischen Profil durch den West- und Mittelharz. EDGG Heft 248, 9–41 Hannover.

FROMME, J. (1927): Die Minerale des Brockengebirges insonderheit des Radautales. 221 S., Braunschweig.

FROMME, J. (1932): Über ein neues Nephritvorkommen im Radautal im Harz. I. Teil. Centralbl. f. Miner. u. Petrogr., Abt. A, 301, Stuttgart.

FUCHS, W. (1969): Untersuchungen zur Geologie und Petrographie des Okerplutons im Harz. – Clausthaler Tekt. H. 9, 111–185, Clausthal-Zellerfeld.

GABERT, G. (1959): Petrologische Beziehungen des Oberharzer Kersantits zu Gang- und Tiefengesteinen des Harzes. – Geol. Jb. 75, 79–114, Hannover.

GANSSLOSER, M., E. VIBRANS & H. WACHENDORF (1995): Die Metabasalte des Harzes. Zbl. Geol. Paläont. I, 9/10, 1103–1115.

GEBHARDT, G.: Marmorgewinnung und –verarbeitung am Krockstein bei Rübeland 1715–1889. Allgemein. Harz-Bergkalender 2016. Clausthal-Zellerfeld 2015.

GEOPARK HARZ, BRAUNSCHWEIGER LAND, OSTFALEN (Hrsg.) (2010): Die klassische Quadratmeile der Geologie, Königslutter.

GEREKE, M. (2007): Die oberdevonische Kellwasser-Krise in der Beckenfazies von Rhenohercynikum und Saxothuringikum (spätes Frasnium/frühes Famennium). – Kölner Forum für Geologie und Paläontologie 17, 1–228.

GEREKE, M. et al. (2014): Die Typlokalität der Kellwasser-Horizonte im Oberharz, Deutschland. Z. Dt. Ges. Geowiss. 165 (2) 145–162, Stuttgart.

GISCHLER, E. (1992): Das devonische Atoll vom Iberg und Winterberg im Harz am Ende des Riffwachstums. In: Geol. Jb. A 129, 5–193 Hannover.

GROTE-BILDINGMAIER, M.V. (1970): Geologie des Oberharzer Diabaszuges zwischen dem Polsterberg, Altenau und dem Huneberg. Unveröff. Diplomarbeit, Universität Göttingen.

HAAGE, R. (1964): Beitrag zur Genese des Kieselschiefer-Mangankieselvorkommens im Schävenholz bei Elbingerode (Harz). Berichte d. Geol. Ges. d. DDR, Sonderheft 2, 567–580, Berlin.

HANNAK, W. & P. RAMDOHR (1966): Plutonischer Magmatismus und zugehörige Kontaktmetamorphose insbesondere der Eisenerze des Oberharzer Diabaszuges (Exk.-Bericht). Fortschr. Miner., 43, 99–103, Stuttgart.

HARDER, H. (1978): Zur Mineralogie und Genese der Eisenerze des Oberharzer Diabaszuges und ein Vergleich mit denen des Harzvorlandes. In: Der Aufschluss Sonderband 28, 110–126, Heidelberg.

HAUSMANN, J.F.L. (1842): Über die Bildung des Harzgebirges – ein geologischer Versuch. Göttingen.

HENSCHKE, U. (1982): Petrologische Untersuchungen am Westkontakt des Harzburger Gabbromassivs im Bereich des Radaustollens. Dissertation Univ. Hamburg 143 S. (unveröff.).

HERMANN, A. (1957): Der Zechstein am südwestlichen Harzrand (seine Stratigraphie, Fazies, Paläogeographie und Tektonik). Geol. Jb., 72, 1–72, Hannover.

HINZE, C. (1971): Harz – Geologische Wanderkarte 1 : 100.000 Nieders. Landesamt f. Bodenforschung, Hannover.

HOFFMANN, C. (2009): Die Geologie des Oberharzer Diabaszuges zwischen Bad Harzburg und Osterode. Unveröff. Dipl.-Arb. TU Clausthal.

JÄGER, H. & H.-J. GURSKY (2000): Alter, Genese und Paläogeographie der Kammquarzit-Formation (Vise) im Rhenoherzynikum – neue Daten und Deutungen. Z. dt. geol. Ges. 151, 415–439, Stuttgart.

JUNG, D. & R. VINX (1992): Petrographisches Geländepraktikum Harz und Harzvorland. Mineralogisch-Petrographisches Institut Universität Hamburg, 64 S., unveröff.

JURANEK, C. (Hrsg.) (1999): Abenteuer, Natur, Spekulation. Goethe und der Harz. Ausstellungskatalog Edition Schloss Wernigerode, Band 2, 304 S., Verlag J. Stekovics, Halle / Saale.

KLUGE, H. (1967): Zur Entdeckungsgeschichte der Harzburger Nephritvorkommen. Der Aufschluss 115–120, Heidelberg.

KNAPPE, H. (2011): Wanderungen in die Erdgeschichte. Wackersteine, Wald und Wüste – unterwegs im Harz. Wanderungen in die Erdgeschichte 28, 192 S., München.

KNAPPE, H. (2014): Zur Entwicklung der Karststrukturen im Riffkalkstein von Iberg und Winterberg bei Bad Grund (Westharz) – Mitt. Verb. dt. Höhlen u. Karstforscher 60 (3+4), 80–90, München.

KNAPPE, H. (2017): Forellen auf der Autobahn -unterwegs im Harz. Wanderungen in die Erdgeschichte 34, 143 S., München.

KNAPPE, H. & H. SCHEFFLER (1990): Im Harz Übertage Untertage. 144 S., Bode Verlag, Haltern.

KNAUER, E. (1958): Ein Beitrag zur Petrographie des „Keratophyrs“ vom Büchenberg bei Elbingerode im Harz. – Geologie 7, 629–638, Berlin.

KNOLLE, F., B. OESTERREICH, R. SCHULZ & V. WREDE (1997): Der Harz: Geologische Exkursionen. 230 S., J. Perthes Verlag, Gotha.

KNOLLE, F., S. MOHR & M. SEITZ (2017): Nordwestliches Harzvorland. Die Klassische Quadratmeile der Geologie. Quelle & Meyer Verlag Wiebelsheim.

KORITNIG, S. (1972): Stilpnomelan aus dem Oberharzer Diabaszug. In: Contr. Min. Petr. 34, 175–179.

KORITNIG, S. (SCHRIFTLEITUNG) (1978): Zur Mineralogie und Geologie der Umgebung von Göttingen mit Westharz und Teilen des Nordhessischen Berglandes. Der Aufschluss, Sonderband 28, 285 S., Heidelberg.

KORITNIG, S. (1989): Achate aus dem Harz. Der Aufschluss Jg. 40, H. 6, 349–359, Heidelberg.

KULKE, H. (1999): Historisches Harzer Bauwesen. Vom Lehmweller zur Schlackensteinmauer, 162 S., Schriftenreihe des Oberharzer Geschichts- u. Museumsvereins Clausthal-Zellerfeld.

LIESSMANN, W. (1994): Harzer Gesteine Kurzeinführung in die Petrographie am Beispiel des gesteinskundlichen Lehrpfades Jordanshöhe bei St. Andreasberg. 64 S., Sankt Andreasberg.

LIESSMANN, W. (2002): Der Bergbau am Beerberg bei Sankt Andreasberg. Ein (Wander-) Führer durch den „Auswendigen Grubenzug" sowie die Anlagen des Lehrbergwerks Grube Roter Bär. 150 S., Verlag Mecke Druck, Duderstadt.

LIESSMANN, W. (2010): Historischer Bergbau im Harz. Kurzführer, 3. Auflage, 470 S., Springer Verlag Berlin, Heidelberg.

LIESSMANN, W. & M. BOCK (1993): Die Grube Roter Bär bei St. Andreasberg / Harz. Ein Führer zu Geologie, Lagerstättenkunde und Bergbaugeschichte des Lehrbergwerks. Verlag Sven von Loga, Köln.

LÖFFLER, K. H. & M. SCHWAB (1981): Die Karpholithe der Wippraer Einheit des Unterharzes. – Z. geol. Wiss. 9: 519–539. Berlin.

MOHR, K.(1982): Harzvorland Westlicher Teil. Sammlung Geologischer Führer Bd. 70, 155 S., Gebr. Borntraeger Stuttgart.

MOHR, K. (1989A): Die Klassische Quadratmeile der Geologie. Geologische Wanderungen um Goslar, Bad Harzburg, Clausthal Zellerfeld und Altenau.- Niedersächsische Akademie der Geowissenschaften, 77 S., Hannover.

MOHR, K. (1989B): Montangeologisches Wörterbuch für den Westharz. 182 S., Stuttgart.

MOHR, K. (1993): Geologie und Minerallagerstätten des Harzes. 2. Auflage, 497 S., Stuttgart.

MOHR, K.(1998): Harz. Westlicher Teil – Sammlung Geologischer Führer 58. 5. Auflage, 216 S., Verlag Gebr. Borntraeger, Berlin-Stuttgart.

MUCKE, D. (1973): Initialer Magmatismus im Elbingeröder Komplex des Harzes. – Freiberger Forschungshefte C 279, Leipzig.

MÜLLER, G. (1978): Die magmatischen Gesteine des Harzes. Clausthaler Geol. Abh. Nr. 31, 92 S., Clausthal-Zellerfeld.

MÜLLER, G. (1980): Die Sedimentgesteine des Harzes. Clausthaler Geol. Abh. Nr. 37, 83 S., Clausthal-Zellerfeld.

MÜLLER, G. & K.W. STRAUSS (1985): Beitrag zur Regionalmetamorphose des Harzes. In: Geol. Rundschau 74 (1), 87–94, Stuttgart.

MÜLLER, G.& K.W. STRAUSS (1987): Gesteine des Harzes. Clausthaler Geol. Abh. Sonderband 5, 297 S., Clausthal-Zellerfeld.

MÜLLER, R., C. BRAUCKMANN, E. GRÖNING, H.J. FRANZKE & H.-J. GURSKY (2008): Von der Klassischen Quadratmeile der Geologie zum Geopark. Der Harz und sein geologisches und bergbauliches Erbe.- SDGG; 56, Geotop 2008, 132–145, Hannover.

MÜLLER, R. & H.J. FRANZKE (2014): Oberharz Tiefe Gruben und hohe Rücken. Streifzüge durch die Erdgeschichte. 144 S., Edition Goldschneck im Quelle & Meyer Verlag Wiebelsheim.

OBST, K., G. KATZUNG & U. HAUPT (2001): Gangmagmatismus im Mittelharz als Indikator für spätvariszische Dehnungstektonik.- N. Jb. Geol. Paläont. 219, 393–432 Stuttgart.

PAUL, J., K. WAGNER & C. WESLING (1997): Lithostratigraphie und Fazies des Ilfelder Beckens. Freiberger Forschungshefte C C 466, 129–130, Freiberg.

PAWELLEK, T. & C. BETZLER (2013): Das Schaubergwerk „Büchenberg". Blick in einen 390 Mio. Jahre alten Vulkan. In: Der Aufschluss Jg. 64, 81–92, Heidelberg.

QUAKENACK, K.-A. (1967): Der Mineralbestand eines Kontaktmarmors im Radautal-Gabbro (Harz). Contr. Mineral. Petrol. 14, 204–223, Stuttgart.

RAMDOHR, P. (1927): Die Eisenerzlager des Oberharzer (Osteröder) Diabaszuges und ihr Verhalten im Bereich des Brockenkontaktes. N. Jb. Miner. usw. Beil. Bd., 55, A, 333–392, Stuttgart.

RIESEN, C. v. (1991): Geochemische und petrographische Untersuchungen der Spilite des westlichen Harzes. Dissertation TU Clausthal, 108 S. Clausthal-Zellerfeld.

RIQUIER, L. et al. (2006): The late Frasnian Kellwasser horizons of the Harz Mountain. Chem. Geol. Vol. 233, 1–2.

RITTERHAUS, W. (1886): Der Iberger Kalkstock bei Bad Grund am Harze. Zschr. Berg-, Hütten- u. Salinenwesen 34, 207–218, Berlin.

SCHLÜTER, J. (1983): Petrographische und geochemische Untersuchungen am Eckergneis. Dissertation Universität Hamburg, 80 S.

SCHMIDT, M.: Die Wasserwirtschaft des Oberharzer Bergbaus. Schriftenreihe der Fontinus-Gesellschaft e.V., Heft 13, 3. Auflage, 380 S., Hildesheim.

SCHRIEL, W. (1954): Die Geologie des Harzes. – Wirtschaftswiss. Gesellschaft z. Studium Niedersachsens N.F., Bd. 49, 308 S., Hannover.

SCHULZE, E.G. (1968): Petrographie, Petrochemie und Spurenelementverteilung einiger Gesteinsgänge im nördlichen Oberharz. – Tschermaks min. u. petr. Mitt. 12, 430–438, Wien – New York.

SCHUST, F. (1958): Über das Altersverhältnis des Bodeganges zum Ramberggranit. Ber. Geol. Ges. DDR 3, 75–79, Berlin.

SCHUST, F. (1995): Über die Altersfolge der Gesteinstypen des Brockenplutons, Harz. Zbl. Geol. Paläont. I/1993, 1385–1399, Stuttgart.

SCHUSTER, N., K. STEDINGK & U. STEINKAMM (1988): Der Radau-Oker-Stollen im Oberharz, seine Gesteine und Mineralien. Emser Hefte Jg. 9, Nr. 2, Haltern.

SIEDEL, H. (1989): Beiträge zur Petrographie und Geochemie epizonaler metamorpher Pelite in der Wippraer Zone (Harz) .- Unveröff. Diss Univ. Halle, 142 S.

SIEMEISTER, G. (1982): Mineralien und Gesteine im westlichen Harz. über 100 Fundpunkte, 88 S., Clausthal-Zellerfeld.

SIEMROTH, J. (1990): Karpholith aus der Wippraer Zone des Harzes. Lapis 15 (7), 59–60, München.

SOHN, W. (1957): Der Harzburger Gabbro. – Geol. Jb. 72, 117–172, Hannover.

STAHL, A & A. EBERT (1952): Das Paläozoikum in Niedersachsen. Teil 1 Silur, Devon, Karbon, Perm und vorpaläozoische Formation. Schr. d. Wirt. Wissschaftl. Ges. z. Stud. Nieders. e.V. Neue Folge Bd. 1, 157 S., Bremen.

STASCHEIT, A. (1993): Untersuchungen präorogener intraformationaler Mineralparagenesen im Devon der ehemaligen Westharzschwelle unter Berücksichtigung möglicher hydrothermaler Prozesse (Roteisensteingrube „Weintraube"). – Diss. TU Clausthal.

Stedingk, K. & K. Kleeberg (Hrsg.) (2012): Erzbergbau und Oberharzer Wasserwirtschaft Bergbaufolgen im UNESCO-Weltkulturerbe. Exkursionsführer und Veröffentlichungen der deutschen Gesellsch. f. Geowiss. Heft 247, 148 S., Hannover.

Stedingk, K., W. Liessmann & R. Bode (2016): Harz – Bergbaugeschichte, Mineralienschätze, Fundorte. Edition Krüger-Stiftung, 804 S., Bode Verlag Lauenstein.

Steinkamm, U. & G. Schnorrer-Köhler (1981): Der Gabbrosteinbruch im Radautal bei Bad Harzburg und seine Minerale. In: Der Aufschluss, 32, 253–273, Heidelberg.

Steinkamm, U. (1989): Der Gabbro-Steinbruch im Radautal bei Bad Harzburg. Emser Hefte Jg. 10, Nr. 1 2–48, Haltern.

Stoppel, D. (2006): Der geologische Lehrpfad In: Lautenthal Bergstadt im Oberharz Bergbau- und Hüttengeschichte Bergwerks- u. Geschichtsverein.

Strehl, E. (1976): Stratigraphie und Tektonik der westlichen Mittelharzer Faltenzone zwischen St. Andreasberg und Braunlage (Harz). – Geol. Jb. A 36, Hannover.

Timpe, M. & L. Gebhard (2011): Kieselhölzer aus dem Ilfelder Becken am Südharzrand. Veröff. Museum f. Naturkunde Chemnitz Bd. 34, Chemnitz.

Trebra, F. W. H. v. (1785): Erfahrungen vom Innern der Gebirge.

Vinx, R: (1982): Das Harzburger Gabbromassiv, eine orogenetisch geprägte Layered Intrusion. – N. Jb. Miner. Abh. 144, 1–28, Stuttgart.

Vinx, R. (1983): Magmatische Gesteine des Westharzes Exkursion E1 DMG-SFMC Joint Meeting 1983.- Fortschr. Miner. 61 Bh. 2.

Wachendorf, H. (1986): Der Harz – variszischer Bau und geodynamische Entwicklung. Geol. Jb. Reihe A, H. 91, Hannover.

Wagenbreth, O. & W. Steiner (1990): Geologische Streifzüge Landschaft und Erdgeschichte zwischen Kap Arkona und Fichtelberg. 204 S., Leipzig.

Walther, S. & M. Kappler (2014): Bergbau und Geologie des Kupferschiefers im Besucherbergwerk „Lange Wand" in Ilfeld. Der Aufschluss Jg. 65, H 4, 181–195, Heidelberg.

Wedepohl, K.H. (1978): Der tertiäre basaltische Vulkanismus der Hessischen Senke nördlich des Vogelsberges. Der Aufschluss Sonderband 28, 156–167, Heidelberg.

Weller, H. (2008): Elbingeröder Komplex. – Schr.-R. dt. geol. Ges. 52, 525–531, Hannover.

Werner, C.D. (1995): Basische Magmatite im Unter- und Mittelharz. Zbl. Geol. Paläont. I/ 9/10, 1257–1283.

Wrede, V. (1998): „Bald reich, bald arm, bald gar nichts": Der Schieferbergbau im Harz. 85 S., Clausthal-Zellerfeld.

Aufschlüsse und Gesteinsfundpunkte

Nr.	Lokalität (Gesteinsart)	GK-Koordinaten Rechtswert	GK-Koordinaten Hochwert	Seite
Blatt Seesen				
4126/01	Langelsheim, Steinbruch Großer Sülteberg (Diabas)	3591440	5755250	64
4126/02	Wolfshagen, ehemaliger Steinbruch Heimberg (Diabas)	3591470	5753460	61
4126/03	Lautenthal, Gegental, Innerstestausee (Kersantit)	3587500	5753300	130
4126/04	Seesen, Großer Trogtaler Berg, „Luchsstein" (Kersantit)	3585960	5750380	130
4126/05	Seesen, Großer Trogtaler Berg, Steinbruch (Posidonienschiefer, Kieselschiefer)	3586160	5750320	182
4126/06	Seesen, Steinbruch Solhop-Berg (Rotliegend-Sandstein, Zechsteinkalk)	3582820	5754030	214
4126/07	Lautenthal, Bielstein, Innersteufer Beginn Geo-Lehrpfad (Kieselschiefer, Tonschiefer, Kalkstein)	3589020	5749710	189, 216
4126/08	Bad Grund, Iberg, Winterberg-Tagebau (Kalkstein)	3585230	5744320	191
4126/09	Bad Grund, Iberg, Hübichenstein (Kalkstein)	3585250	5743620	195
4126/10	Bad Grund, Iberg, Höhlenerlebniszentrum (Kalkstein)	3586950	5743310	194
4126/11	Wildemann, Innerstetal, Jungscher Steinbruch (Grauwacke, Tonschiefer)	3588690	5742980	156
4126/12	Silbernaal, Innerstetal, Steinbruch Einersberg (Grauwacke, Tonschiefer)	3589480	5741880	155
4126/13	Wildemann, Innerstetal, L515-Straßenaufschluss (Grauwacke, Tonschiefer, Sattelstruktur)	3588170	5743290	32
4126/14	Lautenthal, Ecksberg, Rote Klippe (Tonschiefer)	3588070	5751990	181
4126/15	Ostlutter, Steinbrüche (Fa. Lampe) südwestlich vom Wahrenberg, (Glaukonitsandstein)	3589100	5763100	170

Nr.	Lokalität (Gesteinsart)	GK-Koordinaten Rechtswert	GK-Koordinaten Hochwert	Seite
Blatt Goslar				
4128/01	Herzog Juliushütte, Granestausee, Todberg-Gipfel und Südosthang (Gangquarz)	3594020	5754135	139
4128/02	Herzog Juliushütte, Granestausee, Steinbruch Königsberg (Diabas)	3595380	5752390	64
4128/03	Goslar, Großes Schlüsseltal, ehemalige Dachschiefergrube „Bärenhöhle"(Tonschiefer)	3595920	5752240	13
4128/04	Goslar, Dachschieferabbaugebiet am Weinberg, „Erlengrotte", Reuß-Denkmal (Tonschiefer)	3597185	5752525	176
4128/05	Goslar, Hessenkopf, Ratsschiefergrube an der „alte Harzstraße" (Tonschiefer)	3595810	5751260	177
4128/06	Goslar, städtisches Museum, Ausstellung „Klassische Quadratmeile der Geologie"	3598480	5753250	39
4128/07	Goslar, Bergbaumuseum Rammelsberg, Teil des UNESCO-Weltkulturerbes im Harz	3597730	5751635	179
4128/08	Goslar, Communion-Steinbruch am Rammelsberg (Sandstein)	3598265	5751540	163
4128/09	Oker, Sudmerberg SE-Flanke (Kalksandstein)	3601730	5754360	170
4128/10	Goslar Clusfelsen (Glaukonitsandstein)			169
4128/11	Oker-Harlingerode Steinbruch am östlichen Langenberg (Kalkstein)	4397480	5753080	206
4128/12	Oker-Göttingerode, Steinbruch (Kalksteinkonglomerat)	4398050	5753050	209
4128/13	Bad Harzburg-Bündheim, Elfenstein (Gangquarz)	4398870	5750600	139
4128/14	Okertal, Adlerfelsen (Granit)	3601620	5750270	122
4128/15	Okertal, Ziegenrückenklippe (Granit)	3601910	5750400	122
4128/16	Okertal, Treppenstein (Granit)	3602050	5749710	122
4128/17	Okertal, Kästeklippe (Granit)	3602250	5749280	122

Nr.	Lokalität (Gesteinsart)	GK-Koordinaten Rechtswert	GK-Koordinaten Hochwert	Seite
4128/18	Okertal, Flussbett, östlich der Marienwand (Granit, Hornfels)	3601500	5749590	122
4128/19	Huthberg, Sandabbau an der Stiefmutterklippe, (vergruster Granit)	3496740	5749940	124
4128/20	Okertal, Raboklippe (Kontaktmarmor)	3601170	5748110	246
4128/21	Okertal, Romkerhaller Wasserfall (Kontaktmarmor)	3601460	5748260	246
4128/22	Schulenberg, Straßenaufschluss (Tonschiefer)	3598890	5745120	159
4128/23	Altenau, Oker Vorsperre, Kellwassertal (bituminöser Kalkstein)	3599900	5743890	189
4128/24	Altenau, Schwarzes Wasser Tal, Steinbruch am Dietrichsberg, (Grauwacke, Tonschiefer)	3598890	5743340	159
4128/25	Altenau, Mühlenberg Aussichtspunkt (Kieselschiefer)	3600045	5741640	216
4128/26	Oberschulenberg, Gruben Glücksrad & Gelbe Lilie, (Quarz-Gangbrekzien)	3598890	5745120	140
4128/27	Bad Harzburg, Steinbruch Huneberg (Diabas)	4397320	5746560	64
4128/28	Bad Harzburg, Spitzenberg (Magnetitquarzit)			252
4128/29	Bad Harzburg, Radautal, Steinbruch-Werkszufahrt (Gabbronorit)	439990	5747750	94, 247
4128/30	Bad Harzburg, oberes Radautal, Steinbruch Taternbruch (Gabbronorit)	4400310	5746940	95
4128/31	Bad Harzburg, oberes Radautal, Kolebornkehre, (Harzburgit, Noritpegmatit)	4400385	5746130	99, 103
4128/32	Bad Harzburg, Bastegebiet, Grenzweg (Norit, Olivinnorit, Pyroxenit)	4399060	5744400	98
4128/33	Bad Harzburg, Oberes Radautal (Kontakt Norit/Eckergneis)	4400170	5745470	237
4128/34	Eckerstausee Ostufer, nordöstlich vom Staudamm (Eckergneis)	4402330	5746270	236

Nr.	Lokalität (Gesteinsart)	GK-Koordinaten Rechtswert	GK-Koordinaten Hochwert	Seite
4128/35	Vienenburg, Wöltingerode, Harly Kräuter-August-Höhle (Sandstein)	4399490	5760260	168
4128/36	Langelsheim, Steinbruch Kahnstein (Kalkstein)	3592920	5757240	207
4128/37	Vienenburg, Klostergut Wöltingerode, Harly (Rogenstein)	4399660	5759570	206
4128/38	Weddingen, Harly (Rogenstein)	4397040	5761340	205
4128/39	Ilsetal, Ilsestein (Granit)	4407800	5746740	120
Blatt Osterode				
4326/01	Innerstetal, Steinbruch Clausthaler Bleihütte (Grauwacke, Tonschiefer)	3589660	5741065	159
4326/02	Lerbach, Claras Höhe (Diabas)	3590660	5737210	68
4326/03	Lerbach, ehemalige Eisensteingrube Weintraube (Schalstein, Diabasmandelstein, Hämatiterze, Jaspilit)	3590970	5737160	89
4326/04	Lerbach, Kuckholzklippe (Diabas)	3590800	5737610	68
4326/05	Lerbach, Hüttenteich (Adinol)	3589190	5735990	217
4326/06	Osterode, Fuchshalle (Kieselschiefer, Kupferschiefer)	3587650	5732960	182
4326/07	Osterode-Lasfelde „Kalkberge“ (Gips)	3584860	5734300	221
4326/08	Osterode-Beierfelde, Beierstein (Gips, verkarstet)	3586600	5729500	221
4326/09	Osterode-Ührde, Steinbruch Firma Rump & Salzmann (Gips, Dolomit)	3583950	5730840	215
4326/10	Dorste, Lichtenstein (Gips)	3582325	5732065	215
4326/11	Düna, Hainholz (Parkplatz) (Gips, verkarstet)	3588230	5728910	226
4326/12	Osterode, Sösestausee, Steinbruch Sösekopf (konglomeratische Grauwacke)	3591070	5734490	160
Blatt Bad Lauterberg				
4328/01	Polsterberg, Polsterloch (konglomeratische Grauwacke)	3597040	5741290	161
4328/02	Torfhaus, Steile Wand, Magdeburger Weg (Hornfels)	4397660	5741400	243

Nr.	Lokalität (Gesteinsart)	GK-Koordinaten Rechtswert	GK-Koordinaten Hochwert	Seite
4328/03	Stieglitzecke, Hammersteinklippe, (Quarzsandstein)	3600150	5737950	166
4328/04	Altenau, Bruchberg, Wolfswarte (Quarzsandstein)	4396790	5740620	166
4328/05	Auf dem Acker, Hanskühnenburg, (Quarzsandstein)	3597250	5733790	165
4328/06	Sonnenberg, Schneewittchenklippe (Hornfels)	4397370	5736860	245
4328/07	Oderteich (Granit, vergrust und Geschiebeblöcke)	4399080	5737710	117
4328/08	Oderteich, Rehberger Graben (Granit, vergrust)	4398995	5737330	149
4328/09	St. Andreasberg, Rehberg, „Goetheplatz" (Kontakt Granit/Hornfels)	4399840	5734520	244
4328/10	Königskrug, Achtermanns Höhe (Hornfels, Granit)	4401310	5737250	243
4328/11	Braunlage, Steinbruch Wurmberg (Granit)	4404160	5735680	114
4328/12	St. Andreasberg, Jordanshöhe (Gesteinskundlicher Lehrpfad)	4397925	5733210	6
4328/13	St. Andreasberg, Historisches Silbererzbergwerk Grube Samson (Bergwerksmuseum mit Sammlung)	4397550	5732020	140
4328/14	St. Andreasberg, Beerberg (Lehrbergwerk Grube Roter Bär und geologisch-bergbauhistorischer Wanderweg)	4398320	5731920	254
4328/15	St. Andreasberg, Wäschegrund, Steinbruch am Matthias-Schmidt-Berg (Diabas)	4397730	5731250	70
4328/16	Oderhaus, Trutenbeek B27 (Diabas)	4401200	5730440	71
4328/17	Siebertal, bei Hotel Paradies, Auroragang im Flussbett der Sieber (Baryt)	3595830	5728070	141
4328/18	Lange Schluft, Sonnenkopf (Kieselschieferhornfels)	3602280	5736510	245
4328/19	Oderstausee, Steinbruch Hillebille (Grauwacke)	4397180	5725200	159

Nr.	Lokalität (Gesteinsart)	GK-Koordinaten Rechtswert	GK-Koordinaten Hochwert	Seite
4328/20	Scharzfeld, Steinberg, Steinkirche (Dolomit)	3595450	5723000	211
4328/21	Scharzfeld, Einhornhöhle (Dolomit)	3597145	5723090	211
4328/22	Scharzfeld Steinbruch Butterberg (Dolomit)	3596190	5721820	211
4328/23	Bartolfelde Steinbruch (Grauwacke, Dolomit)	3601200	5719660	212
4328/24	Großer Knollen, SE-Hang (Kalkstein)	3599140	5727145	191
4328/25	Bad Lauterberg, Königshütte (Industriedenkmal)	3601170	5721650	
4328/26	St. Andreasberg, Breitenbeek (Diabas)	4399310	5730790	71
4328/27	Bärental, Grade Lutter (Rhyolith)	3600540	5725645	87
4328/28	Großer Knollen, Gipfel (Rhyolith)	3599022	5726860	85
4328/29	Großer Knollen, NW-Flanke (Rhyolith)	3598620	5727120	87
4328/30	Kleiner Knollen (Rhyolith)	3598350	5726230	86
4328/31	Bad Sachsa, Ravensberg (Rhyolith)	4398080	5721800	84
4328/32	Bad Sachsa, Kukanstal (Rhyolith)	4398820	5719805	84
4328/33	Wieda, Waeschkopf, Helenenruh (Diabas, Eisenstein)	4403900	5724060	90
4328/34	Bad Lauterberg, Krumme Luttertal, Wolkenhügeler Gang (verquarzter Baryt)	36022000	5727660	141
Blatt Bad Sachsa				
4528/01	Steina, Römerstein (Dolomit)	4397830	5716700	210
4528/02	Tettenborn, Bahnhof Steinbruch (Gips, Dolomit)	4398990	57167720	215
4528/03	Neuhof, Sachsenstein (Gipskarst)	4401940	5717200	221
4528/04	Nüxei, Steinbruch (Dolomit)	4396460	5717090	213
4528/05	Walkenried, Zisterzienser Kloster (Sandstein, Konglomerat, Kupferschiefer, Kalkstein)	4404490	5717380	212
4528/06	Walkenried, Himmelreich (Gipskarst)	4466070	5717120	226

Nr.	Lokalität (Gesteinsart)	GK-Koordinaten Rechtswert	GK-Koordinaten Hochwert	Seite
4528/07	Ellrich, L601, Sandwerk (Sandstein)	4406380	5717840	167
4528/08	Steina, Weingartenloch (Dolomit, verkarstet)	4396400	5711490	213
Blatt Blankenburg				
4330/01	Mandelholz, ehemalige Eisensteingrube Blanke Wormke (Eisenerze, Keratophyr)	4412040	5735210	76
4330/02	Mandelholz, Steinbruch Wormketal (Schalstein)	4412096	5735325	76
4330/03	Königshütte, Ortsteil Neue Hütte, Hirschbachtal, Bastkopf (Schalstein)	4413660	5739520	77
4330/04	Königshütte, Bockberg (Keratophyr)	4414180	5735910	75
4330/05	Elbingerode, Tagebau AP (Kalkstein)	4417356	5736885	197
4330/06	Elbingerode, Geotop „Großer Graben" (Eisenerze, Keratophyr)	4418740	5736830	74
4330/07	Elbingerode, Mühlental/Kaltes Tal (Keratophyr, Kalkstein)	4419220	5737400	75
4330/08	Rübeland, Baumannshöhle (Kalkstein)	4420230	5736260	196
4330/09	Rübeland, Hermannshöhle (Kalkstein)	4420490	5736280	196
4330/10	Neuwerk-Kreuztal, Krockstein (Riffschuttkalk)	4421850	5736660	200
4330/11	Neuwerk-Kreuztal, Weißer Stahlberg (Andesit, Riffschuttkalk, Eisenerze)	4421750	5736370	133, 201
4330/12	Neuwerk, Steinbruch Bodeschleife (Diabas)	4422920	5735820	73
4330/13	Hüttenrode, Blauer See, Steinbruch Garkenholz (Kalkstein)	4421990	5737170	199
4330/14	Elbingerode, Schaubergwerk Büchenberg (Eisenerze, Vulkanite)	4418560	5740330	91
4330/15	Elbingerode, „Marmorpinge" Hartenberg (Kalkstein)	4419230	5740160	203
4330/16	Elbingerode, Bergbaulehrpfad, Steinbruch Bolmke (Andesit)	4417760	5740750	136
4330/17	Elbingerode, Bergbaulehrpfad, Büchenberg (Rhyolith)	4417405	5740550	91

Nr.	Lokalität (Gesteinsart)	GK-Koordinaten Rechtswert	GK-Koordinaten Hochwert	Seite
4330/18	Elbingerode, Susenburg (Rhyolith)	4418150	5734730	136
4330/19	Eggeröder Brunnen	4421290	5739370	77
4330/20	Volkmarskeller Klostergrund (Kalkstein, verkarstet)	4422320	5739890	77
4330/21	Klostergrund (Diabas-Aschentuff)	4422420	5739835	77
4330/22	Elbingerode, Steinbruch Zillierbach (Diabas)	4415670	5740710	73
4330/23	Schierke, Steinbruch Knaupsholz (Granit)	4410230	5738200	114
4330/24	Schierke, Feuersteinklippe (Granit)	4408770	5737760	116
4330/25	Drei Annen Hohne, Hohnekamm, Leistenklippe (Granit)	4409960	5739400	116
4330/26	Blankenburg, Teufelsmauer, „Großvater“ (Quarzsandstein)	4428860	5739630	173
4330/27	Altenbrak, Bodegang (Rhyolith)	4427460	5733210	132
4330/28	Treseburg, Luppbodetal, L93 (Bodetal-Kersantit)	4428890	5731360	131
4330/29	Ilfeld, Steinbruch Unterberg (Grauwacke)	4419050	5722180	160
4330/30	Ilfeld, Netzkater Rabensteiner Stollen (Steinkohle, Brandschiefer)	4416230	5719320	219
4330/31	Werna, Fuhrbach, Steinmühlental (Rhyodazit)	4412020	5730140	83
4330/32	Tautenstein, Druidenstein (Rhyolith)	4416125	5728630	136
Blatt Wernigerode				
4130/01	Wernigerode-Hasserode, Lossendenkmal	4412040	573521041	43
4130/02	Wernigerode-Hasserode, Braunes Wasser, Hippeln, Granitverladung Harzquerbahn	4411965	5742300	111
4130/03	Wernigerode-Hasserode, Braunes Wasser, Steinbruch (Quarzdiorit)	4411820	5742200	110
4130/04	Wernigerode-Hasserode, Steinbruch Kleiner Birkenkopf (Granit)	4410070	5743200	113

Nr.	Lokalität (Gesteinsart)	GK-Koordinaten Rechtswert	GK-Koordinaten Hochwert	Seite
4130/05	Wernigerode-Hasserode, Bielstein-chaussee Silberner Mann (Quarzgang)	4411630	5743160	139
4130/06	Blankenburg, Festung Regenstein (Sandstein)	4428360	5742870	173
4130/07	Blankenburg, Heers, Sandgruben	4428840	5743020	173
Blatt Nordhausen				
4530/01	Appenrode, Steinbruch Am Himmelsberg (Gips/Anhydrit)	4412360	5715560	223
4530/02	Appenrode, Kelle (Gips, verkarstet)	4411165	5716360	223
4530/03	Kohnstein, KZ-Gedenkstätte Mittelbau Dora (Gips/Anhydrit)	4413280	5711970	221
4530/04	Nordhausen, Rüdigsdorfer Schweiz (Gips)	4417790	5711970	224
4530/05	Ilfeld, Lange Wand, Bergwerk und Geotop (Kupferschiefer)	4415970	5715725	83, 184
4530/06	Ilfeld, Leimbachtal, Braunsteinhaus (Manganerzgänge in Rhyodazit)	4413500	5718190	83
4530/07	Ilfeld, Beretal, Nadelöhr (Rhyodazit)	4415800	5717650	82
4530/08	Ilfeld, Gänseschnabel (Rhyodazit)	4416125	5717970	82
4530/09	Ilfeld, Beretal, Netzberg (Latitandesit)	4415925	5718700	80
4530/10	Neustadt-Osterode, Bornberg (Rhyodazit)	4417870	5715580	83
4530/11	Neustadt, Ruine Hohnstein (Rhyodazit)	4419510	5715710	82
4530/12	Neustadt, Felsentor (Rhyodazit)	4420150	5715000	83
4530/13	Neustadt Vaterstein (Steinkohle, Brandschiefer)	4420150	5715220	219
4530/14	Sülzhayn, Steinbruch am Sülzbach (Rhyodazit)	4410220	5718880	83
4530/15	Rottleberode, Krummschlachttal, Flussschächter Gangzug (Fluorit-Gangbrekzie)	4429630	5712240	142

Nr.	Lokalität (Gesteinsart)	GK-Koordinaten Rechtswert	GK-Koordinaten Hochwert	Seite
Blatt Sangerhausen				
4532/01	Questenberg (Gips, verkarstet)	4436200	5698500	224
4532/02	Wippra, Brauerei (Phyllitischer Tonschiefer)	4449670	5715750	231
4532/03	Wippra, Brumbach, Steinbruch Pferdeköpfe (Grünschiefer)	4451690	5713340	234
4532/04	Grillenberg Gonnatal, Freibad (Sandstein)	4452470	5711830	167
4532/05	Wettelrode, Besucherbergwerk Röhrigschacht (Sandstein, Kupferschiefer, Kalkstein, Anhydrit)	4450270	5709440	184
4532/06	Wettelrode, Bergbaulehrpfad, Grabungsfeld (Kupferschiefer)	4449995	5709770	185
4532/07	Kyffhäuser, Denkmal (Konglomerat, Sandstein, Silifiziertes Holz)	4438070	5697990	238
4532/08	Kyffhäuser, Steinbrüche Borntal (Gneis, Amphibolit, Diorit)	4436820	5698850	239
4532/09	Kyffhäuser, Sommerwand, nordwestlich der Rothenburg (Gneis, Amphibolit, Marmor)	4435070	5699250	239
4532/10	Kyffhäuser, Steinbruch Steintal (Gneis)	4435520	5699200	239
4532/11	Großer Auerberg, Josephskreuz (Rhyolith)	4431180	5716710	87
Blatt Quedlinburg				
4332/01	Timmenrode, Helsunger Krug, Teufelsmauer „Hamburger Wappen“ (Sandstein)	4431170	5738980	172
4332/02	Neinstedt-Weddersleben, Teufelsmauer (Sandstein)	4437320	5736250	172
4332/03	Ballenstedt, Kleiner Gegenstein (Sandstein)	4446170	5733810	171
4332/04	Gernrode, Rieder Steinbruch (Grauwacke)	4443350	5732160	160
4332/05	Thale, Rosstrappe (Granit, Hornfels)	4432380	5734395	125
4332/06	Thale, Hexentanzplatz (Granit)	4432800	5733610	125

Nr.	Lokalität (Gesteinsart)	GK-Koordinaten Rechtswert	GK-Koordinaten Hochwert	Seite
4332/07	Friedrichsbrunn, Viktorshöhe, Große Teufelsmühle (Granit)	4436435	5728215	125
4332/08	Hagental Hohe Warte (Granit, Greisen)	4439300	5731660	127
4332/09	Straßberg, Grube Glasebach (Fluorit)	4435050	5720230	142
4332/10	Mägdesprung, Historische Eisenhütte (Tonschiefer als „Plattenschiefer“)	4440105	5726480	159
Blatt Hettstedt				
4534/01	Klippmühle im Wippertal (Quarzit, Phyllit)	44588960	5718810	232
4534/02	Haltepunkt Gräfenstuhl im Wippertal (Quarzit, Phyllit)	4458850	5718915	232
4534/03	Biesenrode, Sengelbachtal (Karpholith-schiefer)	4456820	5718740	233
4534/04	Rammelburg, Felsen unterhalb der Burg im Wippertal (Metaspilit)	4453700	5718350	235
4534/05	Hettstedt, Tal der Heiligen Reiser (Konglomerat)	4467110	5724050	161
4534/06	Siebigerode, Blumenröder Straße (Arkose)	4460080	5714500	174
4534/07	Hettstedt, Großörner B180 (Andesit)	4464005	5721675	88

Glossar

Adinol: Hornfels-ähnliches, rötlich oder grünlich gefärbtes Kontaktgestein, meist durch Natriumzufuhr aus Ton- oder Kieselschiefer entstanden.

Akzessorien: Mengenmäßig untergeordnete Mineralkomponenten eines Gesteins, wie Apatit und Zirkon in einem Granit, die gewöhnlich weniger als ein Prozent ausmachen.

Anatexis: teilweises oder vollständiges Aufschmelzen von tief versenkten metamorphen Gesteinen (auch Migmatisierung genannt)

Aplit: helles, feinkörniges Ganggestein

Arenit: Klastischer Kalkstein, der von seiner Korngröße (0,063–2 mm) einem Sandstein entspricht.

Biogenes Sediment: Ablagerungsgestein, das aus den Resten von Organismen besteht oder durch die Tätigkeit von Lebewesen entstanden ist.

Bioturbation: Durchwühlung eines Sediments zum Beispiel im Watt durch Würmer und andere Lebewesen.

Bituminös: Braune oder schwarze Gesteine, die organischen Kohlenstoff oder Kohlenwasserstoffe enthalten und beim Reiben oft unangenehm nach „Erdöl" riechen; zum Beispiel „Stinkkalk".

Brekzie: a) aus eckigen Bruchstücken bestehendes, klastisches Sedimentgestein b) tektonisch bedingte, aus zerbrochenem Nebengestein bestehende, oft hydrothermal mineralisierte Spaltenfüllung (Gangbrekzie)

Bryozoen: Auch Moostierchen genannte, koloniebildende Mikroorganismen, die gemeinsam mit Kalkalgen zum Beispiel im Zechsteinmeer Dolomit-Riffe entstehen ließen.

Chemisches Sediment: Ablagerungsgestein, das durch chemische Vorgänge, wie Ausfällung oder Verdunstung von Wasser, entstanden ist.

Detritus: mehr oder weniger feiner Gesteinsschutt und zerriebene Organismenreste

Diabas: → Spilit

Diagenese: Umwandlung eines lockeren Ablagerungsprodukts zu einem festen Gestein durch Versenkung (Kompaktion, Entwässerung)

Edukt: Ausgangsgestein für ein metamorphes Gestein

Endogene Kräfte: Dynamik aus dem Inneren der Erde heraus wirkend, zum Beispiel Plattenverschiebung, Magmatismus

Ergussgestein: durch die rasche Erstarrung von Lava an der Erdoberfläche oder auf dem Meeresboden gebildetes Gestein wie zum Beispiel Basalt.

Eruptivgestein: **→ Magmatit**

Erz: Mineral oder Gestein, das zur Gewinnung von Metallen genutzt wird.

Exogene Kräfte: Dynamik, die von außen auf die Erdoberfläche wirkt, zum Beispiel Sonneneinstrahlung, Wind und Wetter

Evaporit: durch Verdunstung von Wasser (Eindampfung) abgeschiedenes Sedimentgestein, zum Beispiel Gips, Anhydrit, Steinsalz, Kalisalz.

Flysch: Sammelbezeichnung für oft grobkörniges Gesteinsmaterial, das während der gebirgsbildenden Prozesse oft als Turbidite abgelagert und anschließend verformt (gefaltet) wurde, zum Beispiel die Harzer Grauwacken.

Fazies a) Bei der Sedimentation: Gesamtheit der für einen Ablagerungsraum charakteristischen Merkmale, zum Beispiel die „Kulmfazies" des nordwestlichen Oberharzes mit Grauwacken und Tonschiefern. b) Bei der Gesteinsmetamorphose werden darunter durch bestimmte Druck- und Temperaturbedingungen charakterisierte Bildungsbereiche verstanden, zum Beispiel „Grünschieferfazies".

Geotop: geologische Sehenswürdigkeit von regionaler und nationaler Bedeutung; schützenswerter Geländeaufschluss

Grabenbruch: Langgestreckte tektonische Dehnungszone, in der sich eine schmale Krustenscholle an tief reichenden Verwerfungen abgesenkt hat.

Graptolithen: Ausgestorbene Klasse polypenähnlicher koloniebildender Meeresbewohner, die als Versteinerungen in silurischen Tonschiefern zu finden sind.

Greisen: Durch heiße aggressive Gase gleich nach der Kristallisation veränderter, auffällig gebleichter Granit mit verschiedenen Mineralneubildungen (zum Beispiel Topas, Cassiterit).

Grus: Durch meist tropische Verwitterung zu grobkörnigem Sand zerfallener Granit.

Hydrothermale Mineralbildung: Ausscheidung von in heißen Wässern gelösten Mineralstoffen, zum Beispiel auf Störungssystemen, wobei Erz- oder Mineralgänge entstehen.

Ignimbrit: Aus Kristallen und Gesteinsfragmenten bestehender Schmelztuff saurer Zusammensetzung, Ablagerungsprodukt pyroklastischer Ströme („Glutwolken").

Kellwasser-Ereignis: Großes Massenaussterben im Oberdevon vor circa 372 Millionen Jahren (Oberdevon), von dem eine dunkle Kalksteinschicht zeugt, benannt nach dem Kellwassertal bei Altenau im Harz.

Kissenlava: runde Absonderungsformen von auf dem Meeresboden ausgeflossenem Basalt (engl. pillows)

Klassierung: Trennung von Verwitterungsprodukten nach der Korngröße

Klastisches Sedimentgestein: aus mehr oder weniger feinen Gesteinsbruchstücken (Klasten) zusammengesetztes Ablagerungsgestein

Konglomerat: Grobklastisches Sedimentgestein mit gerundeten Komponenten der Korngröße über 2 mm.

Kristalliner Schiefer: Sammelname für regionalmetamorph gebildete Gesteine wie Phyllit, Glimmerschiefer und Gneis.

Kulm: Alter Name für die Schichtenfolge des Unterkarbons.

Kupferschiefer: Schwarzes, feinschichtiges, bituminöses Mergelgestein aus dem Perm, das wegen seiner örtlich hohen Metallgehalte als Erz diente.

Lamprophyr: Sammelbezeichnung für dunkle (basische) Ganggesteine

Lydit: schwarzer Radiolarit („Kieselschiefer").

Magma: geschmolzenes Gestein

Magmatite: durch Erstarrung (Kristallisation) von Magma entstandene Gesteine: Tiefengesteine, Ergussgesteine und Ganggesteine (siehe Seite 16)

Mergel: Sedimentgestein, feinkörniges Gemenge von Ton und Kalk

Metamorphite: durch metamorphe Umwandlung entstandene Gesteine (siehe Seite 17)

Metamorphose: Umwandlung des Gefüges und der mineralischen Zusammensetzung eines Gesteins durch geänderte Temperatur und/oder Druckbedingungen.

Metasomatose: Umwandlung eines Gesteins durch Zufuhr oder Austausch von Stoffen, die von außen in Form von heißen Lösungen oder Gasen zugeführt werden.

Mikrit: aus verfestigtem Kalkschlamm entstandenes Gestein, meist submikroskopisch fein

Modalbestand: Mikroskopisch ermittelte mineralische Zusammensetzung eines Gesteins in Volumenprozenten.

Molasse: Sammelbezeichnung für Ablagerungen, die während der letzten Phase einer Gebirgsbildung nach Abschluss der Faltung bis zur weitgehenden Einebnung entstehen, zum Beispiel die Sandsteine und Konglomerate des Harzer Rotliegenden.
Normativer Bestand: rechnerisch aus der chemischen Analyse ermittelte mineralische Zusammensetzung eines Gesteins in Gewichtsprozenten
Olistostrome: Chaotisch zusammengesetzte Ablagerungen von untermeerisch großflächig in Bewegung geratenen Rutschmassen.
Oolith: Sedimentgestein aus kugelförmig-schaligen Kornaggregaten (Ooide), die hauptsächlich aus Kalk oder Limonit bestehen.
Orthogestein: durch metamorphe Umwandlung aus Magmatiten hervorgegangenes Gestein
Paragestein: durch metamorphe Umwandlung aus Sedimentiten hervorgegangenes Gestein
Pegmatit: grob- bis riesenkörniges, meist saures Tiefengestein
Pelit: Feinkörniges klastisches Sedimentgestein mit Korngrößen unter 0,002 mm, zum Beispiel Tonstein.
Petrografie: Wissenschaft der Gesteine, vorwiegend beschreibende Gesteinskunde
Plattentektonik: Heute allgemein akzeptierte Grundlagentheorie zur Erklärung von Vorgängen in der Erdkruste und im obersten Erdmantel (Plattendrift, Vulkanismus etc.).
Pluton: In der Tiefe erstarrter, großer, magmatischer Gesteinskörper
Plutonit: → **Tiefengestein**
Präzipitat: aus wässrigen Lösungen ausgefälltes Sediment
Psammit: Mittelkörniges klastisches Sedimentgestein, dessen Korngrößen 0,002–2 mm betragen.
Psephit: grobkörniges klastisches Sedimentgestein mit Korngrößen über 2 mm.
Radiolarit: biogenes kieseliges Sedimentgestein aus den Resten von Kieselalgen (Radiolarien).
Rauchgasverwitterung: Gesteinszerstörung durch anthropogene Einflüsse, wie „saurem Regen" infolge Verbrennung von fossilen Energieträgern.
Residuat: bei der Verwitterung zurückgebliebener Rest
Rhenoherzynische Zone: Nördlicher Bereich des variszischen Gebirges, benannt nach dem Rheinischen Schiefergebirge und dem Harz.
Sapropelite: Aus verfestigtem Faulschlamm entstandenes, toniges Sedimentgestein, das meist reichlich organischen Kohlenstoff enthält; entsteht bei der Abwesenheit von Sauerstoff unter reduzierenden Bedingungen, zum Beispiel in „umgekippten" Gewässern.
Schalstein: Alte Bezeichnung für untermeerisch gebildete vulkanosedimentäre Ablagerungen (Tuffe), ist meist stark spilitisiert sind.
Schelf: Flachmeerbereich auf dem die Kontinente umgebenden Sockel
Schieferung: Ein wesentliches Merkmal vieler metamorpher Gesteine, die eine lagige (planare) Textur („S-Gefüge") zeigen, hervorgerufen durch die Kristallisation von plättchenförmigen Mineralen unter Wirkung eines gerichteten Drucks.
Schwarzschiefer: Dunkles, toniges Sedimentgestein mit einem hohen Gehalt an organischen Kohlenstoff.
Sedimentation: Ablagerung von Teilchen aus Flüssigkeiten oder Gasen unter dem Einfluss der Schwerkraft, Bildung eines Bodensatzes.

Sedimentgesteine: durch Ablagerung oder Ausfällung entstandene Gesteine (siehe Seite 16)

Sinterkalk: in Karsthöhlen aus Wasser krustenförmig abgeschiedener Kalkstein (Tropfstein)

Silt: Auch Schluff genanntes, sehr feines Lockersediment mit Korngrößen von 0,063–0,002 mm.

Skarn: Durch Metasomatose aus Kalkstein gebildetes Kalksilikatgestein, häufig bestehend aus Granat und Pyroxen, oft vererzt.

Sortierung: Trennung von Verwitterungsprodukten nach Mineralarten, zum Beispiel Anreicherung von Schwermineralen in „Seifen".

Spilit: Untermeerisch erstarrter Basalt, der durch intensiven Kontakt mit Meerwasser stark verändert („vergrünt") wurde.

Staukuppe (auch Quellkuppe)**:** Domförmige Aufwölbung durch Erstarrung einer sehr zähflüssigen, kieselsäurereichen Lava, die im Nebengestein stecken geblieben ist.

Stromarien: Einst schleimiger Film von mikroskopisch kleine Algen und Bakterien (Mikrobenmatten), der im Flachwasser Kalk ausscheidet und Sedimentpartikel festhält, Hauptriffbildner während der Zechsteinzeit; die Produkte heißen Stromatolithe.

Subduktion: Plattentektonischer Prozess, der das Abtauchen ozeanischer Kruste am Rand einer tektonischen Platte in den darunter liegenden Erdmantel bezeichnet, wobei es zur Magmenbildung kommt.

Tiefengestein: Aus in größerer Tiefe langsam erstarrtem Magma gebildetes, ausgesprochen körniges Gestein, zum Beispiel Granit.

Tektonik: Lehre vom Bau der Erdkruste und den Kräften, die diese formen.

Tonstein: Sedimentgestein aus verfestigtem Ton, wird unter gerichtetem Druck zu Tonschiefer.

Transgression: Vordringen des Meeres auf ein Festland, wobei als Strandsediment oft ein Konglomerat entsteht.

Travertin: aus kalkigem Quellwasser ausgeschiedener, poröser Kalkstein

Tuff: vulkanisches Lockerprodukt, auch Pyroklastit genannt.

Turbidit: Sedimentgestein, das auf einen lawinenartigen Transport- und Ablagerungsvorgang im Meer zurückgeht (Trübe- oder Suspensionsströme).

Variszisches Gebirge: Im Erdaltertum entstandenes großes Faltengebirge, das Mitteleuropa unterlagert und in Mittelgebirgen wie dem Harz heute aufgeschlossen ist; allgemein auch „Variszikum" genannt.

Verkarstung: Entstehung besonderer Landschaftsformen mit Höhlen, Karstquellen, Bachschwinden und Erdfällen durch die Verwitterung stark wasserlöslicher Gesteine (Kalk, Gips, Steinsalz).

Vulkanit →Ergussgestein

Vulkanochemit: Durch Fällung aus vulkanisch aufgeheiztem Meerwasser (Hydrothermen) am Meeresboden gebildetes Gestein (Chert genannt), enthält neben feinkörnigem Quarz oft Eisenoxid (Hämatit).

Zement: mineralisches Bindemittel (oft Quarz oder Calcit), das in einem klastischen Sedimentgestein die Körner zusammenhält.

Sachwortregister

Ortsregister

Bildquellennachweis

Die Abkürzungen bedeuten: o = oben, u = unten, l = links, r = rechts

Archiv TU Clausthal 9, 12, 45 o.l. und u.r.
Bertram, Andre 125
Bode, Peter 203
Eberhard, Achim 71, 254
Friedrich, Caspar David – 1. The Yorck Project 2. PaintingDb, Object 81273. Bildindex der Kunst und Architektur, Objekt 00040296., Gemeinfrei 204
Gröbner, Joachim 96, 99, 100, 101, 103, 114, 127, 128
Knappe, Hartmut 111, 113
Meleagros – Own work (Original text: eigene Aufnahme), CC BY-SA 3.0 de 173 o.
Oberharzer Bergwerksmuseum (Harzbibliothek) 44, 120 o., 177 u.
Regionalverband Harz 8
Richter, Bernd 135, 187
Stedingk, Klaus 61, 89, 185

Die übrigen Abbildungen stammen vom Autor; die Handstückfotografien wurden größtenteils von Simon-Patrick Schulz angefertigt. Allen Genannten sei für die Unterstützung herzlich gedankt.

Streifzüge durch die Erdgeschichte des Harzes

Wie an kaum einem anderen Ort Mitteleuropas sind im Nordwestharz eine Fülle von Gesteinen vom Erdaltertum bis zu jüngsten Ablagerungen auf engstem Raum zu finden. So kann man hier u.a. neben zahlreichen Salzstöcken, die eine Besonderheit dieser Landschaft darstellen, auch Fossilien aus der Kreidezeit finden. Begeben Sie sich, zusammen mit Friedhart Knolle, Stefan Mohr und Marion Seitz, auf eine spannende Zeitreise durch nahezu 500 Millionen Jahre Erdgeschichte im Harz!

Knolle/Mohr/Seitz
Nordwestliches Harzvorland
Die Klassische Quadratmeile der Geologie
144 S., 105 farb. Abb., kart., 12 x 19 cm,
ISBN 978-3-494-01598-9
Best.-Nr.: 494-01598 **€ 16,95**

Wo wir heute die landschaftliche Schönheit und naturräumliche Vielfalt der Harzregion genießen, entwickelte sich einst aus einer tropischen Meeresregion ein Hochgebirge, das nach rascher Abtragung abermals unter Meeresbedeckung geriet. Diese Erdgeschichte erlebbar zu machen, ist Anliegen des vorliegenden Buches. Die vorgeschlagenen Wanderrouten durchstreifen ebenso reizvolle wie unterschiedliche Landschaften zwischen Brocken und Ramberg, Harznordrand und den Bergwiesen um Benneckenstein.

Gunnar Meyenburg
Nördlicher Mittelharz
Geologische Vielfalt rund um den Brocken
200 S., 215 farb. Abb., 22 Karten, 1 Tab., kart.,
12 x 19 cm,
ISBN978-3-494-01656-6
Best.-Nr.: 494-01656 **€ 16,95**

Gesteine und ihre „Biografie“

Dieses bewährte Buch ermöglicht nicht nur eine sichere Bestimmung der meisten Steine am Strand, sondern stellt diese in leicht verständlicher Weise auch in ihre Zusammenhänge mit Landschaften, Geologie und Erdgeschichte der Herkunftsgebiete.

Roland Vinx
Steine an deutschen Küsten
Finden und bestimmen

280 S., 300 farb. Abb., 5 Grafiken, geb.
12 x 19 cm
ISBN 978-3-494-01685-6
Best.-Nr.: 494-01685 **€ 19,95**

Heinrich Becker stellt in diesem Buch die in Deutschland anzutreffenden Gesteinsformen detailliert vor, beschreibt deren Entstehung und führt zu den typischen Fundstellen - aber auch zu Landschaften, die durch die jeweiligen Gesteine geprägt wurden.

Heinrich Becker
Die Gesteine Deutschlands
Fundorte – Bestimmung – Verwendung

328 S., 530 farb. Abb., 4 Tab.,
geb., 12 x 19 cm
ISBN 978-3-494-01684-9
Best.-Nr.: 494-01684 **€ 19,95**

Preisstand 2018 · Änderungen vorbehalten

Quelle & Meyer Verlag GmbH & Co.
Industriepark 3 · 56291 Wiebelsheim · www.quelle-meyer.de
vertrieb@quelle-meyer.de · Tel.: 0 67 66 / 903-140 · Fax 0 67 66 / 903-320